土木工程施工组织与管理

主　编　杜向琴

副主编　杨华山　蔡　凯

参　编　郭利霞　刘志龙　杨　波　陈大磊

北京理工大学出版社

BEIJING INSTITUTE OF TECHNOLOGY PRESS

内 容 简 介

本书按照《高等学校土木工程本科指导性专业规范》的基本要求和课程教学大纲进行编写，参考了相关法律法规，以及现行国家标准、行业标准与规范，实现教材内容先进性和严谨性的统一。引入了相关实际工程案例，力求体现教材的实用性和时代性。结合了建造师、监理工程师职业资格考试大纲，更加关注学生的职业发展。本书主要分为七个章节：绪论、流水施工原理与应用、网络计划技术与应用、施工准备工作、施工组织总设计、单位工程施工组织设计、施工组织设计的实施与管理。

本书是贵州师范大学土木工程省级一流专业建设成果，也是"土木工程施工组织与管理"省级一流课程建设成果，可作为土木工程专业（建工、道桥）、工程管理专业、工程造价专业和其他相近本科专业的教材，也可作为工程技术人员和管理人员培训、继续教育的参考用书。

图书在版编目(CIP)数据

土木工程施工组织与管理/杜向琴主编 . --北京：
北京理工大学出版社，2022.7
ISBN 978-7-5763-1470-0

Ⅰ.①土… Ⅱ.①杜… Ⅲ.①土木工程－施工组织－
高等学校－教材 Ⅳ.①TU721

中国版本图书馆 CIP 数据核字(2022)第 118360 号

出版发行 / 北京理工大学出版社有限责任公司
社　　址 / 北京市海淀区中关村南大街 5 号
邮　　编 / 100081
电　　话 / (010)68914775(总编室)
　　　　　 (010)82562903(教材售后服务热线)
　　　　　 (010)68944723(其他图书服务热线)
网　　址 / http：//www.bitpress.com.cn
经　　销 / 全国各地新华书店
印　　刷 / 北京紫瑞利印刷有限公司
开　　本 / 787 毫米×1092 毫米　1/16
印　　张 / 15.5　　　　　　　　　　　　　　　　责任编辑 / 江　立
字　　数 / 364 千字　　　　　　　　　　　　　　文案编辑 / 李　硕
版　　次 / 2022 年 7 月第 1 版　2022 年 7 月第 1 次印刷　　责任校对 / 刘亚男
定　　价 / 86.00 元　　　　　　　　　　　　　　责任印制 / 李志强

前　言

土木工程施工组织与管理主要研究土木工程施工技术与施工组织管理的理论及方法，通过科学制定施工方案，强化工程项目全过程的管理，可以降低工程实施成本，优化施工进度，提升工程项目的质量。随着国民经济的发展、科学技术的进步和国际交流的加强，土木工程项目规模越来越大，技术要求越来越高，对项目施工组织与管理的要求也越来越严格。土木工程施工组织与管理作为土木工程、工程管理等专业的必修课程，必须紧跟行业发展步伐，不仅体现新技术、新标准的要求，更要深度融合数字化管理方法，侧重对学生专业知识和实践技能的培养。

土木工程是一个事故多发的行业，绝大多数的工程质量事故和安全事故都与施工组织不科学、施工管理不到位、不遵循建设规律和违背技术规范等有关。

本书是根据高等院校"土木工程施工组织与管理课程教学大纲"及本课程的教学目标，并参照国家现行施工与验收规范编写而成。本书的编写主要体现以下原则：一是包含培养目标所要求的全部教学任务，涵盖《高等学校土木工程本科指导性专业规范》中关于工程施工组织的所有核心知识点；二是参考现行的有关施工技术、验收、管理方面的规范和标准，以培养建设项目一线的项目管理人员为目标，在内容上传统性与先进性相结合、理论性与实践性相结合；三是与土木类相关执业资格标准相衔接，书中的拓展训练均选自近年相关执业资格考试真题。

本书由贵州师范大学杜向琴担任主编；由贵州师范大学杨华山，贵州信息科技学院蔡凯担任副主编；华北水利水电大学郭利霞，贵州师范大学刘志龙，西藏兴炜融刚建设有限公司杨波、陈大磊担任参编。全书共分为7章，具体写作分工如下：第1章由郭利霞编写，第2、5、6章由杜向琴编写，第3章由杨华山编写；第4章由刘志龙编写；第7章由蔡凯编写；各章的拓展训练由刘志龙收集整理；各章的工程案例由杨波、陈大磊提供并整理。

本书在编写过程中参阅了多位同行编写的相关教材，摘引了多本技术规范和标准中的相关条文，在此一并表示衷心的感谢。

限于编者水平和经验，加之编写时间较为仓促，书中难免存在疏漏和不妥之处，敬请各位使用本书的同行、学生和工程技术人员批评指正。

编　者

目 录

第1章

绪论

★内容提要

　　本章主要介绍土木工程施工组织设计的概念、基本建设程序与基本建设项目的组成、施工组织设计的分类及其编制与审批等。

★学习要求

　　1. 理解土木工程施工组织的概念；
　　2. 了解基本建设程序和基本建设项目的组成；
　　3. 掌握土木工程施工组织设计的分类及其作用；
　　4. 掌握土木工程施工组织设计的编制与审批程序；
　　5. 了解施工组织设计在土木工程建设项目中的实际应用。

1.1　土木工程施工组织与管理概述

1.1.1　土木工程施工组织设计的概念与作用

　　工程施工是将建设意图和蓝图变成现实的建筑物（或构筑物）的生产活动，是工程建设全过程的一个重要阶段，也是一个"投入—产出"的过程。为确保实现预期的产出，必须在转换过程的各个阶段实施监控，并把执行结果与事先制定的标准进行比较，以决定是否采取纠正措施，即反馈机制。

　　土木工程施工组织设计是指以土木工程施工项目（一栋楼房、一座桥梁、一条隧道、一个住宅小区等）为对象编制，用以指导施工的技术、经济和管理的综合性文件。依据拟建工程的特点，对人力、材料、机械、资金、施工方法等方面的因素做全面、科学、合理的安排，用来指导拟建工程的施工全过程。土木工程施工组织设计是土木工程施工活动实施科学管理的重要手段，具有战略部署和战术安排的双重作用。施工组织设计应包括编制依据、工程概况、施工部署、施工进度计划、施工准备与资源配置计划、主要施工方法、施工现场平面布置及主要施工管理计划等基本内容。

　　土木工程施工涉及项目甲方、设计方、承包商、供应商等工程施工参与方，各方在建设项目的生产过程中围绕特定的建设条件和预期的建设目标，遵循客观的经济规律和自然规律，采用科学、高效、正确的管理思想、管理理论、管理方法、组织方法和手段，进行从工程施工准备到竣工验收、回访保修等全过程的组织管理活动，旨在实现生产要素的优化配置和动态管理，确保质量、工期和安全，提高工程建设的经济效益、社会效益等。

　　对于施工招标项目，施工单位在投标时须编制并提交施工组织设计，作为投标文件的重要组成部分(技术标)，该文件在很大程度上决定着施工单位能否中标。中标后，施工单位又需要依据设计图纸、合同文件、建设单位要求等编制标后施工组织设计，以此指导整个建设项目的施工全过程。施工组织设计体现了实现基本建设计划和设计的要求，提供了各阶段的施工准备工作内容，协调施工过程中各施工单位、各施工工种、各项资源之间的相互关系，包括施工技术和施工质量的要求。

　　施工组织设计是对拟建工程施工提出全面的规划、部署、组织、计划的一种技术、经济文件，是施工准备和指导施工的依据。它在每项工程中都具有重要的规划、组织和指导作用，具体表现如下：

　　(1)施工组织设计是对拟建工程施工全过程合理安排、科学管理的重要手段和措施；

　　(2)施工组织设计是统筹安排施工企业投入与产出过程的关键和依据；

　　(3)施工组织设计是协调施工过程中各种关系的依据；

　　(4)施工组织设计为施工准备工作、工程招标投标及有关建设工作的决策提供依据。

　　通过编制施工组织设计，可以全面考虑拟建工程的具体施工条件、施工方案、技术经济指标。在人力和物力、时间和空间、技术和组织上，做出一个全面合理且符合质量好、效率高、节省成本、保证安全等要求的计划安排，为施工的顺利进行做充分的准备，预防和避免工程事故的发生，为施工单位切实地实施进度计划提供坚实可靠的基础。

1.1.2　土木工程施工组织与管理的特点

1. 土木工程产品的特点

　　(1)固定性。与一般的产品(如家具、电器、汽车甚至飞船等)不同，土木工程产品一般都是在选定的地点上建造，一般情况下在其寿命期内是在建造地点固定使用的。这种一经建造就在空间固定的属性，称为土木工程产品的固定性。这是建筑产品与一般工业产品最大的区别。当然，随着技术的进步和社会、经济、政治方面的需要，近年来，国内外都出现了不少建筑物整体平移的成功案例。

　　(2)体积庞大性。与一般工业产品相比，土木工程产品的体形或体积都很庞大，如总高为 632 m、总建筑面积为 57.8 万 m² 的上海环球中心大厦，总建筑面积为 1 830 万 m² 的贵阳花果园城市综合体，全长为 55 km、使用砂 2 200 万 m³ 的港珠澳大桥等。土木工程产品是为构成人类的生活和生产空间或满足某种使用功能而建造，需要占用大片土地和大量的地上、地下空间。几乎所有的工业产品都是在土木工程产品内部或其包围的空间中生产和使用的。

愚公移山——建筑物平移技术

大国建造　30 000 t车站平移288 m

（3）多样性。与一般工业产品的流水线和批量化生产不同，土木工程产品无论从功能、建造地点、建造成本、建设者等方面来说，每一件产品都是不同的，具有多样性。因为它们除要满足基本使用要求外，还具有艺术价值、体现地方或民族风情、传承文明等作用，建筑同时还是人类生存意义和精神追求的表达。另外，建设地点的自然环境、建造时期的社会政治及文化生活等都对土木工程产品的结构构造、外部造型、装饰装修等产生影响，如中国古代的木结构房屋、福建的土楼建筑、现代的钢结构摩天大楼等。

（4）综合性。土木工程产品是一个完整的固定资产实物体系，不仅土建工程的艺术风格、使用功能、结构构造、装饰做法等方面堪称是一种复杂的产品，而且工艺设备、采暖通风、供水供电、卫生设备等各类设施也表现出错综复杂的特点。随着经济技术的不断发展，土木工程产品在设计形式上会更加新颖和复杂，在材料选用上会更加多样和环保，在使用功能上也会更为智能。

2. 土木工程施工的特点

（1）生产流动性。建筑工程的固定性决定了产品生产的流动性。一般的工业产品都是在固定的工厂、车间内进行生产，而建筑产品要随其建造地点的变动而流动，人、机、料等生产要素还要随着工程施工程序和施工部位的改变而不断地在空间流动，只有经过周密的施工组织与管理，确保人、机、料等互相协调配合，才能使施工过程有条不紊、连续且均衡地进行。

（2）生产单件性。不同建筑产品在结构、构造、艺术形式、室内设施、材料、施工方案等方面均不相同，工程施工不仅要符合设计图纸和有关工艺规范的要求，还受到建设地区的自然、技术、经济和社会条件的约束。

（3）生产周期长。建筑产品体形庞大需要耗费大量的人力、物力和财力，加上建筑产品地点的固定性，以及施工活动空间的局限性，各专业、工种之间还受到工艺流程和生产程序的制约，从而导致建筑产品生产周期长。

（4）生产过程复杂性。土木工程产品的综合性和多样性决定了生产过程具有超出一般产品生产的复杂性，常常面临高空作业、露天作业和地下作业，再加上地域、季节、自然环境、地质水文条件和社会环境的影响，必然造成施工过程的复杂性。

（5）协调关系复杂性。工程施工过程中，不仅涉及业主、设计、监理、总包商、分包商、供应商等工程施工参与方在工程力学、建筑结构、建筑构造、地基基础、水暖电、机械设备、建筑材料和施工技术等多专业、多工种方面的分工合作，还需要城市规划、征用土地、勘察设计、消防、"七通一平"、公用事业、环境保护、质量监督、科研试验、交通运输、银行财政、机具设备、物质材料、电水气等的供应，劳务等社会各部门和各领域的审批、协作及配合，施工组织关系错综复杂，综合协调工作量大。

由于土木工程施工的以上特点，在进行施工组织设计时，不仅要从质量、技术、安全、组织等方面制定相应的措施，还应广泛运用数学方法、网络技术、计算机理论、电子信息技术等工具，采用多种有效手段对施工过程中涉及的人力、材料、机械、方法、环境等因素进行综合管理，达到工期短、成本低、质量好的目的。

1.2 基本建设程序

1.2.1 基本建设的概念与程序

基本建设是指固定资产的建设，也就是建造、购置和安装固定资产的活动，以及与此有关的其他工作；而建设工程施工则是完成基本建设工程任务的一个重要组成部分。

建设项目的建设程序习惯上称为基本建设程序（Capital Construction Procedure）。我国工程项目的基本建设程序是随着人们对建设工作认识的日益深化而逐步建立发展和完善起来的。建设项目按照建设程序进行建设是符合技术经济规律要求的，也是由建设项目的复杂性决定的。基本建设程序是指建设项目从设想、选择、评估、决策、设计、施工到竣工验收和投入生产整个建设过程中，各项工作必须遵循的先后次序的法则。这个法则是人们在认识客观规律的基础上制定出来的，是建设项目科学决策和顺利进行的重要保证。按照建设项目发展的内在联系和发展过程，建设程序可分成若干阶段，这些发展阶段有严格的先后次序，不能任意颠倒，不能违反它的发展规律。目前，我国基本建设程序分为以下六个阶段：

（1）项目建议书阶段。项目建议书是业主单位向国家提出，要求建设某一建设项目的建议文件，是对建设项目的轮廓设想，是从拟建项目的必要性及宏观方面的可能性加以考虑的。在客观上，建设项目要符合国民经济长远规划，符合部门、行业和地区规划的要求。

（2）可行性研究阶段。项目建议书经批准后，应紧接着进行可行性研究。可行性研究是对建设项目在技术上和经济上（包括微观效益和宏观效益）是否可行进行科学的分析与论证，是技术经济的深入论证阶段，为项目决策提供依据。可行性研究的主要任务是通过多方案比较，提出评价意见，并推荐最佳方案。工业项目的可行性研究内容包括项目提出的背景、必要性、经济意义、工作依据与范围，预测和拟建规模，资源材料和公用设施情况，建厂条件和厂址方案，环境保护等。在可行性研究的基础上编制可行性研究报告。

可行性研究报告经批准后，项目决策便完成了，可以立项并进入实施阶段。可行性研究报告是初步设计的依据，不得随意修改和变更。如果在建设规模、产品方案、建设地区、主要协作关系等方面有变动以及突破投资控制数时，应经原批准机关同意。

按照现行规定，大、中型和限额以上项目可行性研究报告经批准后，项目可根据实际需要组成筹建机构，即组织建设单位。但一般改建、扩建项目不单独设筹建机构，仍由原企业负责筹建。

（3）设计阶段。一般项目进行两阶段设计，即初步设计和施工图设计。技术上比较复杂而又缺乏设计经验的项目，在初步设计阶段后需进行技术设计。

1）初步设计。初步设计是根据可行性研究报告的要求做出的具体实施方案，目的是阐明在指定的地点、时间和投资控制数额内，拟建项目在技术上的可能性和经济上的合理性，并通过对工程项目做出的基本技术经济规定，编制项目总概算。

初步设计不得随意改变被批准的可行性研究报告所确定的建设规模、产品方案、工程标准、建设地址和总投资等控制指标。如果初步设计提出的总概算超过可行性研究报告总投资的 10％以上，或其他主要指标需要变更时，应说明原因和计算依据，并报可行性研究报告原审批单位同意。

2）技术设计。技术设计是根据初步设计和更详细的调查研究资料编制的，进一步解决初步设计中的重大技术问题，如工艺流程、建筑结构、设备选型及数量确定等，以使建设项目的设计更加具体、完善，技术经济指标更好。

3）施工图设计。施工图设计应完整地表现建筑物外形、内部空间分割、结构体系、构造情况及建筑群的组成和周围环境的配合，具有详细的构造尺寸。它还包括各种运输、通信、管道系统、建筑设备的设计。在工艺方面，应具体确定各种设备的型号、规格及各种非标准设备的制造加工图。在施工图设计阶段应编制施工图预算。

（4）建设准备阶段。

1）预备项目。初步设计已经批准的项目，可列为预备项目。国家的预备项目计划是对列入部门、地方编报的年度建设预备项目计划中的大、中型和限额以上项目，经过建设总规模、生产力总布局、资源优化配置及外部协作条件等方面进行综合评价后安排和下达的。预备项目在进行建设准备过程中的投资活动，不计算建设工期，统计上单独反映。

2）建设准备的工作内容。建设准备的主要工作内容包括：征地、拆迁和场地平整；完成施工用水、电、路等工程；组织设备、材料订货；准备必要的施工图纸；组织施工招标投标，择优选定施工单位。

3）报批开工报告。按规定进行了建设准备并具备开工条件后，建设单位如申请批准新开工要经国家计委统一审核后，编制年度大、中型和限额以上建设项目新开工计划，报国务院批准。部门和地方政府无权自行审批大、中型和限额以上建设项目的开工报告。年度大、中型和限额以上新开工项目需经国务院批准，国家计委下达项目计划。

（5）建设实施阶段。建设项目经批准开工建设，项目便进入了建设实施阶段。该阶段是项目决策实施、建成投产发挥投资效益的关键环节。开工建设的时间是指建设项目设计文件中规定的任何永久性工程，第一次破土开槽、开始施工的日期。不需要开槽的，正式开始打桩日期就是开工日期。铁道、公路、水库等需要进行大量土石方工程的项目，以开始进行土石方工程日期作为正式开工日期。分期建设的项目，分别按各期工程开工的日期计算。施工活动应按设计要求、合同条款、预算投资、施工程序和顺序及施工组织设计，在保证质量、工期、成本计划等目标的前提下进行，达到竣工标准要求，经过验收后移交给建设单位。

（6）竣工验收及交付使用阶段。当建设项目按设计文件的规定内容全部施工完成后，便可组织验收。它是建设全过程的最后一道程序，是投资成果转入生产或使用的标志，是建设单位、设计单位和施工单位向国家汇报建设项目的生产能力或效益、质量、成本、收益等全面情况及交付新增固定资产的过程。竣工验收对促进建设项目及时投产，发挥投资效益及总结建设经验，都有重要作用。通过竣工验收，可以检查建设项目实际完成的生产能力或效益，也可避免项目建成后继续消耗建设费用。竣工验收以后，建设项目便可以交付使用。

1.2.2　基本建设项目的组成

各建设项目的规模和复杂程度各不相同。一般情况下，将建设项目按其组成内容，从大到小，可以划分为若干个单项工程、单位工程、分部工程和分项工程等项目。

（1）单项工程。单项工程是指具有独立的设计文件，竣工后可以独立发挥生产能力或效益的工程，也称为工程项目。一个建设项目可以由一个或几个单项工程组成，如工厂中的生产车间、辅助车间、办公楼和住宅等，学校中的教学楼、食堂、宿舍楼等。一个电影院或剧场往往是由一个单项工程组成的。

（2）单位工程。单位工程一般是指具有独立设计文件和独立施工条件，但不能独立发挥生产能力或效益的工程。在工业建设项目中，单位工程是单项工程的组成部分，如某个车间是一个单项工程，则车间的厂房建筑是一个单位工程，车间的生产设备安装也是一个单位工程。一般建筑工程，可细分为土建工程（包括地基与基础、主体结构、地面与楼面、门窗安装、屋面工程和装修工程）、水暖卫工程（包括给水排水、煤气、卫生、工程、暖气通风与空调工程）、电气照明工程和工业管道工程等单位工程。一般情况下，单位工程是进行工程成本核算的对象。

单位工程与单项工程的主要区别在于竣工后能否独立地发挥整体效益或生产能力。

（3）分部工程。分部工程一般是按单位工程的部位、构件性质、使用的材料或设备种类等不同而划分的工程。例如，一般的建筑工程，按其部位可以划分为基础、主体、屋面和装修等分部工程；按其工种可划分为土石方工程、砌筑工程、钢筋混凝土工程、防水工程和抹灰工程等。

（4）分项工程。分项工程一般是按分部工程的施工方法、使用的材料、结构构件的规格等不同因素划分的，用简单的施工过程就可以生产出来并可用适当的计算单位进行计算的建筑工程或安装工程。例如，房屋的基础分部工程，可以划分为挖土、混凝土垫层、砌毛石基础和回填土等分项工程。

1.3　土木工程施工组织设计的分类与作用

1.3.1　施工组织设计的分类

1. 按编制对象的不同分类

按编制对象的不同，施工组织设计可分为施工组织总设计、单位工程施工组织设计和施工方案（分部分项工程施工组织设计）。

（1）施工组织总设计。施工组织总设计是以若干单位工程组成的群体工程或特大型项目为主要对象编制的施工组织设计，对整个项目的施工过程起统筹规划、重点控制的作用。施工组织总设计一般是在初步设计或扩大初步设计被批准以后，由总承包单位的总工程师组织编制的。

群体工程和超大型建筑工程的单位工程需要编制施工组织总设计。在我国，大型房屋建筑工程标准如下：

1)25 层及以上的房屋建筑工程；

2)高度 100 m 及以上的构筑物或建筑物工程；

3)单体建筑面积 3 万 m² 及以上的房屋建筑工程；

4)单跨跨度 30 m 及以上的房屋建筑工程；

5)建筑面积 10 万 m² 及以上的住宅小区或建筑群体工程；

6)单项建筑安装合同额 1 亿元及以上的房屋建筑工程。

在实际操作中，具备上述规模的建筑工程很多只需编制单位工程施工组织设计；需要编制施工组织总设计的建筑工程，其规模应当超过上述大型建筑工程的标准，通常需要分期分批建设，可称为特大型项目。

（2）单位工程施工组织设计。单位工程施工组织设计是以一个单位工程(一个建筑物或构筑物)为对象，用以指导其施工全过程的各项施工活动的技术及经济文件。单位工程施工组织设计一般是在施工图设计完成后，由施工单位的项目负责人组织编制的。

单位工程和子单位工程的划分原则在《建筑工程施工质量验收统一标准》(GB 50300—2013)中已经明确。对于已经编制了施工组织总设计的项目，单位工程施工组织设计应是施工组织总设计的进一步具体化，直接指导单位工程的施工管理和技术经济活动。

（3）施工方案。施工方案是以分部(分项)工程或专项工程为主要对象编制的施工技术与组织方案，用以具体指导其施工过程的综合性文件。专项工程是指某一专项技术(如重要的安全技术、质量技术或高新技术)。

施工组织总设计是对整个建设项目的全局性战略部署，其内容比较概括；单位工程施工组织设计要以施工组织总设计和企业施工计划为依据编制，是施工组织总设计在具体单位工程中的细化和具体化；施工方案应以单位工程施工组织设计和企业施工计划为依据编制，是单位工程施工组织设计在具体分部分项工程中的进一步细化。

2. 按编制时间的不同分类

按编制时间不同，施工组织设计可以分为标前施工组织设计和标后施工组织设计，简称为"标前设计"和"标后设计"。

（1)标前设计。标前设计是为满足编制投标书和签订合同的需要而编制的，它必须响应招标文件所要求的实质性内容，并作为投标文件的重要组成部分。

（2)标后设计。标后设计是在中标后编制的指导项目施工的技术文件，强调的是可操作性，追求的是施工效益。

标前设计和标后设计的区别见表 1-1。

表 1-1　标前设计与标后设计的区别

类别	服务范围	编制时间	编制者	主要特性	主要目标
标前设计	投标签约	提交投标书前	企业经营管理层	规划性	中标；经济效益
标后设计	签约后至竣工验收	签约后，开工前	项目管理层	操作性	施工效益

1.3.2　施工组织设计的作用

施工组织设计是根据国家或建设单位对拟建工程的要求、设计图纸和编制施工组织设计的基本原则，从拟建工程施工全过程中的人力、物力和空间等要素着手，在人力与物力、主体与客体、供应与消耗、生产与储存、专业与协作、使用与维修、空间布置与时间排列等方面进行科学、合理的部署，为建筑产品生产的节奏性、均衡性和连续性提供最优方案，以最少的资源消耗取得最大的经济效果，使最终建筑产品的生产达到速度快、工期短、精度高、功能好、消耗少、成本低和利润高的目的。

施工组织设计的作用是对拟建工程施工的全过程实行科学管理。通过施工组织设计的编制，可以全面考虑拟建工程的各种具体条件，扬长避短地拟定合理的施工方案，确定施工顺序、施工方法、劳动组织、技术经济和组织措施，合理地统筹安排拟定施工进度计划，保证拟建工程按期投产或交付使用；也为拟建工程的设计方案在经济上的合理性、在技术上的科学性、在实施中的可能性进行论证；还为建设单位编制建设计划、施工企业编制施工计划提供依据。施工企业可以提前掌握人力、材料和机具使用上的先后顺序，全面安排资源的供应与消耗，合理地确定临时设施的数量、规模和用途，以及临时设施、材料和机具在施工场地上的布置方案。

通过施工组织设计的编制，可以预计施工过程中可能发生的各种风险和矛盾，事先做好准备、预防，为施工企业实施施工准备工作计划提供依据；可以把拟建工程的设计与施工、技术与经济、前方与后方和施工企业的全部施工安排与具体工程的施工组织工作更紧密地结合起来；可以把直接参加的施工单位与协作单位、部门与部门、阶段与阶段、过程与过程之间的关系更好地协调起来。根据实践经验，对于一个拟建工程来说，如果施工组织设计编制得合理，能正确反映客观实际，符合建设单位和设计单位的要求，并且在施工过程中认真地贯彻执行，就可以保证拟建工程施工的顺利进行，取得质量好、速度快、节省成本和安全的效果，早日发挥基本建设投资的经济效益和社会效益。

1.3.3　土木工程施工组织设计的发展趋势

施工组织设计的编制质量直接关系到工程施工质量的优劣及经济效益的高低。随着土木工程行业的发展，施工组织设计的重要性日益显著，同时也给施工组织设计提出了一系列新的要求和新的课题，施工企业不仅要重视施工组织设计，还要寻求切实有效的优化施工组织设计的途径。为了满足建筑业的发展，施工组织设计的发展趋势主要表现在以下几个方面：

(1)施工组织设计逐步适应管理、市场机制的改革与发展。建筑业管理、市场机制的改革，对施工组织设计的影响广泛而深刻，施工组织设计将随之发生变化。施工组织设计尽量细致、周到地考虑承包商的权益，避免或减少被索赔和创造索赔机会；将进一步适应企业内部公司级和项目级两级管理的要求；将进一步适应信息化管理要求；将进一步提高施工组织设计的严肃性，编制上谁负责项目实施，谁就主持施工组织设计编制，同时实行动态管理。

（2）施工组织设计编制方式的转变。为适应施工技术与管理的发展，施工组织设计的编制将会走向内容模块结构模式。只有采取综合概率，分块成文和视需要组合的方法编制施工组织设计才能满足今后建筑施工多层次、多方面管理的要求。更多地运用信息技术，以便进行积累、分组、交流及重复应用，通过各个技术模块的优化组合，减少无效劳动。

（3）施工组织设计编制向规范化、快速化发展。技术、管理的规范化是企业总体实力的集中体现，是企业资信度的基石。施工组织设计编制的规范化，不仅有利于提高投标的成功率，也有利于有针对性地指导施工。信息技术的采用及专用资料库的建立，必然加快施工组织设计的编制速度。

（4）施工组织设计编制内容的创新。随着建筑业的全面发展，施工组织设计的编制内容将向项目管理规划方向发展。在施工组织编制内容上，将更明确建设单位承诺要约，以便为后期索赔提供依据。运用现代科学管理方法并结合工程项目的具体情况，使施工组织设计在技术上的可行性与经济上的合理性统一起来。

（5）施工组织设计编制手段的创新。运用系统的观念和方法，建立施工组织设计编制工作的标准。通过模型转换和施工程序的模拟，在指定约束条件下优化，运用多目标决策系统，借助计算机对施工全过程进行优化，动态地预测施工全过程。网络计划等技术的应用将使施工组织设计中的静态网络图向动态的网络计划转变，单纯的施工进度计划向施工进度计划、资源计划、成本计划等综合性计划转变，满足型计划向效益型计划转变。

1.4 土木工程施工组织设计的编制与审批

1.4.1 土木工程施工组织设计的基本内容

土木工程施工组织设计的内容要结合工程对象的实际特点、施工条件和技术水平进行综合考虑，一般包括以下基本内容：

（1）工程概况。

1）本项目的性质、规模、建设地点、结构特点、建设期限、分批交付使用的条件、合同条件；

2）本地区地形、地质、水文和气象情况；

3）施工力量，劳动力、机具、材料、构件等资源供应情况；

4）施工环境及施工条件等。

（2）施工部署及施工方案。

1）根据工程情况，结合人力、材料、机械设备、资金、施工方法等条件，全面部署施工任务，合理安排施工顺序，确定主要工程的施工方案；

2)对拟建工程可能采用的几个施工方案进行定性、定量的分析,通过技术经济评价,选择最佳方案。

(3)施工进度计划。

1)施工进度计划反映了最佳施工方案在时间上的安排,采用计划的形式,通过计算和调整,工期、成本、资源等方面能够达到优化配置,符合项目目标的要求;

2)使工序有序地进行,使工期、成本、资源等通过优化调整达到既定目标,在此基础上编制相应的人力和时间安排计划、资源需求计划和施工准备计划。

(4)施工平面布置图。施工平面布置图是施工方案及施工进度计划在空间上的全面安排。它把投入的各种资源、材料、构件、机械、道路、水电供应网络、生产、生活活动场地及各种临时工程设施合理地布置在施工现场,使整个现场能有组织地进行文明施工。

(5)主要技术经济指标。技术经济指标用以衡量组织施工的水平,它是对施工组织设计文件的技术经济效益进行的全面评价。

由于建设项目的规模、性质、建筑和结构的复杂程度、特点等的不同,以及建筑施工场地的条件差异和施工复杂程度不同,施工组织设计的内容也不完全一样,以上只是基本内容。

1.4.2 施工组织设计的编制原则与依据

施工组织设计的内容就是根据不同建筑工程的特点和要求,以及现有的和可能创造的建筑施工条件,从实际出发,决定各种生产要素(材料、机械、资金、劳动力和施工方法等)的结合方式。在不同设计阶段编制的施工组织设计文件,内容和深度不尽相同,其作用也不一样。

一般施工组织条件设计是概略的建筑施工条件分析,提出创造施工条件和建筑生产能力配备的规划;施工组织总设计是对施工进行总体部署的战略性施工纲领;单位工程施工组织设计则是详尽的实施性的施工计划,用以具体指导现场施工活动。

1. 施工组织设计的编制原则

施工组织设计的编制必须遵循工程建设程序,并符合下列原则:

(1)符合国家有关法律法规及现行规范,符合地方规程、行业标准的要求;

(2)满足施工合同或招标文件中有关工程进度、质量、安全、环境保护、职业健康、工程造价等方面的要求;

(3)积极开发、推广运用新技术、新工艺、新材料、新设备;

(4)坚持科学的施工程序和合理的施工顺序,采用流水施工和网络计划等方法,科学配置资源,合理布置现场,采取季节性施工措施,实现均衡施工,达到合理的经济技术指标;

(5)积极响应国家关于低碳、节能、环保方面的方针、政策;采取先进的技术和管理措施,推广建筑节能和绿色施工;

(6)与质量、环境和职业健康安全三个管理体系有效结合,贯彻质量、环境、职业健康安全管理国家管理规范的要求。

2. 施工组织设计的编制依据

为保证施工组织总设计的编制工作顺利进行并提高其编制质量,使施工组织设计文件能够更密切地结合工程实际情况，从而更好地发挥其在施工中的指导作用，一般应以下列内容为主要依据来编制施工组织设计：

(1)与工程建设有关的法律、法规和文件；

(2)国家现行的有关标准、规程和技术经济指标；

(3)工程所在地区行政主管部门的批准文件，建设单位对施工的要求；

(4)工程施工合同或招标投标文件；

(5)工程设计文件及有关资料；

(6)工程施工范围内的现场条件，工程地质及水文地质、气象等自然条件；

(7)与工程有关的资源供应情况；

(8)施工企业的生产能力、机具设备状况、技术水平等；

(9)类似建设项目的施工组织总设计和有关施工组织总设计的内容。

1.4.3 施工组织设计的编制与审批

1. 施工组织设计的编制与审批

施工组织设计应由项目负责人主持编制，可根据需要分阶段编制和审批。

施工组织总设计应由总承包单位技术负责人审批；单位工程施工组织设计应由施工单位技术负责人或技术负责人授权的技术人员审批；施工方案应由项目技术负责人审批；重点、难点分部(分项)工程和专项工程施工方案应由施工单位技术部门组织相关专家评审，施工单位技术负责人批准。

由专业承包单位施工的分部(分项)工程或专项工程的施工方案，应由专业承包单位技术负责人或技术负责人授权的技术人员审批；有总承包单位时，应由总承包单位项目技术负责人核准备案。

规模较大的分部(分项)工程和专项工程的施工方案应按单位工程施工组织设计进行编制和审批。

经审批(审查)后的施工组织设计，未经审批(审查)单位同意，任何人不得擅自变更，也不得以任何借口不予执行，对不执行施工组织设计或擅自变更施工组织设计而造成的重大质量安全事故，要追究违反者应承担的有关责任，以保证施工组织设计的严肃性和权威性。

2. 施工组织设计的修改和补充

施工组织设计应实行动态管理。当在施工过程中发生以下情况之一时，应及时对施工组织设计进行修改和补充：

(1)工程设计有重大修改；

(2)有关法律、法规、规范和标准实施、修订和废止；

(3)主要施工方法有重大调整；

(4)主要施工资源配置有重大调整；

(5)施工环境有重大改变。

经修改或补充后的施工组织设计应在重新审批后实施。项目施工前，应进行施工组织设计的逐级交底。项目施工过程中，应对施工组织设计的执行情况进行检查、分析并适时调整。工程竣工验收后应将施工组织设计归档，作为建设项目重要档案的一部分保存。

思考题与习题

1. 简述施工组织设计的作用。
2. 基本建设程序包括哪些？
3. 什么是单项工程、单位工程、分部工程、分项工程？请举例说明。
4. 施工组织设计的编制流程有哪些？
5. 施工组织设计的编制原则有哪些？
6. 对比说明"标前设计"与"标后设计"的区别。

拓展训练

1. 建设工程项目决策期管理工作的主要任务是(   )。
   A. 确定项目的定义
   B. 组建项目管理团队
   C. 实现项目的投资目标
   D. 实现项目的使用功能

2. 编制施工组织总设计时，编制资源需求量计划的紧前工作是(   )。
   A. 拟定施工方案
   B. 编制施工总进度计划
   C. 施工总平面图设计
   D. 编制施工准备工作计划

3. 关于建造师执业资格制度的说法，下列正确的是(   )。
   A. 取得建造师注册证书的人员即可担任项目经理
   B. 实施建造师执业资格制度后，可取消项目经理岗位责任制
   C. 建造师是一个工作岗位的名称
   D. 取得建造师执业资格的人员表明其知识和能力符合建造师执业的要求

4. 编制实施性施工进度计划的主要作用是(   )。
   A. 论证施工总进度目标
   B. 确定施工作业的具体安排
   C. 确定里程碑事件的进度目标
   D. 分解施工总进度目标

5. 根据《建筑工程施工质量验收统一标准》(GB 50300—2013)，对施工单位采取相应措施清除一般项目缺陷后的检验批验收，应采取的做法是(   )。
   A. 经原设计单位复核后予以验收
   B. 经检测单位鉴定后予以验收
   C. 按验收程序重新组织验收
   D. 按技术处理方案和协商文件进行验收

6. 在施工组织总设计编制过程中，编制资源需求量计划的紧前工作是( )。

    A. 编制施工总进度计划

    B. 施工总平面图设计

    C. 编制施工准备工作计划

    D. 计算主要技术经济指标

7. 针对建设工程项目中的深基础工程编制的施工组织设计属于( )。

    A. 施工组织总设计

    B. 单项工程施工组织设计

    C. 单位工程施工组织设计

    D. 分部工程施工组织设计

8. 编制实施性施工进度计划的主要作用是( )。

    A. 论证施工总进度目标

    B. 确定施工作业的具体安排

    C. 确定里程碑事件的进度目标

    D. 分解施工总进度目标

9. 针对建设工程项目中的基础工程编制的施工组织设计属于( )。

    A. 施工组织总设计

    B. 单项工程施工组织设计

    C. 单位工程施工组织设计

    D. 分部工程施工组织设计

10. 建设工程施工质量验收时，分部工程的划分一般按( )确定。

    A. 施工工艺，设备类别   B. 专业类别，工程规模

    C. 专业性质，工程部位   D. 材料种类、施工程序

11. 根据《建筑施工组织设计规范》(GB/T 50502—2009)，施工组织设计按编制对象可分为( )。

    A. 施工组织总设计   B. 单位工程施工组织设计

    C. 生产用施工组织设计   D. 投标用施工组织设计

    E. 分部工程施工组织设计

12. 根据建设工程的工程特点和施工生产特点，施工质量控制的特点有( )。

    A. 终检局限性大   B. 控制的难度大

    C. 控制的成本高   D. 需要控制的因素多

    E. 过程控制要求高

13. 在下列具体情况中，对施工组织设计应及时进行修改或补充的有( )。

    A. 由于施工规范发生变更导致需要调整预应力钢筋施工工艺

    B. 由于国际钢材市场价格大涨导致进口钢材无法及时供料，严重影响工程施工

    C. 由于自然灾害导致工期严重滞后

    D. 施工单位发现设计图纸存在严重错误，无法继续施工

    E. 设计单位应业主要求对工程设计图纸进行了细微修改

14. 根据《建筑施工组织设计规范》(GB/T 50502—2009)，单位工程施工组织设计的内容包括(　　)。

    A. 施工方案的选择　　　　　　　B. 单位工程施工进度计划

    C. 各项资源需求量计划　　　　　D. 项目施工总体部署

    E. 单位工程施工平面图设计

第 2 章

流水施工原理与应用

本章包括流水施工概述、流水施工基本参数、流水施工分类、有节奏流水施工、无节奏流水施工等内容，主要介绍了流水施工的表达方式与特点、基本参数、几种代表性流水施工的组织方式，通过工程案例说明流水施工在实际工程中的应用。

1. 理解流水施工的概念、特点及其组织条件；
2. 掌握流水施工参数的确定方法；
3. 掌握等节奏流水施工、成倍节拍流水施工和异节奏流水施工的组织方法；
4. 了解流水施工在实际工程中的应用。

2.1 流水施工概述

流水施工是工程项目组织实施的一种管理形式，是由固定组织的工人在若干个工作性质相同的施工环境中依次连续工作的一种施工组织方法，是工程施工最有效、最科学的组织方法。

2.1.1 组织施工的常见方式

在工程施工中，可以采用依次施工、平行施工和流水施工的方式来组织，这三种组织方式各有特点，适用于不同的工程项目。对于相同的施工对象，当采用不同的作业组织方法时，工期、人工、材料、机械设备等资源情况也各不相同。下面就以例2-1为例来讨论三种施工方式的组织效果。

【例 2-1】 有 3 栋相同类型住宅楼的钢筋混凝土基础工程施工，施工过程分为开挖基槽、混凝土垫层、钢筋混凝土基础、土方回填与压实。各施工过程所需时间分别为 2 d、1 d、2 d 和 1 d，班组人数分别为 10 人、15 人、20 人、10 人。在资源供应不受限制的情况下，试按不同方式组织基础的施工。

（1）依次施工。依次施工也称顺序施工，是前一个施工过程完成后，下一个施工过程才能开始的施工方式。本例可以有以下两种组织形式：

1）以建筑产品为单元组织顺序施工，即将这 3 栋住宅楼的基础按顺序组织施工，只有在一栋楼基础的 4 个施工过程均完工的情况下才可以开始下一栋楼的基础施工，如图 2-1(a)所示。这种组织方式下工期 $T=18$ d，每天只有一个施工队伍在作业。同一施工过程施工队伍的工作有间断，意味着有窝工现象发生。

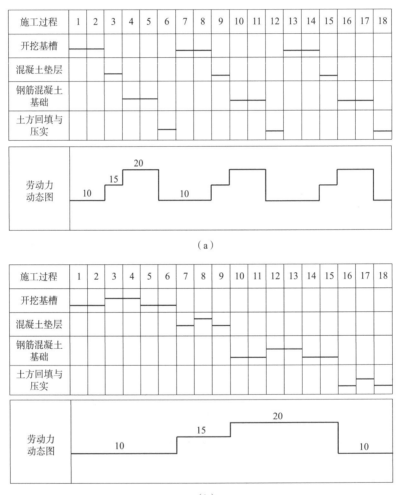

（a）

（b）

图 2-1　依次施工

(a)以建筑产品为单元组织施工；(b)以施工过程为单元组织施工

2）以施工过程为单元组织顺序施工，即先由一个施工班组依次完成 3 栋楼开挖基槽这一施工过程，接着依次完成混凝土垫层，直至 3 栋楼的基础全部完工，如图 2-1(b)所示。这种

组织方式下工期 $T=18$ d，每天仍只有一个施工队伍在作业。各施工队伍的工作是连续的，避免了窝工现象。尽管工作面有空闲，但这种空闲可能是某些施工过程的技术要求，如混凝土浇筑完需要浇水养护，路基做好后也需要压实养护。

依次施工具有如下特点：

1）施工现场的组织和管理比较简单。

2）单位时间内劳动力、材料、机械设备等资源投入量较少，有利于资源供应的组织。

3）不能充分利用工作空间，工期较长。

4）如采用专业化班组施工，则班组不能连续作业，会出现窝工现象。

5）作业班组不能实现专业化施工，不利于改进施工工艺、提高施工质量和劳动生产率。

6）适用于场地小、资源供应不足、工期要求不高和规模较小的项目。

（2）平行施工。平行施工是将几个相同的施工过程，分别组织几个相同的作业班组，各班组在同一时间、不同空间上同时进行相同的施工任务，如几栋建筑物同时开工、同时完工，或同一高速公路的不同施工段同时开工、同时完工。按这种方式组织例 2-1 的施工，其工期和劳动力动态变化情况如图 2-2 所示。与依次施工相比，平行施工的工期大大缩短（$T=6$ d），但单位时间内的劳动力投入量显著增多。

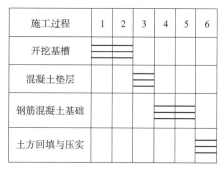

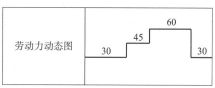

图 2-2　平行施工

平行施工具有如下特点：

1）充分利用了工作面，缩短了工期。

2）单位时间内劳动力、材料、机械设备等资源的投入量很集中，会增加现场临时设施及其费用。

3）现场的施工组织、管理和调度工作比较复杂，管理费用较高。

4）适用于工期要求紧迫、规模大的工程项目施工。

（3）流水施工。流水施工是将施工对象在工艺上分解为若干个施工过程，在平面上划分为若干个施工段，在竖向上划分为若干个施工层；然后按照施工过程组建相应的专业班组，各专业班组配备一定的人员和施工机具，沿着水平或垂直方向，按照规定的施工顺序，依次、连续地进入各施工段和施工层进行作业，即完成一个施工段上的任务后进入下一个施工段，完成一个施工层各施工段的任务后进入下一个施工层。在保证同一施工班组连续作业的情况下，使相邻两个班组尽可能平行搭接，如此便能保证各施工过程的连续性、均衡性和节奏性。按这种方式组织例 2-1 的施工，其工期和劳动力动态变化情况如图 2-3 所示。其工期（$T=15$ d）介于依次施工和平行施工之间，单位时间内劳动力投入量比依次施工大，比平行施工少。

流水施工具有如下特点：

1）科学利用工作面，合理缩短工期。

2）作业班组实现专业化施工，同一施工过程保持连续施工，无窝工现象；同一施工段上的相邻施工过程（施工班组）最大限度实现了连续施工。

3）单位时间内人力、材料、机具的投入量较均衡，有利于资源供应的组织与管理。

4）施工前期和后期的资源投入相对较少，施工现场的组织与管理易于实施。

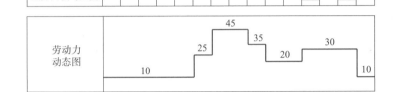

图 2-3 流水施工

【例 2-2】 拟修建 3 座跨度为 6.0 m 的同类型钢筋混凝土矩形板桥（Ⅰ桥、Ⅱ桥、Ⅲ桥），假设 3 座桥的施工条件、工程量、人员与机械配置完全相等，板桥的施工被划分为挖基坑、浇筑基础、浇筑桥台和浇筑矩形板四个施工过程，各施工过程所需时间分别为 5 d，班组人数分别为 8 人、10 人、15 人、6 人。试按照三种基本方式组织板桥的施工，绘制横道进度计划图，并比较施工工期和劳动量需要情况。

解： 参照例 2-1，采用依次施工、平行施工和流水施工三种方式组织板桥的施工，并绘制横道进度计划和劳动力的动态变化图。

流水施工综合了依次施工和平行施工的优点。流水即连续，用流水施工的方式组织施工，一是同一作业班组在各施工对象上依次连续地工作，即时间上连续；二是同一施工对象上不同作业班组依次连续地作业，即空间上连续。流水施工充分利用了时间和空间，从而缩短

【例2-2】解答

了工期，提高了劳动生产率，增强了劳动力、材料和机具设备供应的均衡性，有利于提高工程质量和降低工程成本，具有良好的技术经济效果。

2.1.2 组织流水施工的条件

流水施工的实质是分工协作和批量生产，其主要特点是节奏性、均衡性和连续性。建筑产品本身的构成和建造特点，是流水施工得以组织实施的基本保障。组织流水施工应具备以下几个条件：

（1）划分施工段。将施工对象在平面上、空间上划分为若干个工程量大致相等的区段，其实质是将"单件"成品变成"多件"产品，以便组织批量生产，为组织流水施工提供可能。

（2）划分施工过程。将施工对象的生产过程分解为若干个施工过程，并为各施工过程组织独立的施工班组。这种分解是组织专业化施工和各专业之间有效协作的前提。根据实际需要，施工班组既可以是专业班组，也可以是混合班组。

（3）主要施工过程必须连续、均衡施工。对工程量较大、施工时间较长的施工过程，必须组织连续均衡施工；对于工程量小、次要的施工过程，可考虑与相邻施工过程合并，或在

有利于缩短工期的前提下，组织间断施工。

(4)不同施工过程尽可能组织平行搭接施工。按照一定的施工顺序，各施工班组依次、连续地由一个流水段转至下一个流水段进行相同的施工作业；在工作面有保障的前提下，除必要的技术与组织间歇外，不同施工班组的作业应尽可能平行搭接。

流水施工的起源

2.1.3　流水施工的表达方式

流水施工是一种普遍适用的施工组织方法，其被广泛应用于房屋建筑工程、道路桥梁工程、水利水电工程的施工中。流水施工的主要表达方式有横道图、垂直图和网络图三种。

(1)横道图。横道图也称水平指示图，其表达方式如图 2-4(a)所示。图中横坐标表示流水施工进度，纵坐标为施工过程名称(施工班组)或代号，圆圈中的数字表示施工段编号，呈阶梯状分布的水平短粗线代表了各施工过程的施工，其长度表示各施工过程在不同施工段上的持续时间，与工程量大小和资源投入量有关。

(2)垂直图。垂直图也称垂直指示图，其表达方式如图 2-4(b)所示。图中横坐标表示各流水施工过程的持续时间，纵坐标表示流水施工段数及编号，斜向线段表示一个施工过程(专业班组)分别投入各施工段工作的时间和顺序。

横道图的起源

(3)网络图。网络图由作业(箭线)、事件(又称节点)和路线组成，以图解法表现项目任务之间的关系，计算项目工作的总时间，并找出关键性任务，其表达方式如图 2-4(c)所示，将在本书第 3 章进行详细介绍。

施工过程	2	4	6	8	10	12	14
A	①	②	③	④			
B		①	②	③	④		
C			①	②	③	④	
D				①	②	③	④

(a)

施工段	2	4	6	8	10	12	14
4							
3			A	B	C	D	
2							
1							

(b)

图 2-4　流水施工表达方式

(a)横道图；(b)垂直图

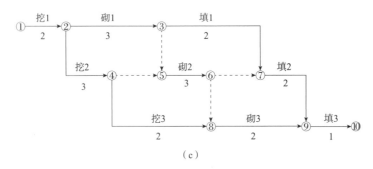

（c）

图 2-4　流水施工表达方式（续）

（c）网络图

2.2　流水施工基本参数

在组织拟建项目流水施工时，用以表达流水施工在施工工艺、空间布置和时间安排方面开展状态的参数，统称为流水施工参数，包括工艺参数、空间参数和时间参数三类。

2.2.1　工艺参数

在组织流水施工时，用以表达流水施工在施工工艺上开展顺序及其特征的参数，称为工艺参数。它包括施工过程数和流水强度两个参数。

（1）施工过程数。在组织流水施工时，需要从工艺上将拟建工程的建造过程分解为若干施工单元，其中每一个施工单元称为一个施工过程。施工过程数就是参与流水施工的施工过程数目，一般用 n 表示。没有参与流水施工的施工过程不属于工艺参数的计数范围。施工过程数是流水施工的最基本参数，其数量和工程量的大小是确定流水施工其他参数的依据。

一个项目的施工往往包含很多个施工过程（如土方开挖、铺设管道、路牙石安装等），根据工艺性质的不同，施工过程可分为制备类、运输类和建造类三种。一般来说，每个施工过程都会消耗一定的人力、材料和机具设备，占用一定范围的工作面并消耗一定的时间，但只有占用施工对象空间并消耗时间的施工过程才被列入进度计划。当然，施工中还需采取有效措施保证制备类、运输类施工过程按期完

施工过程的类别

成，否则会对建造类施工过程造成影响。例如，门窗制作没有按期完成或门窗运输过程中出现延误，会导致门窗安装无法按期完成，从而影响施工进度。

施工过程划分的数目和粗细程度必须适应工程的复杂程度与施工方法、劳动组织和施工进度的要求，主要与下列因素有关：

1）施工计划的性质与作用。对中、小型建筑工程及工期不长的工程，一般编制实施性计划，施工过程划分应详细、具体，可划分至分项工程，如以挖土、垫层、浇筑混凝土基础、回填土作为施工过程组织基础工程分部流水。对建筑群或规模大、工期长、工程复杂的建设项目，施工过程应划分得粗一些，施工过程可以是分部工程，也可以是单位工

程，如以基础工程、主体工程、装饰装修工程、屋面工程作为施工过程来组织单位工程流水。

2）施工方案和工程结构。对同一项目施工，当采用不同的施工方案时，施工过程数会有所不同，如工业厂房中柱基和设备基础的土方开挖，同时施工时可合并为一个施工过程，先后施工时则应分为两个施工过程；房屋建筑工程中承重墙与非承重墙砌筑也是如此。一般砖混结构的多层住宅楼施工过程数大致可分为 20～30 个。工业建筑或工艺复杂的现浇钢筋混凝土框架结构、墙板结构，施工过程数则要多些。

3）劳动组织和劳动量大小。施工过程划分应考虑施工劳动班组及当地施工习惯，如安装玻璃、门窗油漆可以合并也可以分开，合并时采用混合班组，分开时则应采用专业班组。劳动量大小也直接影响施工过程的数量，对于工程量小的施工过程，当组织流水施工有困难时，可与其他施工过程合并。如基础的素混凝土垫层工程量很小，可将其与土方开挖合并，以便在流水施工组织中各施工过程的劳动量大致相等或相差不大，还可与钢筋混凝土基础合并，因两者工种性质相近。

4）施工过程内容和工作范围。在组织现场流水施工时，只有建造类施工过程和直接与建造类施工过程有关的运输过程（如预制构件的安装）才列入流水施工的生产，而场外的劳动内容（如预制加工、运输等）可以不列入流水施工过程。

5）施工过程的数目施工过程的数目应适中。施工过程数过少，可能会引起人力、机械和材料供应的过分集中，甚至阻碍流水施工的开展；施工过程数过多，可能会出现较多的工作面不能充分利用的情况，使总工期延长。

（2）流水强度。一个施工过程在单位时间内所完成的工程量，称为该施工过程的流水强度，又称为流水能力或生产能力。一般用符号"V"表示。

1）机械作业流水强度。

$$V_i = \sum_{i=1}^{x} R_i \cdot S_i \qquad (2\text{-}1)$$

式中　V_i——某施工过程 i 的机械作业流水强度；

　　　R_i——投入施工过程 i 的某种施工机械的台数；

　　　S_i——投入某施工过程 i 的某种机械的产量定额；

　　　x——投入某施工过程 i 的机械设备种类数。

2）人工作业流水强度。

$$V_i = R_i \cdot S_i \qquad (2\text{-}2)$$

式中　V_i——某施工过程 i 的人工作业流水强度；

　　　R_i——投入施工过程 i 的专业班组人数；

　　　S_i——投入某施工过程 i 的专业班组人员的平均产量定额。

2.2.2　空间参数

空间参数是指在组织流水施工时，用以表达流水施工在空间布置上开展状态的参数，主要包括工作面、施工段和施工层。

（1）工作面。工作面是指施工作业人员或施工机械进行施工的活动范围和空间。根据施工过程的不同，工作面大小可采用不同的计量单位表示。一般可参考施工工艺和定额来确定。部分工种的工作面参考值见表 2-1。

表 2-1　部分工种的工作面参考值

工作项目	工作面	工作项目	工作面
砌砖基础	7.6 m/人	预制钢筋混凝土柱	3.6 m²/人
砌砖墙	8.5 m/人	预制钢筋混凝土梁	3.6 m²/人
空心砌块填充墙	12 m/人	预制钢筋混凝土屋架	2.7 m²/人
毛石墙基础	3 m/人	预制钢筋混凝土平板	1.91 m²/人
毛石墙	3.3 m/人	混凝土地面及面层	40 m²/人
混凝土柱、墙基础	8 m³/人	外墙抹灰	16 m²/人
混凝土设备基础	7 m³/人	内墙抹灰	18.5 m²/人
现浇钢筋混凝土柱	2.45 m²/人	卷材屋面	18.5 m²/人
现浇钢筋混凝土梁	3.2 m²/人	防水水泥砂浆屋面	16 m²/人
现浇钢筋混凝土墙	5.0 m²/人	门窗安装	12 m²/人
现浇钢筋混凝土板	5.3 m²/人	玻璃油漆	20 m²/人

工作面的确定是否合理，既关系到劳动效率和生产安全，又直接影响流水施工的规模和速度。工作面太小或过大都会降低人员和机械的生产效率，不利于缩短工期，过于狭小的工作面还存在安全隐患。因此，确定施工过程的工作面时，应遵循两个原则：一是要满足安全施工的要求，即遵守安全技术和施工技术规范的规定；二是要有利于提高生产效率，即要充分考虑每个专业班组或每台施工机械在单位时间内完成的工作量。

（2）施工段。在组织流水施工时，通常把施工对象划分为劳动量相等或相近的若干区域，这些区域即施工段，施工段的数目一般用 m 表示。每一施工段在某段时间内只供从事一个施工过程的班组工作。

划分施工段的过程就是"单件"变"批量"的过程，其目的是为组织流水施工提供足够数量的作业空间，以保证不同的施工班组能在不同的施工段上同时作业，并使各施工班组能按一定的时间间隔从一个施工段转移到另一个施工段进行相同的作业，既保证了施工班组的连续作业，又避免了不同作业班组间的相互干扰。

施工段的数目要合理。施工段过多会降低施工速度，使工期延长；施工段过少会引起人力、材料和机械供应的过分集中，还可能造成窝工，降低劳动生产率。施工段的划分应遵循以下原则：各施工段上的劳动量尽可能大致相等，相差幅度不宜超过 15%，以保证各施工班组均衡施工；施工段划分应尽可能与施工对象的结构界限（温度缝、沉降缝、单元分界线）一致；施工段划分应确保各施工过程有足够的工作面，以满足合理劳动组织和安全生产的要求。

需要说明的是，施工段可以是固定的，也可以是不固定的。在固定施工段的情况下，所有施工过程都采用同样的施工段，施工段的分界对所有施工过程来说都是一致的。

（3）施工层。在组织流水施工时，为满足专业班组对操作高度和施工工艺的要求，将施工对象在竖向划分为若干个操作层，这些操作层称为施工层。在组织多、高层建筑物、构筑物或需要分层施工的工程的流水施工时，既要将施工对象在平面上划分为若干个施工段，还要在竖向划分为若干个施工层。施工层数也是一个主要的流水参数。施工层数用 r 表示。

一般以一个结构层为一个施工层。但在墙体的砌筑施工中，较高的墙体则需要分层砌筑，其施工层数应以规定的可砌高度为依据，一个可砌高度即一个施工层。为使各施工班组能连续施工，上一层的施工必须在下一层对应部位的施工完成后才能进行。也就是说，各施工班组第一段施工完成后，能立即转入第二段；第一层的最后一段施工完成后，能立即转入第二层的第一段。为满足这一要求，每一层的施工段数 m 必须大于或等于施工过程数 n，即 $m \geqslant n$。

思考：加入 $m > n$，组织流水施工时会出现什么情况？

2.2.3　时间参数

时间参数是指在组织流水施工时，用以表达流水施工在时间安排上所处状态的参数，主要包括流水节拍、流水步距、间歇时间、平行搭接时间和流水工期。

1. 流水节拍

流水节拍是指一个施工过程（施工班组）在一个施工段上的延续时间，$t_{i,j}$ 表示施工过程 i 在施工段 j 上的流水节拍。流水节拍的大小与投入到该施工过程上的劳动力、材料和机械的供应量有关，它们决定着流水施工的速度和节奏。确定流水节拍的方法一般有以下三种：

（1）定额计算法。根据各施工段的工程量、能投入的资源量（劳动力、机械台班和材料量等）计算：

$$t_{i,j} = \frac{Q_{i,j}}{S_i \cdot R_i \cdot N_i} \tag{2-3}$$

式中　$Q_{i,j}$——施工过程 i 在施工段上 j 上的工程量；

　　　S_i——专业班组完成施工过程 i 的产量定额；

　　　R_i——参与施工过程 i 的工人数或施工机械台数；

　　　N_i——专业施工完成施工过程 i 的每日工作班次。

（2）经验估算法。经验估算法是指根据以往的施工经验，结合现有的施工条件来估算流水节拍的方法。一般为了提高准确度，往往先估算出该流水节拍的最长、最短、最有可能（正常）的三种时间，然后加权平均计算出期望时间，作为施工班组在该施工段上的流水节拍，故也称为三时估计法。其计算公式为

$$t_{i,j} = \frac{a + 4c + b}{6} \tag{2-4}$$

式中　a——最短估计时间；

　　　b——最长估计时间；

　　　c——最有可能估计时间。

（3）工期计算法。对于某些在规定日期内必须完成的建设项目，往往采用倒排进度法计

算流水节拍。一般假设所有施工过程在各个施工段上的流水节拍都相等,若施工段数为 m,施工过程数为 n,施工层数为 r,要求的流水工期为 T,则流水节拍 t 工期可按下式计算:

$$t = \frac{T}{m \cdot r + n - 1} \tag{2-5}$$

在按上述三种方法计算流水节拍时,还应考虑以下因素:

(1)流水节拍一般取整数,必要时可保留 0.5 d;

(2)施工班组人数应符合该施工过程最小劳动组合的人数要求;

(3)考虑各种机械台班的效率或机械台班产量的大小,还应考虑工作面的限制;

(4)考虑各种材料、构配件的供应能力和现场堆放;

(5)考虑施工工艺和施工条件的要求,如浇筑混凝土时应连续施工,须按三班制计算流水节拍;

(6)应先确定主要的、工程量大的主导施工过程的流水节拍,然后据此确定其他非主导施工过程的流水节拍,并应尽可能组织有节奏的流水施工;

(7)尽量不改变原有的劳动组织形式,但又应满足专业班组对工作面的要求,确保施工操作安全和充分发挥劳动效率。

2. 流水步距

在组织流水施工时,相邻两个施工过程或专业班组先后开始施工的时间间隔,称为流水步距,通常用 $K_{i,i+1}$ 表示。流水步距数取决于参加流水作业的施工过程数,如施工过程有 n 个,则流水步距数为 $n-1$ 个。

流水步距是组织流水施工的一个基本参数,其大小取决于相邻两个施工班组在各施工段上的流水节拍及流水施工组织方式。需要注意的是,流水步距是相对于同一施工段而言的两个相邻施工过程的时间间隔。例如,支模板、扎钢筋、浇筑混凝土是三个连续的施工过程,同一施工段上的支模板和扎钢筋、扎钢筋和浇筑混凝土的时间间隔是流水步距;支模板和浇筑混凝土的时间间隔,以及第一施工段上支模板和第二施工段上扎钢筋的时间间隔都不能称为流水步距。确定流水步距的基本要求如下:

(1)始终保持两个施工过程的先后工艺顺序,即在一个施工段上,前一施工过程完成后,后一施工过程方能开始;

(2)保持各施工过程的连续作业,妥善处理技术、组织间歇,避免出现停工、窝工现象;

(3)前后两施工过程的施工时间应能最大限度地合理搭接;

(4)流水步距的最小时间单位为 1 d 或 0.5 d。

在施工段数不变的条件下,流水步距越大,流水工期越长。当所有的流水节拍都相等时,流水步距等于流水节拍。各施工过程的流水节拍不尽相等时,流水步距的计算详见本书 2.5 的内容。

3. 间歇时间

间歇时间是相邻两个施工过程之间由于工艺要求或组织安排需要而增加的额外等待时间,包括技术间歇和组织间歇。

(1)技术间歇。在组织流水施工时,由于施工对象的工艺性质而需要增加的间歇(等待)时间称为技术间歇,用 t_j 表示。技术间歇与材料的性质和施工方法有关,如混凝土浇筑后的养护时间，底漆涂刷后的干燥时间等。

（2）组织间歇。在组织流水施工时，由于施工组织和管理方面的原因造成的、处于正常流水步距之外的间歇（等待）时间称为组织间歇，用 t_z 表示。如某些隐蔽工程的检查验收时间，墙体砌筑前的弹线时间，施工人员和施工机械的转移时间，以及为后续施工过程所做的技术准备所花费的时间等。

4. 平行搭接时间

在组织流水施工时，为了缩短工期，有时在工作面允许的条件下，当前一个施工过程完成部分施工任务后，能够为后一个施工班组提供必需的工作面，使后者能在规定的流水步距以内提前进入该施工段施工，即两个施工班组在同一施工段上平行搭接施工，所提前的时间称为平行搭接时间，用 t_d 表示。如主体结构施工阶段，梁、板支模完成一部分任务后就可以提前开始绑扎钢筋。在工作面允许和资源有保证的前提下，专业施工班组提前开始施工，可以缩短流水施工工期。

5. 流水工期

在一个流水施工过程中，从第一个施工过程在第一个施工段开始工作的时刻，到最后一个施工过程在最后一个施工段结束工作为止的整个持续时间，称为流水施工工期，用 T 表示。其计算公式为

$$T = \sum_{i=1}^{n-1} K_{i,i+1} + T_n + \sum t_j + \sum t_z - \sum t_d \tag{2-6}$$

式中　$\displaystyle\sum_{i=1}^{n-1} K_{i,i+1}$——参加流水施工的各施工过程间的流水步距之和；

　　　　T_n——最后一个施工过程的累计持续时间；

　　　　$\sum t_j$——流水施工中各技术间歇时间的总和；

　　　　$\sum t_z$——流水施工中各组织间歇时间的总和；

　　　　$\sum t_d$——流水施工中各施工过程间搭接时间的总和。

2.3　流水施工分类

2.3.1　根据流水施工的组织范围分类

（1）分项工程流水施工。分项工程流水施工又称细部流水或施工过程流水，是指在一个专业工种内部组织的流水施工。即某一个施工班组利用同一生产工具，依次连续地在各施工区段内完成同一施工过程，如砌砖墙、绑扎钢筋、浇筑混凝土、土方回填等。分项工程流水施工是范围最小的流水施工。

（2）分部工程流水施工。分部工程流水施工又称专业流水，是指在一个分部工程内部，若干在工艺上有密切联系的分项工程流水的组合。即若干专业班组各自利用同一生产工具，依次连续地在各自施工区域内完成同一施工任务。例如，基础分部工程是由基槽开挖、混凝土垫层、浇筑基础和土方回填四个在工艺上密切联系的分项工程组成；市政道路工程中的路

基分部工程是由场地清理、路基挖方、路基处理、路基填方、相关附属工程、涵洞工程六个分项工程组成的。

（3）单位工程流水施工。单位工程流水施工又称综合流水，是指在一个单位工程内，各分部工程之间组织的流水施工，其进度计划即单位工程进度计划。例如，多层现浇混凝土框架结构的施工是由基础工程、主体工程、装饰工程、屋面工程等分部工程流水组成的；市政道路工程的施工是由路基、基层、面层、人行道、附属构筑物等分部工程流水组成的。

（4）群体工程流水施工。群体工程流水施工又称大流水，是指在若干个单位工程之间组织的流水施工。例如，一个住宅小区的建设、一个工业厂区的建设、大型综合市政道路桥梁工程的流水施工，都是由多个单位工程流水施工组合而成的大流水施工。

2.3.2　根据流水施工的流水节奏特征分类

在流水施工中，流水节拍的大小决定了流水施工的速度。不同施工过程流水节拍间的相互关系决定了流水施工的节奏。根据流水施工节奏特征，可将其分为有节奏流水和无节奏流水。

（1）有节奏流水。有节奏流水是指在流水施工中，同一施工过程在各个施工段上的流水节拍都相等的流水形式，即

$$t_{i,1}=t_{i,2}=\cdots=t_{i,n} \tag{2-7}$$

根据各施工过程流水节拍间的关系，有节奏流水又可分为全等节拍流水施工和异节拍流水施工。

（2）无节奏流水。无节奏流水是指在流水施工中，各施工过程的流水节拍不完全相等的流水方式。

2.3.3　根据流水施工的空间特点分类

按组织流水的空间特点，可将其分为流水段法和流水线法。流水段法一般用于建筑、桥梁等体型宽大、构造较复杂的工程；流水线法一般用于管线、道路等体型狭长的工程。

2.4　有节奏流水施工

2.4.1　全等节拍流水施工

全等节拍流水施工是指各施工过程的流水节拍都相等的流水形式，又称为固定节拍流水施工。其基本特点如下：

（1）所有施工过程在各个施工段上的流水节拍都相等，即 $t_{i,j}=t$。

（2）相邻施工过程的流水步距均相等，且等于流水节拍，即 $K_{i,i+1}=t$。

（3）专业班组数等于施工过程数，即每一个施工过程成立一个专业班组，并由其完成该施工过程在各施工段上的任务。

（4）各专业班组在各施工段上能够连续作业，相邻施工段之间无空闲时间。

全等节拍流水施工的工期仍按式（2-6）计算，也可根据流水节拍的特点，对其进行加简化。当不存在施工层时，流水施工的工期为

$$T=(m+n-1)t+\sum t_j+\sum t_z-\sum t_d \qquad (2\text{-}8)$$

当存在施工层或施工对象为多层建筑时，流水施工的工期为

$$T=(mr+n-1)t+\sum t_j+\sum t_z-\sum t_d \qquad (2\text{-}9)$$

当既没有技术和组织间歇，又没有搭接时间，还不存在施工层时，流水施工的工期简化为

$$T=(m+n-1)t \qquad (2\text{-}10)$$

【例 2-3】　某分部工程由 A、B、C 3 个施工过程组成，划分为 5 个施工段，流水节拍均为 3 d。试确定下列三种情况下的流水步距，计算工期，并绘制流水施工进度表。

第一种情况：无技术和组织间歇，也没有搭接时间；

第二种情况：施工过程 A、B 之间需 2 d 的组织间歇，B、C 之间搭接 1 d；

第三种情况：无技术和组织间歇，无搭接，分 Ⅰ、Ⅱ 两个施工层组织流水。

解： (1)第一种情况下，由已知条件知 $t_{i,j}=t=3$ d，故该分部工程宜组织全等节拍流水施工。过程如下：

1)确定流水步距。根据全等节拍流水施工的特点可知：

$$K_{i,i+1}=t=3(\mathrm{d})$$

2)计算工期。因不存在技术、组织间歇和搭接时间，故按式(2-10)计算流水工期，即

$$T_1=(m+n-1)t=(5+3-1)\times 3=21(\mathrm{d})$$

3)绘制流水施工进度表，如图 2-5(a)所示。

(2)第二种情况下，流水步距仍为 $K_{i,i+1}=t=3$ d，考虑组织间歇和搭接时间后的计算工期为

$$T_2=(m+n-1)t+\sum t_z-\sum t_d=(5+3-1)\times 3+2-1=22(\mathrm{d})$$

流水施工进度表如图 2-5(b)所示。

(3)第三种情况下，流水步距仍为 $K_{i,i+1}=t=3$ d，但需考虑层间关系，流水施工的计算工期为

$$T_3=(mr+n-1)t=(5\times 2+3-1)\times 3=36(\mathrm{d})$$

流水施工进度表如图 2-5(c)所示。

施工过程	施工进度/d						
	3	6	9	12	15	18	21
A	①	②	③	④	⑤		
B		①	②	③	④	⑤	
C			①	②	③	④	⑤

(a)

图 2-5　流水施工进度表

(a)无间歇、无搭接

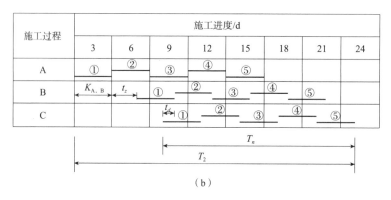

（b）

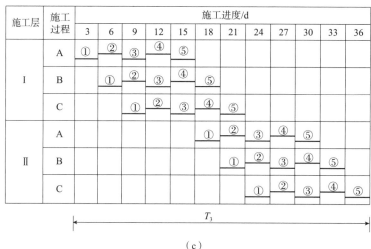

（c）

图 2-5　流水施工进度表（续）

（b）有间歇、有搭接；（c）有施工层

【例 2-4】 有四栋同类型建筑物的基础工程施工，划分的施工过程、工程量见表 2-2。土方开挖需要 2 台挖土机，其他施工过程的人数可根据需要安排。混凝土养护 1 d 后方可进行基础墙砌筑，基础墙砌筑后 2 d 才能进行土方回填。试组织流水施工。

表 2-2　某基础工程施工参数

序号	施工过程	工程量/工日
1	土方开挖、垫层	432
2	钢筋绑扎	102
3	混凝土浇筑	280
4	基础墙砌筑	320
5	土方回填	252

解：第一步：划分施工段，计算流水节拍。由于是四栋同类型的基础施工，故将每栋房屋的基础作为一个施工段，即基础工程分为四个施工段，$n=4$。每个施工过程在各施工段上的工程量相等，可以组织有节奏流水施工。

土方开挖和垫层的工程量为 432 工日，若施工班组人数为 26 人，采用一班制，则流水

节拍为

$$t_{土}=\dfrac{\frac{432}{4}}{26}\approx4(d)$$

第二步：确定各施工班组的人数。若按全等节拍组织流水施工，均采用一班制，则各施工班组人数为

$$S_{钢}=\dfrac{\frac{102}{4}}{4}\approx7(人)$$

$$S_{混}=\dfrac{\frac{280}{4}}{4}\approx18(人)$$

$$S_{砌}=\dfrac{\frac{320}{4}}{4}=20(人)$$

$$S_{回}=\dfrac{\frac{252}{4}}{4}\approx16(人)$$

第三步：计算流水工期并绘制施工进度表（图2-6）。

$$T=(m+n-1)t=(5+4-1)\times4=32(d)$$

施工过程	施工进度/d							
	4	8	12	16	20	24	28	32
土方开挖、垫层	①	②	③	④				
钢筋绑扎		①	②	③	④			
混凝土浇筑			①	②	③	④		
基础墙砌筑				①	②	③	④	
土方回填					①	②	③	④

图2-6　全等节拍流水施工进度计划

作业：请大家自行绘制该流水施工的劳动力动态变化图。

2.4.2　异节拍流水施工

异节拍流水施工是指同一个施工过程在各施工段上的流水节拍相等，不同施工过程在同一施工段上的流水节拍不完全相等的流水形式。

假设为每个施工过程安排一个专业施工班组，则施工班组数等于施工过程数。异节拍流水施工中各施工过程间的流水步距不完全相等，分为以下两种情况：

(1)前一施工过程的流水节拍小于后一施工过程的流水节拍，即 $t_i<t_{i+1}$，意味着前一施工过程的施工速度比后一施工过程要快，故

$$K_{i,i+1}=t_i \tag{2-11}$$

（2）前一施工过程的流水节拍大于后一施工过程的流水节拍，即 $t_i > t_{i+1}$，意味着后一施工过程的施工速度更快。为确保各施工班组都能连续作业，只能推迟后一施工班组开始施工的时间，推迟的时间既与相邻 2 个施工过程的流水节拍有关，也与施工段数有关。

$$K_{i,i+1} = t_i + (t_i - t_{i+1})(m-1) \tag{2-12}$$

【例 2-5】 某道路工程施工分为测量放线、路基开挖、路基处理和柏油路面施工 4 个施工过程，在长度方向划分为 3 个施工段，各施工过程的流水节拍分别为 $t_测 = 2$ d、$t_挖 = 4$ d、$t_处 = 2$ d、$t_面 = 4$ d。试组织异节拍流水施工。

解：（1）计算流水步距：

由于 $t_测 < t_挖$，$t_处 < t_面$，故测量放线与路基开挖、路基处理与柏油路面施工之间的流水步距按式(2-11)计算，得到：

$$K_{测,挖} = 2 \text{ d}, \ K_{处,面} = 2 \text{ d}$$

由于 $t_挖 > t_处$，故路基开挖与路基处理之间的流水步距按式(2-12)计算，得到：

$$K_{挖,处} = 4 + (4-2) \times (3-1) = 8 \text{(d)}$$

（2）计算工期：

$$T = \sum K_{i,i+1} + T_n = (2+8+2) + 4 \times 3 = 24 \text{ (d)}$$

（3）绘制进度计划表，如图 2-7 所示。

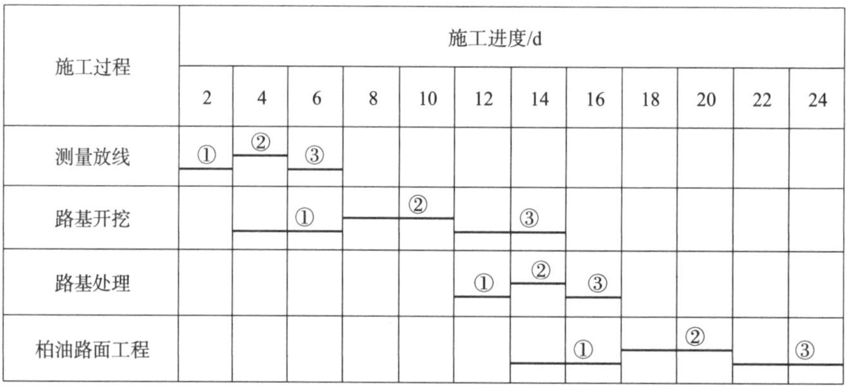

施工过程	施工进度/d											
	2	4	6	8	10	12	14	16	18	20	22	24
测量放线	①	②	③									
路基开挖			①		②		③					
路基处理						①	②	③				
柏油路面工程								①		②		③

图 2-7　异节拍流水施工进度计划

2.4.3 成倍节拍流水施工

在异节拍流水施工中，各施工过程流水节拍不等，可能会造成多处施工段空闲的现象，导致工期较长。在条件许可的情况下，若能通过增加施工班组或施工机械的方式，充分利用空闲工作面，则能缩短流水工期，流水施工会更合理、更有规律，这种流水称为成倍节拍流水施工。组织成倍节拍流水施工时，某些施工过程需安排多个施工班组。其数量为

$$b_i = \frac{t_i}{K} \tag{2-13}$$

式中　b_i——施工过程 i 所需的施工班组数；

t_i——施工过程 i 的流水节拍；

K——成倍节拍流水施工的流水步距，其值为参与流水施工各施工过程流水节拍的最

大公约数，在整个流水施工中为一常数。

成倍节拍流水施工的特点如下：

(1)同一施工过程在各施工段上的流水节拍相等，不同施工过程的流水节拍不尽相等，其值存在倍数关系；

(2)流水节拍大的施工过程可按其倍数增加施工班组数，故施工班组总数大于施工过程数；

(3)各专业班组在施工段上能连续作业；

(4)相邻施工班组之间的流水步距相等，且等于各施工过程流水节拍的最大公约数；

(5)成倍节拍流水施工在组织形式上类似全等节拍流水施工，其施工工期可按下式计算：

$$T=\left(m+\sum b_i-1\right)K+\sum t_j+\sum t_z-\sum t_d \tag{2-14}$$

下面仍以例 2-5 为例，设各施工过程的流水节拍分别为 $t_测=2\ \mathrm{d}$，$t_挖=4\ \mathrm{d}$，$t_处=2\ \mathrm{d}$，$t_面=6\ \mathrm{d}$。通过增加施工班组的方式组织成倍节拍流水，具体计算如下：

解：(1)确定流水步距。各施工过程流水节拍的最大公约数为 2，故成倍节拍的流水步距 $K=2\ \mathrm{d}$。

(2)确定各施工过程所需的施工班组数。

$$b_测=\frac{t_测}{K}=\frac{2}{2}=1(个)，\qquad b_挖=\frac{t_挖}{K}=\frac{4}{2}=2(个)，$$

$$b_处=\frac{t_处}{K}=\frac{2}{2}=1(个)，\qquad b_面=\frac{t_面}{K}=\frac{6}{2}=3(个)，$$

$$\sum b_i=1+2+1+3=7(个)$$

(3)按式(2-14)计算流水工期。

$$T=\left(m+\sum b_i-1\right)K=(3+7-1)\times2=18(\mathrm{d})$$

(4)绘制流水施工进度表(图 2-8)。

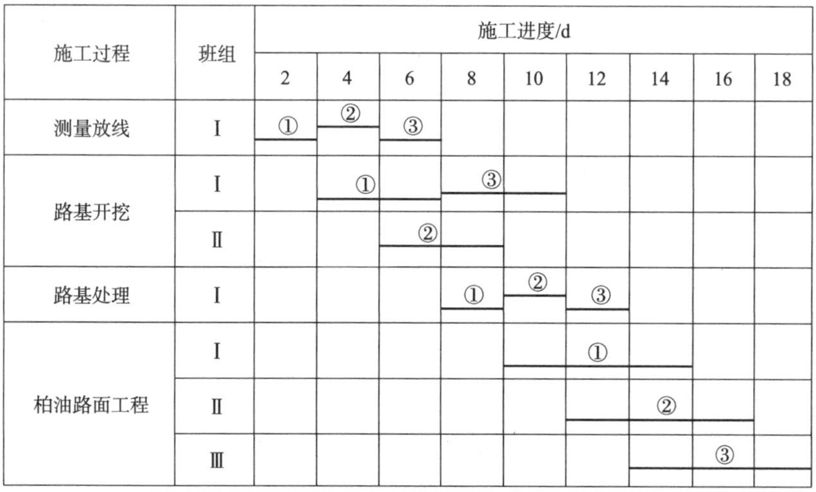

施工过程	班组	施工进度/d								
		2	4	6	8	10	12	14	16	18
测量放线	I	①	②	③						
路基开挖	I		①		③					
	II			②						
路基处理	I				①	②	③			
柏油路面工程	I						①			
	II							②		
	III								③	

图 2-8 成倍节拍流水施工进度计划

从理论上讲，很多满足条件的工程都可以组织成倍节拍流水施工。但在实际施工中，若不能划分足够的流水施工段或配备足够的劳动力、材料、机械设备等资源，则无法组织成倍节拍流水。因此，成倍节拍流水主要适用于线型工程（管道、道路等）的施工。

在实际建设项目施工中，各施工过程在不同施工段上的流水节拍完全相等的理想情形是非常少见的，即符合全等节拍流水施工条件的施工比较少见。针对某一具体的建设项目施工，当同一施工过程在各施工段上的流水节拍相等，而不同施工过程间流水节拍存在倍数关系时，可以组织异节奏流水施工，但流水步距必然不等，流水工期相对较长；当然，也可以在工作面满足要求、资源供应没有问题的情况下，增加流水节拍较大施工过程的专业班组数，使流水步距相等，流水施工更加有规律，工期也得以缩短。对具体工程而言，究竟采用哪种流水施工组织形式，不仅需要考虑流水节拍的特点，还需要考虑工期要求、施工场地限制、施工现场的各类资源供应等。无论哪种流水施工组织形式，都仅仅是一种施工组织手段，最终目的都是在确保工程质量和施工安全的前提下实现工期短、成本低和效益高的目标。

2.5 无节奏流水施工

在实际工程中，由于工程结构形式、施工条件不同等原因，各施工过程在各施工段上的工程量往往不相等甚至差异很大；或者各专业施工班组的生产效率相差较大，导致各施工过程在各施工段上的流水节拍不尽相同，不同施工过程流水节拍间无任何规律。这种情况下，无法组织有节奏流水施工，只能组织无节奏流水施工。即按照施工工艺和施工组织要求，使相邻两个施工过程最大限度地搭接，并使每个施工班组最大限度地实现连续作业。无节奏流水也称分别流水，是工程项目流水施工的最普遍方式。

（1）无节奏流水施工的特点。

1）每个施工过程在每个施工段上的流水节拍都不相等；

2）各流水步距彼此不相等，但流水步距与流水节拍存在某种函数关系；

3）专业班组数等于施工过程数；

4）各专业班组都能连续作业，个别施工段可能有空闲。

无节奏流水施工由于条件易于满足，符合生产实际，具有很强的适用性，广泛应用于分部工程和单位工程施工。

（2）无节奏流水施工的组织。

1）分解施工过程，并为各施工过程安排专业施工班组；

2）划分施工段，确定施工段数；

3）计算各施工过程在各个施工段上的持续时间，即流水节拍；

4）计算相邻两个施工过程间的流水步距；

5）计算流水工期，绘制流水施工进度计划表。

（3）流水步距的确定。组织无节奏流水施工的关键是确定相邻两个施工过程之间的流水步距。流水步距确定合理可避免各施工过程在施工段上出现工艺混乱，使相邻施工过程紧密衔接，各个班组保持连续作业。

流水步距的确定可以采用图上分析法、分析计算法和潘特考夫斯基法。其中，潘特考夫斯基法最简便、最易掌握。其计算步骤如下：

1）累加。根据各施工班组在各施工段上的流水节拍，求累加数列。

2）错位相减。按照流水施工顺序，将相邻两累加数列错位相减。

3）取大差。错位相减结果中数值最大者即为相邻两施工过程间的流水步距。

【例 2-6】　某分部工程由 A、B、C、D 4 个施工过程组成，施工顺序为 A→B→C→D，分别由不同的专业班组完成施工任务。该工程在平面上划分为Ⅰ、Ⅱ、Ⅲ、Ⅳ 4 个施工段，各施工过程在各施工段上的流水节拍见表 2-3。试组织无节奏流水施工。

表 2-3　各施工过程的流水节拍

施工过程	流水节拍/d			
	Ⅰ	Ⅱ	Ⅲ	Ⅳ
A	3	2	4	3
B	4	3	2	4
C	3	4	3	2
D	2	4	3	2

解： 根据流水节拍的特点，本工程应按无节奏流水施工组织。

(1)计算各施工过程的累加数列。即

A：3，5，9，12

B：4，7，9，13

C：3，7，10，12

D：2，6，9，11

(2)错位相减。

A 与 B：

$$
\begin{array}{rrrrr}
3, & 5, & 9, & 12 & \\
- & 4, & 7, & 9, & 13 \\
\hline
3, & 1, & 2, & 3, & -13
\end{array}
$$

B 与 C：

$$
\begin{array}{rrrrr}
4, & 7, & 9, & 13 & \\
- & 3, & 7, & 10, & 12 \\
\hline
4, & 4, & 2, & 3, & -12
\end{array}
$$

C 与 D：

$$
\begin{array}{rrrrr}
3, & 7, & 10, & 12 & \\
- & 2, & 6, & 9, & 11 \\
\hline
3, & 5, & 4, & 3, & -11
\end{array}
$$

（3）取大差，确定流水步距。

$$K_{A,B}=\max[3,1,2,3,-13]=3\ d$$
$$K_{B,C}=\max[4,4,2,3,-12]=4\ d$$
$$K_{C,D}=\max[3,5,4,3,-11]=5\ d$$

（4）计算流水工期。

$$T=\sum_{i=1}^{n-1}K_{i,i+1}+T_n+\sum t_j+\sum t_z-\sum t_d$$
$$=(3+4+5)+(2+4+3+2)+0+0-0$$
$$=23\ d$$

（5）绘制流水施工进度计划表。根据各施工过程的流水节拍和相邻施工过程之间的流水步距，绘制流水施工进度计划，如图 2-9 所示。

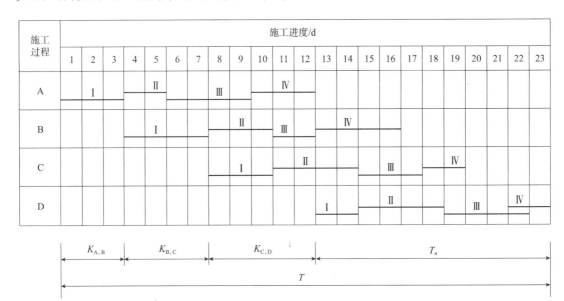

图 2-9　无节奏流水施工进度计划

【例 2-7】　某施工单位承接的二级公路中有四道单跨 2.0 m×2.0 m 钢筋混凝土盖板涵，在编制的《施工组织设计》中，对各涵洞的工序划分与工序的工作时间分析见表 2-4。施工单位根据现场施工便道情况，决定分别针对 A、B、C、D 4 道工序组织 4 个专业作业队伍，按 1 号→2 号→3 号→4 号涵洞的顺序采用流水作业法组织施工，确保每个专业作业队伍连续作业。（来源：2012 年二级建造师《公路工程管理与实务》真题）

在每个涵洞的"基础开挖与软基换填"工序之后，按照《隐蔽工程验收制度》规定，必须对基坑进行检查和验收，检查和验收时间（间歇时间）按 2 d 计算。现要求：

（1）计算组织流水施工的流水步距和流水工期；

（2）绘制流水施工横道图；

（3）思考：若按 4 号→3 号→2 号→1 号涵洞的顺序组织流水施工，流水工期和施工进度又当如何？请大家自行完成。

表 2-4 工序划分与工作时间

工序名称	工作时间/d			
	1 号涵洞	2 号涵洞	3 号涵洞	4 号涵洞
基础开挖与软基换填(A)	5	4	7	6
基础混凝土浇筑(B)	4	4	2	2
涵台混凝土浇筑(C)	5	4	3	4
盖板现浇(D)	4	3	4	5

解：(1)计算各施工过程的累加数列。即

A：5，9，16，22

B：4，8，10，12

C：5，9，12，16

D：4，7，11，16

(2)错位相减。

A 与 B：

$$
\begin{array}{cccccc}
 & 5, & 9, & 16, & 22 & \\
- & & 4, & 8, & 10, & 12 \\
\hline
 & 5, & 5, & 8, & 12, & -12
\end{array}
$$

B 与 C：

$$
\begin{array}{cccccc}
 & 4, & 8, & 10, & 12 & \\
- & & 5, & 9, & 12, & 16 \\
\hline
 & 4, & 3, & 1, & 0, & -16
\end{array}
$$

C 与 D：

$$
\begin{array}{cccccc}
 & 5, & 9, & 12, & 16 & \\
- & & 4, & 7, & 11, & 16 \\
\hline
 & 5, & 5, & 5, & 5, & -16
\end{array}
$$

(3)取大差，确定流水步距。

$$K_{A,B} = \max[5,5,8,12,-12] = 12 \text{ d}$$

$$K_{B,C} = \max[4,3,1,0,-16] = 4 \text{ d}$$

$$K_{C,D} = \max[5,5,5,5,-16] = 5 \text{ d}$$

(4)计算流水工期。

$$T = \sum_{i=1}^{n-1} K_{i,i+1} + T_n + \sum t_j + \sum t_z - \sum t_d$$

$$= (12+4+5) + (4+3+4+5) + 2 + 0 - 0$$

$$= 39 \text{ d}$$

（5）绘制流水施工进度计划表。根据各施工过程的流水节拍和相邻施工过程间，绘制流水施工进度计划，如图 2-10 所示。

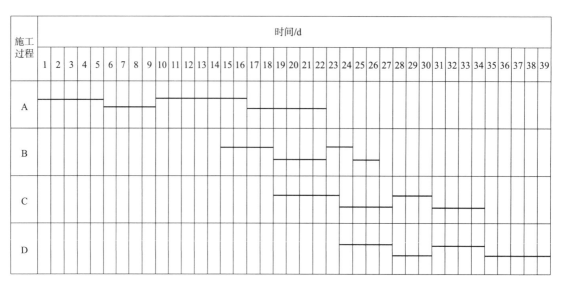

图 2-10　涵洞的施工进度计划

2.6　流水线法

在工程中常常会遇到延伸很长的构筑物，如道路、管线、沟渠等，针对这类线性工程的流水施工组织称为流水线法。在组织流水线法施工时，若干个工艺上有联系的工作队（组）按一定工艺顺序相继投入施工，各工作队（组）以匀速沿着线性工程不断向前移动，完成同样长度的工程。

（1）组织流水线法施工的步骤。

1）将工程对象的施工划分为若干个施工过程；

2）找出主导施工过程，确定完成主导施工过程的机械或人工生产率，进而确定工作队（组）的移动速度；

3）根据主导施工过程的移动速度设计其他施工过程的流水作业，使之与主导施工过程相配合。

（2）流水线法与流水段法施工的区别。流水线法是指所有程序一段一段做，做完这段才能做下一段；而流水段法是指做这段的时候，可以进行下一段的施工。例如，一个楼层分两个施工段，采用流水线法施工时，第一段的模板支撑、钢筋绑扎、混凝土浇筑完成后再进行第二段的模板支撑、钢筋绑扎和混凝土浇筑。采用流水段法施工时，第一段模板支撑完成后开始钢筋绑扎，同时第二段开始模板支撑。第一段钢筋绑扎完成后开始混凝土浇筑，同时开始第二段的钢筋绑扎。两种施工方法相比，流水线法施工比流水段法施工施工周期长，施工人员窝工多，效率自然也低一些。

流水线法施工一般是指一道工序内，前后交接时间不能交叉，只能一步一步做，如钢筋绑扎工程的顺序应该是：钢筋翻样审核→钢筋下料制作→钢筋就位绑扎→保护垫块等安装→自查验收、整改→隐蔽工程验收。

流水段施工是将一个工作内容划分为数个流水段来完成，工作内容可以是一个工序，也可以是一个单体。例如，钢筋绑扎可以按照位置及标高、楼栋号划分数个流水段，进行流水或交叉作业；也可以将钢筋绑扎、模板支撑、混凝土浇筑等各划分为一个流水段进行交叉或流水施工。

【例 2-8】　某管道工程长为 1 000 m，由开挖沟槽、铺设管道、焊接钢管和回填土 4 个施工过程组成。经分析，开挖沟槽是主导施工过程，每天可挖 100 m，其他施工过程按自愿配备也按每天 50 m 的施工速度向前推进。试组织流水施工。

解：本工程属于流水线法的施工组织。施工组织安排每隔 1 d(间距 50 m)投入一个作业班组，则：

流水步距 $K=1$ d；

施工班组数 $b=4$；

流水工期 $T=\left(\dfrac{1\,000}{100}+4-1\right)\times1=13$ (d)

流水施工进度计划如图 2-11 所示。

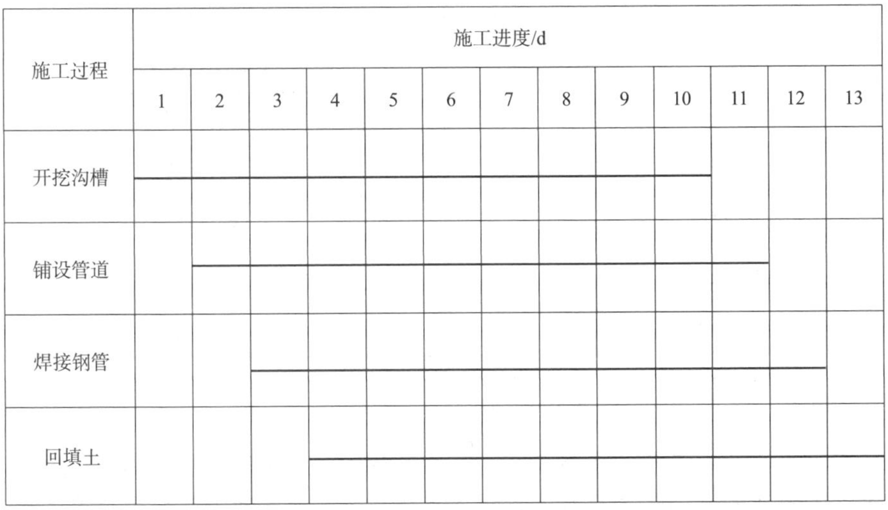

施工过程	施工进度/d												
	1	2	3	4	5	6	7	8	9	10	11	12	13
开挖沟槽													
铺设管道													
焊接钢管													
回填土													

图 2-11　流水线法施工进度计划

2.7　流水施工应用实例

2.7.1　多层砖混结构房屋的流水施工组织

【例 2-9】　某五层砖混结构住宅楼，建筑面积为 4 052.7 m²。钢筋混凝土条形基础，现浇钢筋混凝土楼板；铝合金窗、胶合板门；外墙贴浅色面砖，内墙和顶棚为中级抹灰，普通涂料刷白，楼地面贴面砖；屋面为现浇钢筋混凝土屋面板，用 100 mm 厚加气混凝土块做保温层，SBS改性沥青防水层；设备安装及水、暖、电配合土建施工。主要施工过程及其劳动量见表2-5。

表2-5 某五层框架结构宿舍楼劳动量一览表

序号	分项工程	劳动量/工日	序号	分项工程	劳动量/工日
	基础工程			屋面工程	
1	土方开挖	384	16	屋面板找平层	47
2	素混凝土垫层	76	17	屋面隔汽层	22
3	绑扎基础钢筋	106	18	屋面保温层	80
4	浇筑基础混凝土	106	19	屋面找平层	38
5	素混凝土墙基	124	20	卷材防水层(含保护层)	92
6	土方回填	92			
	主体工程			装饰工程	
7	搭拆脚手架	218	21	楼地面及楼梯地面(含垫层)	394
8	构造柱钢筋	96	22	顶棚抹灰	458
9	砌砖墙	1 388	23	内墙中级抹灰	474
10	构造柱模板	95	24	铝合金门窗、夹板门	156
11	构造柱混凝土	386	25	室内涂料	58
12	梁(含梯)模板	692	26	室内油漆	28
13	梁(含梯)板筋	480	27	外墙面砖	512
14	梁、板混凝土	986	28	台阶散水	30
15	拆除模板	142			

解：本工程是由基础工程、主体工程、屋面工程、装修工程、水电工程5个分部工程组成的，因其各分部工程劳动量差异较大，应采用分别流水法，即先组织各分部工程的流水施工，再考虑各分部工程之间的搭接。

(1)基础工程。基础工程包括土方开挖、素混凝土垫层、绑扎基础钢筋、浇筑基础混凝土、素混凝土墙基、土方回填6个施工过程。考虑素混凝土基墙和基础混凝土为同一工种，可进行合并，故基础施工包含5个施工过程($n=5$)。

基础施工划分为2个施工段($m=2$)，各施工过程的流水节拍及流水工期计算如下：

1)土方开挖劳动量为384工日，施工班组人数为20人，采用两班制，流水节拍为

$$t_挖=\frac{\frac{384}{2}}{20\times2}\approx5(\mathrm{d})$$

2)素混凝土垫层劳动量为76工日，施工班组人数为20人，采用一班制，垫层施工完需

要养护1 d。流水节拍为

$$t_{垫}=\frac{\frac{76}{2}}{20}\approx2(d)$$

3)基础钢筋绑扎劳动量为106工日，施工班组人数为25人，采用一班制，流水节拍为

$$t_{扎}=\frac{\frac{106}{2}}{25}\approx2(d)$$

4)素混凝土墙基和基础混凝土的劳动量之和为230工日，施工班组人数为27人，采用两班制，基础混凝土完工后需养护1 d。其流水节拍为

$$t_{混}=\frac{\frac{230}{2}}{30\times2}\approx2(d)$$

5)土方回填劳动量为92工日，施工班组人数为23人，采用一班制，流水节拍为

$$t_{回}=\frac{\frac{92}{2}}{23}=2(d)$$

(2)主体工程。主体工程包括搭拆脚手架、构造柱钢筋、砌砖墙、构造柱模板、构造柱混凝土、梁板模板、梁板筋、梁板混凝土、拆除模板等分项工程。主体工程由于有层间关系，$m=2$，$n=9$，$m<n$，会出现施工班组窝工现象。

由于砌砖墙为主导过程，必须保证砌墙的施工班组连续施工，其余施工过程的施工班组需配合砌墙班组的作业。考虑到施工工艺要求并尽可能缩短工期，非主导施工过程只能组织间断的异节拍流水施工。

1)构造柱钢筋劳动量为96工日，班组人数为10人，施工段数为$5\times2=10$，采用一班制，流水节拍为

$$t_{构,筋}=\frac{\frac{96}{10}}{10}\approx1(d)$$

2)砌砖墙劳动量为1 388工日，班组人数为20人，施工段数为10，采用一班制，流水节拍为

$$t_{砌}=\frac{\frac{1\ 388}{10}}{20}\approx7(d)$$

3)构造柱模板劳动量为95工日，班组人数为10人，施工段数为10，采用一班制，流水节拍为

$$t_{构,模}=\frac{\frac{95}{10}}{10}\approx1(d)$$

4)构造柱混凝土劳动量为386工日，班组人数为20人，施工段数为10，采用两班制，流水节拍为

$$t_{构,混}=\frac{\frac{386}{10}}{20\times2}\approx1(d)$$

5)梁、板模板(含梯)劳动量为 692 工日，班组人数为 23 人，施工段数为 10，采用一班制，流水节拍为

$$t_{梁,模} = \frac{\frac{692}{10}}{23} \approx 3(d)$$

6)梁、板钢筋(含梯)劳动量为 480 工日，班组人数为 24 人，施工段数为 10，采用一班制，流水节拍为

$$t_{梁,筋} = \frac{\frac{480}{10}}{24} = 2(d)$$

7)梁、板混凝土(含梯)劳动量为 986 工日，班组人数为 25 人，施工段数为 10，采用两班制，流水节拍为

$$t_{梁,混} = \frac{\frac{986}{10}}{25 \times 2} \approx 2(d)$$

8)拆除模板劳动量为 142 工日，班组人数为 15 人，施工段数为 10，采用一班制。模板拆除须在梁、板混凝土(含梯)完工后 14 d 进行。其流水节拍为

$$t_{拆} = \frac{\frac{142}{10}}{15} \approx 1(d)$$

脚手架作业一般是与砌砖墙同步进行的，故不占用流水时间。

9)主体工程流水工期。除砌砖墙这一主导施工过程为连续施工外，其余施工过程均采用间断流水施工。10 个施工段(每层 2 段，共 5 层)砌砖墙时间之和加上其他施工过程的流水节拍，再加上混凝土浇筑后的养护时间(假定为 14 d)就是主体工程的流水工期。

(3)屋面工程。屋面工程包括屋面板找平层、屋面隔汽层、屋面保温层、屋面找平层、卷材防水层(含保护层)等，考虑到防水要求较高，故不分段施工。

1)屋面板找平层劳动量为 47 工日，施工班组人数为 12 人，采用一班制，其工作时间为

$$t_{找1} = \frac{47}{12} \approx 4(d)$$

2)屋面隔汽层劳动量为 22 工日，施工班组人数为 6 人，采用一班制。隔汽层需在找平层干燥 5 d 后进行，其工作时间为

$$t_{汽} = \frac{22}{6} \approx 4(d)$$

3)屋面保温层劳动量为 80 工日，施工班组人数为 20 人，采用一班制，工作时间为

$$t_{保} = \frac{80}{20} = 4(d)$$

4)屋面找平层劳动量为 38 工日，施工班组人数为 10 人，采用一班制，工作时间为

$$t_{找2} = \frac{38}{10} \approx 4(d)$$

5)卷材防水层(含保护层)劳动量为 92 工日，施工班组人数为 12 人，采用一班制。防水层需在找平层干燥后 5 d 进行。其工作时间为

$$t_{水} = \frac{92}{12} \approx 8(\text{d})$$

（4）装修工程。装修工程分为楼地面、楼梯地面、顶棚、内墙抹灰、外墙面砖、铝合金窗、夹板门、油漆、室内喷白、台阶散水等。

装修阶段施工过程多，劳动量不同，组织固定节拍很困难，故采用连续式异节拍流水施工，每一层划分为一个施工段，共5段。

1）楼地面及楼梯地面（含垫层）劳动量为394工日，施工班组人数为20人，采用一班制，$m=5$，流水节拍为

$$t_{楼抹} = \frac{\frac{394}{5}}{20} \approx 4(\text{d})$$

2）顶棚抹灰待楼地面抹灰完成后8 d进行。劳动量为458工日，施工班组人数为23人，采用一班制，$m=5$，流水节拍为

$$t_{棚抹} = \frac{\frac{458}{5}}{23} \approx 4(\text{d})$$

3）内墙中级抹灰劳动量为474工日，施工班组人数为24人，采用一班制，$m=5$，流水节拍为

$$t_{内墙} = \frac{\frac{474}{5}}{24} \approx 4(\text{d})$$

4）铝合金窗、夹板门劳动量为156工日，施工班组人数为16人，采用一班制，$m=5$，流水节拍为

$$t_{门窗} = \frac{\frac{156}{5}}{16} \approx 2(\text{d})$$

5）室内涂料劳动量为58工日，施工班组人数为12人，采用一班制，$m=5$，流水节拍为

$$t_{内,涂} = \frac{\frac{58}{5}}{12} \approx 1(\text{d})$$

6）油漆劳动量为28工日，施工班组人数为6人，采用一班制，$m=5$，流水节拍为

$$t_{油漆} = \frac{\frac{28}{5}}{6} \approx 1(\text{d})$$

7）外墙面砖劳动量为512工日，施工班组人数为25人，采用一班制，$m=5$，流水节拍为

$$t_{外墙} = \frac{\frac{512}{5}}{25} \approx 4(\text{d})$$

外墙装修可以与室内装修平行进行。考虑施工人员状况，可在室内地面完成后开始外墙装修工作。

8)台阶散水劳动量为 30 工日，施工班组人数为 8 人，采用一班制，$m=1$，流水节拍为

$$t_{台散}=\frac{30}{8}\approx4(d)$$

台阶散水可与室内油漆同步进行。

本工程的流水施工进度计划如图 2-12 所示。需要注意的是，在实际工程中，基础工程、主体工程施工结束后，还须组织阶段性验收，故装饰工程不可能在主体工程完工后立即开始。

2.7.2 同类型多栋多层建筑流水施工组织

【例 2-10】 某工程为 4 栋五层住宅楼，总建筑面积为 11 648 m²，施工合同约定的开工顺序为 1 号楼→2 号楼→3 号楼→4 号楼。在编制施工总进度计划时，将各栋住宅楼的施工划分为基础、结构、装修、附属 4 个施工过程，劳动量见表 2-6。要求绘制控制性流水施工计划。

根据已知条件，将一栋楼视作一个施工段。因每个施工段的劳动量不相等，流水节拍也不一定相等，故应组织无节奏流水施工。其流水施工进度计划如图 2-13 所示。

表 2-6　4 栋五层住宅楼劳动量一览表

序号	分部过程	劳动量/工日	序号	分项工程	劳动量/工日
1 号	基础工程	296	3 号	基础工程	304
	结构工程	1 562		结构工程	1 540
	装修工程	1 646		装修工程	1 654
	附属工程	348		附属工程	288
2 号	基础工程	304	4 号	基础工程	320
	结构工程	1 632		结构工程	1 382
	装修工程	1 718		装修工程	1 336
	附属工程	348		附属工程	352

2.7.3 道路工程的流水施工组织

某道路工程的流水施工进度计划如图 2-14 所示。

序号	分项工程	劳动量（工日）	作业人数	工作班	天数
	基础工程				
1	土方开挖	384	20	2	10
2	素混凝土垫层	76	20	1	4
3	绑扎基础钢筋	106	25	1	4
4	素混凝土墙基+浇筑基础混凝土	230	27	2	4
5	土方回填	92	23	1	4
	主体工程				
6	搭拆脚手架	218			
7	构造柱钢筋	96	10	1	10
8	砌砖墙	1 388	20	1	70
9	构造柱模板	95	10	1	10
10	构造柱混凝土	386	20	2	10
11	梁、板（含梯）模板	692	23	1	30
12	梁、板（含梯）筋	480	24	1	20
13	梁、板（含梯）混凝土	986	25	2	20
14	拆除模板	142	15	1	10
	屋面工程				
15	屋面板找平层	47	12	1	4
16	屋面隔汽层	22	6	1	4
17	屋面保温层	80	20	1	4
18	屋面找平层	38	10	1	4
19	卷材防水层（含保护层）	92	12	1	8
	装饰工程				
20	楼地面及楼梯地面	394	20	1	20
21	天棚抹灰	458	23	1	20
22	内墙中级抹灰	474	24	1	20
23	铝合金门窗安装	156	16	1	10
24	室内涂料	58	12	1	5
25	室内油漆	28	6	1	5
26	外墙面砖	512	25	1	20
27	台阶散水	30	8	1	4
28	水电				
29	室外工程				

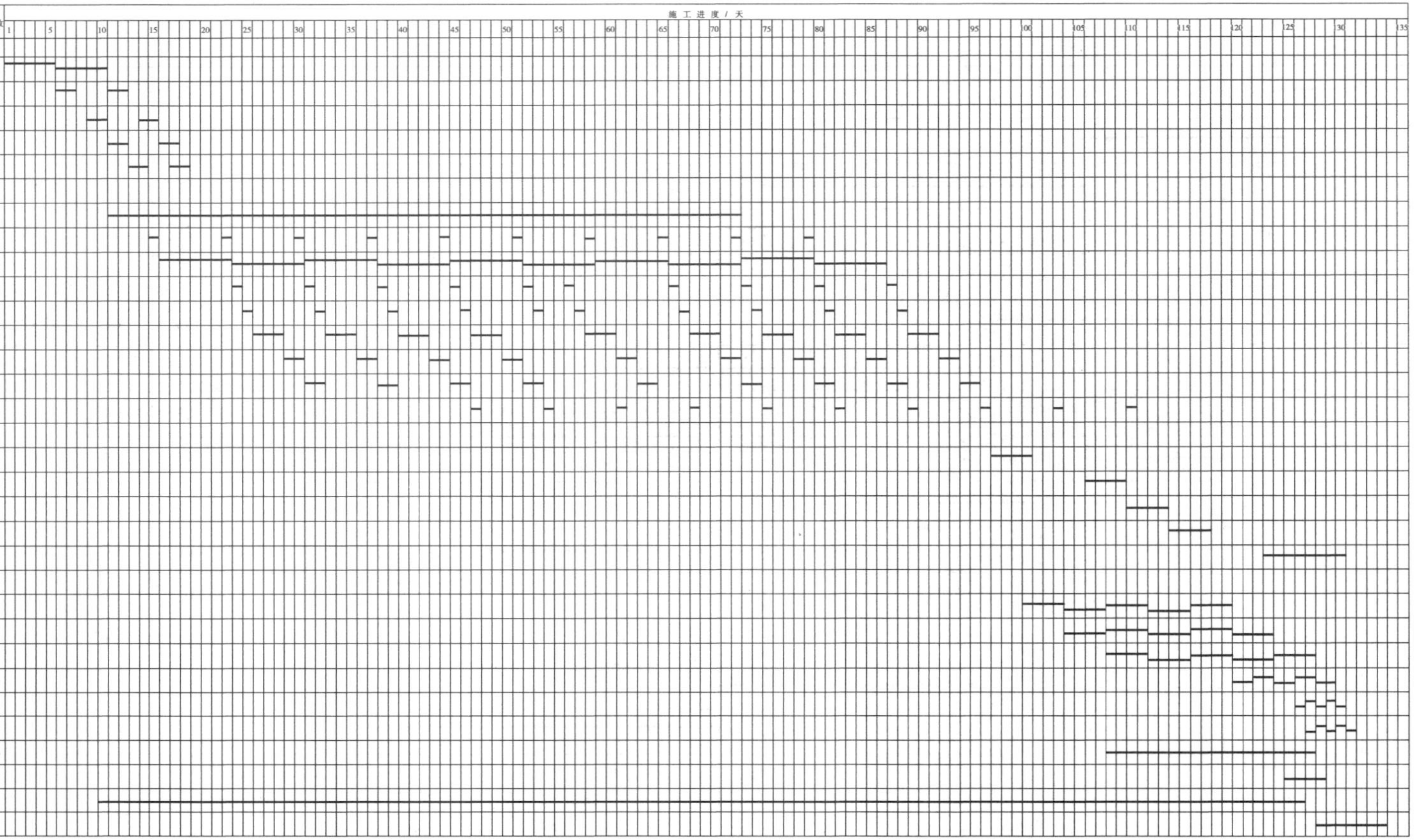

图 2-12　多层砖混结构房屋的施工进度计划图

楼号	分部工程	劳动量	作业人数	天数
1号	基础工程	296	10	30
	结构工程	1 562	20	80
	装修工程	1 646	30	55
	附属工程	348	15	25
2号	基础工程	304	10	30
	结构工程	1 632	20	80
	装修工程	1 718	30	60
	附属工程	348	15	25
3号	基础工程	304	10	30
	结构工程	1 540	20	80
	装修工程	1 654	30	55
	附属工程	352	15	25
4号	基础工程	288	10	30
	结构工程	1 382	20	70
	装修工程	1 336	30	45
	附属工程	352	15	25

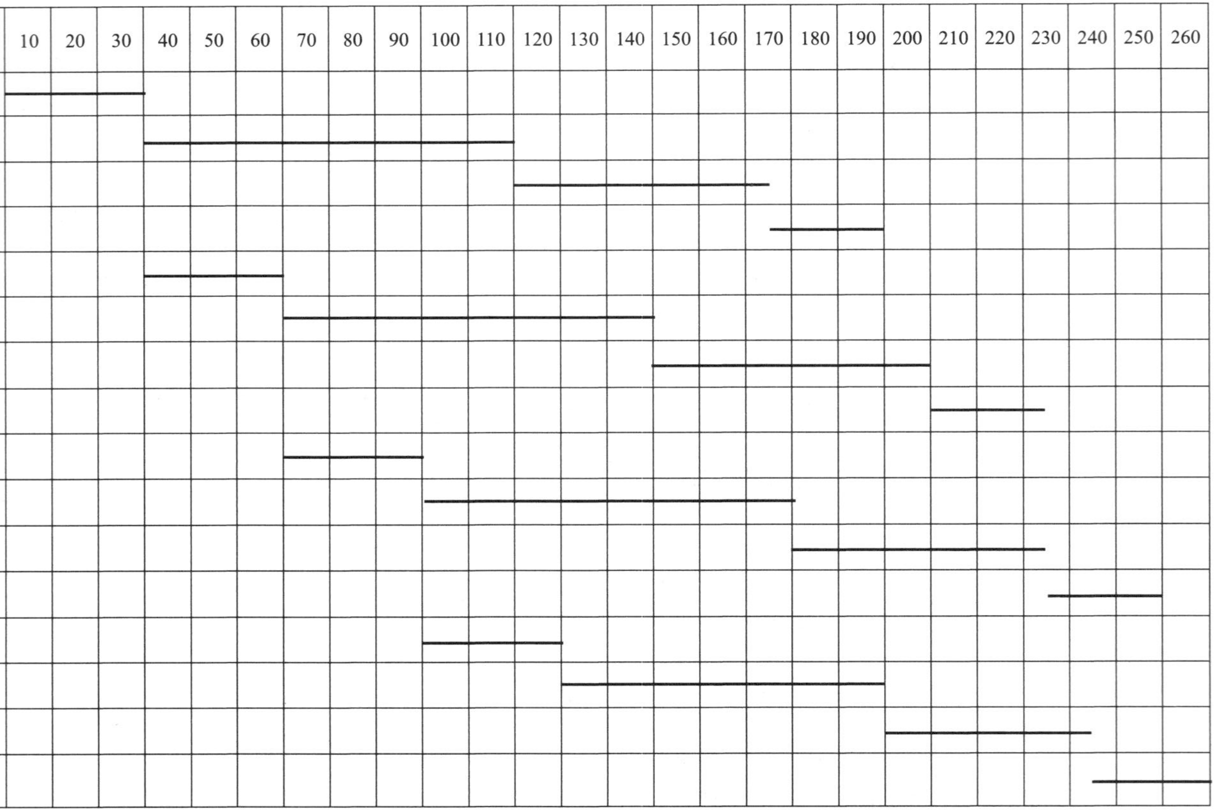

图 2-13 同类型多栋多层建筑的流水施工进度计划图

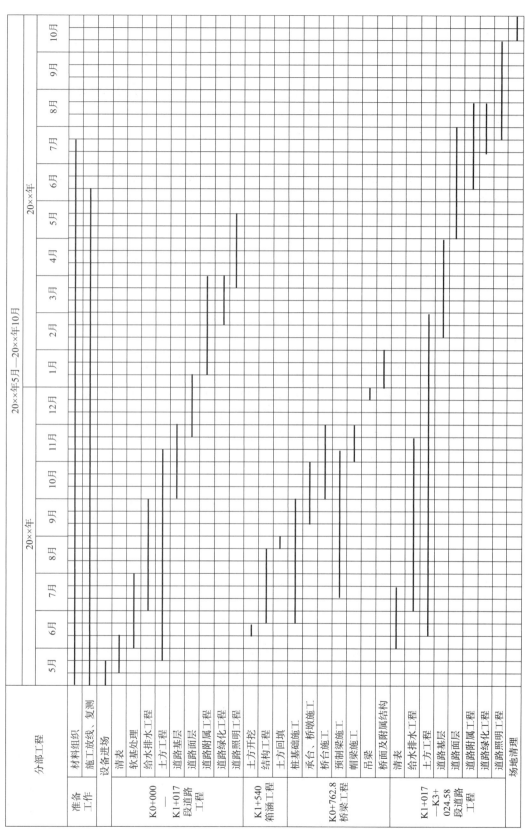

图 2-14　某道路工程施工进度计划图

扩展阅读

[1] 殷万林. 施工缝在流水施工中的合理应用[J]. 施工技术, 2012, 41(S1): 134-138.

[2] 柴柏龙. 递增类异节拍流水施工及其在工程实践中的应用[J]. 施工技术, 2014, 43(24): 50-53.

[3] 郑显春, 李志强, 李鹏飞. 异步距异节奏流水施工组织方法研究[J]. 施工技术, 2013, 42(10): 105-107.

[4] 王珊珊. 厦门轨道交通1号线盾构管片智能流水生产线施工技术[J]. 施工技术, 2016, 45(S1): 468-471.

[5] [苏]布德尼科夫, 等. 流水施工基本理论[M]. 江景波, 译. 北京: 中国工业出版社, 1965.

思考题与习题

1. 组织施工的基本方式有哪几种? 它们各有何特点?

2. 流水施工的特点及其实质是什么?

3. 流水作业的主要参数有哪些?

4. 划分施工段的基本原则有哪些?

5. 什么是流水节拍? 影响流水节拍的因素有哪些? 如何确定施工过程的流水节拍?

6. 什么是流水步距? 确定流水步距时应考虑哪些因素?

7. 流水施工按节奏特征可分为哪几种方式? 它们各有何特点?

8. 如何确定流水工期? 各流水施工参数对流水工期有何影响?

9. 什么是最小工作面? 它对流水施工的组织有何影响?

10. 简述有层间关系和无层间关系时组织流水施工的差异。

11. 某工程有A、B、C、D 4个施工过程, 均分为3个施工段。若各施工过程的流水节拍分别为2 d、3 d、1 d、4 d。试分别计算依次施工、平行施工、流水施工的工期, 并绘制各自的流水施工进度计划。

12. 某分部工程共有3个施工过程, 均分为4个施工段。流水节拍有下列几种情形:

(1)$t_1 = t_2 = t_3 = 3$ d;

(2)$t_1 = 3$ d, $t_2 = 2$ d, $t_3 = 4$ d;

(3)$t_1 = 2$ d, $t_2 = 4$ d, $t_3 = 3$ d, t_1 与 t_2 间存在2 d技术间歇, t_2 与 t_3 间存在1 d技术间歇;

试分别组织流水施工, 计算流水工期并绘制流水施工进度计划。

13. 某分部工程包含A、B、C、D、E 5个分项工程, 分为4个施工段, 流水节拍见表2-7。其中, B工作完成后需间歇2 d, C工作和D工作可搭接1 d。试组织该分部工程的流水施工。

表2-7 各分项工程的流水节拍

分项工程	流水节拍/d			
名称	Ⅰ	Ⅱ	Ⅲ	Ⅳ
A	3	4	2	3
B	4	2	3	2

续表

分项工程 名称	流水节拍/d			
	Ⅰ	Ⅱ	Ⅲ	Ⅳ
C	3	5	2	4
D	3	2	3	4
E	2	2	4	3

14. 某混凝土道路路面工程共 1 000 m，每 50 m 划分为 1 个施工段，道路路面宽度为 20 m，要求先挖去 0.2 m 厚的表层土并压实，再用砂石三合土回填 0.3 m 并压实；上面浇筑 C15 混凝土路面。若将该工程划分为挖土、回填、混凝土 3 个施工过程，其产量定额及流水节拍分别为：挖土，5 m²/工日，$t_1 = 2$ d；回填，3 m²/工日，$t_2 = 4$ d；混凝土，0.8 m²/工日，$t_3 = 6$ d。试组织成倍节拍流水施工并绘制横道图和劳动力动态变化曲线。

15. 有 6 道涵洞，已知挖基需要 3 d，铺底需要 2 d，砌墙需要 4 d，浇盖板需要 5 d。试绘制流水施工进度计划，并确定流水工期。

拓展训练

1. 某项目施工横道图进度计划如图 2-15 所示，如果第二层支设模板需要在第一层浇筑混凝土完成 1 d 后才能开始，则有 1 d 的层间技术间歇，正确的层间间歇是（　　）。

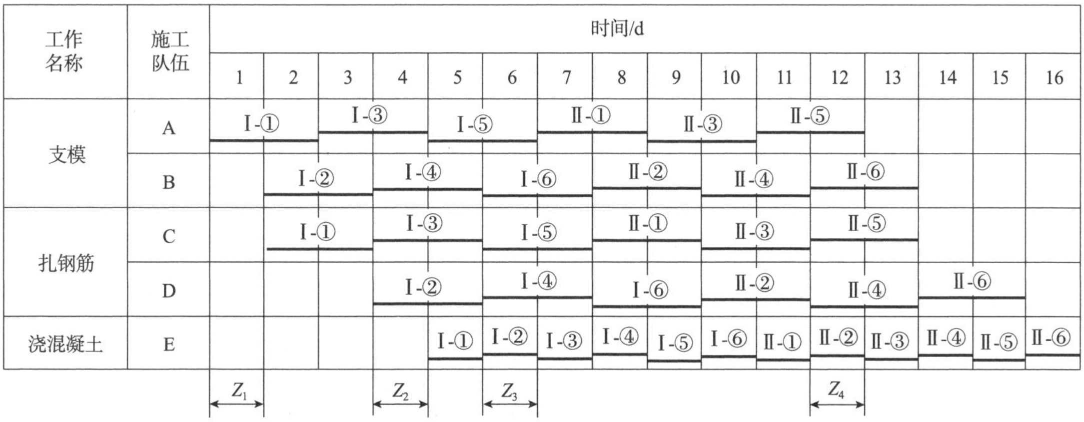

注：Ⅰ、Ⅱ表示楼层；①②③④⑤⑥表示工段。

图 2-15　某项目施工横道图进度计划

A. Z_1　　　　　　B. Z_3　　　　　　C. Z_2　　　　　　D. Z_4

2. 关于图 2-16 所示横道图进度计划的说法，下列正确的是（　　）。

A. 如果不要求工程连续，工期可压缩 1 周

B. 圈梁浇筑和基础回填间的流水步距是 2 周

C. 所有工作都没有机动时间

D. 圈梁浇筑工作的流水节拍是 2 周

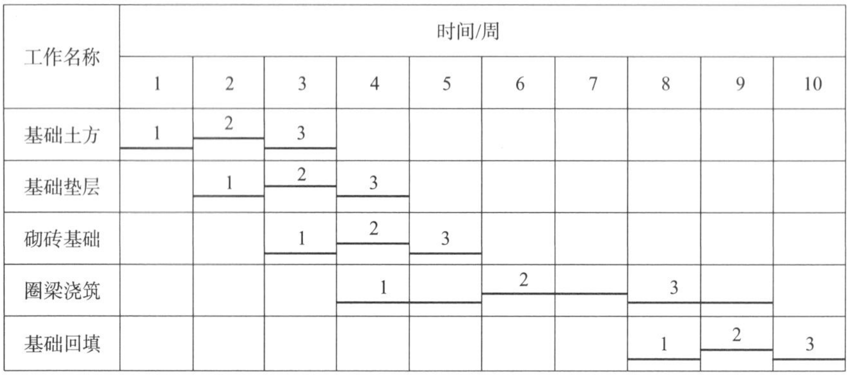

工作名称	时间/周									
	1	2	3	4	5	6	7	8	9	10
基础土方	1	2	3							
基础垫层		1	2	3						
砌砖基础			1	2	3					
圈梁浇筑				1		2		3		
基础回填								1	2	3

图 2-16　横道图进度计划

3. 关于横道图进度计划的说法，下列正确的是(　　)。

　　A. 横道图的一行只能表达一项工作

　　B. 工作的简要说明必须放在表头内

　　C. 横道图不能表达工作间的逻辑关系

　　D. 横道图的工作可按项目对象排序

4. 建设工程采用平行施工方式的特点是(　　)。

　　A. 充分利用工作面进行施工

　　B. 施工现场组织管理简单

　　C. 专业工作队能够连续施工

　　D. 有利于实现专业化施工

5. 下列流水施工参数中，用来表达流水施工在空间布置上开展状态的参数是(　　)。

　　A. 施工过程和流水强度　　　　　　　B. 流水强度和工作面

　　C. 流水段和施工过程　　　　　　　　D. 工作面和流水段

6. 组织建设工程流水施工时，相邻两个施工过程相继开始施工的最小间隔时间称为(　　)。

　　A. 流水节拍　　　　　　　　　　　　B. 时间间隔

　　C. 间隔时间　　　　　　　　　　　　D. 流水步距

7. 某分项工程有 8 个施工过程，分为 3 个施工段组织固定节拍流水施工，各施工过程的流水节拍为 4 d，第三与第四施工过程之间工艺间歇为 5 d，该工程工期是(　　)d。

　　A. 27　　　　　　　B. 29　　　　　　　C. 40　　　　　　　D. 45

8. 某工作最短估计时间是 5 d，最长估计时间是 10 d，最可能估计时间是 6 d。根据三时估算法，该工作的持续时间是(　　)d。

　　A. 6.25　　　　　　B. 6.5　　　　　　C. 6.75　　　　　　D. 7

9. 某装饰工程共有墙纸裱糊、墙面软包两项相互独立的施工过程，每项施工过程包括备料、运输、现场施工三项工作，墙纸裱糊各项工作的持续时间分别为 3 d、1 d、6 d，墙面软包各项工作的时间分别是 3 d、2 d、4 d；由于运输工具的限制，每天只能运输一项施工过程的材料，该装饰工程的最短施工工期是(　　)d。

　　A. 9　　　　　　　B. 10　　　　　　　C. 11　　　　　　　D. 12

10. 下列流水施工参数中，用来表达流水施工在空间上开展状态的是(　　)。

    A. 施工过程和流水强度

    B. 流水强度和工作面

    C. 流水段和施工过程

    D. 工作面和流水段

11. 某工程有 3 个施工过程，分 3 个施工段组织固定节拍流水施工，流水节拍为 2 d。各施工过程之间存在 2 d 的工艺间歇时间，则流水施工工期为(　　)d。

    A. 10　　　　　　B. 12　　　　　　C. 14　　　　　　D. 16

12. 组织建设工程流水施工时，相邻两个施工过程相继开始施工的最小间隔时间称为(　　)。

    A. 流水节拍　　　　　　　　　　B. 时间间隔

    C. 间歇时间　　　　　　　　　　D. 流水步距

13. 某分部工程有 8 个施工过程，分为 3 个施工段组织固定节拍流水施工。各施工过程的流水节拍均为 4 d，第三与第四施工过程之间工艺间歇 5 d，该工程工期是(　　)d。

    A. 27　　　　　　B. 29　　　　　　C. 40　　　　　　D. 45

14. 某分部工程有 2 个施工过程，分为 5 个施工段组织非节奏流水施工。各施工过程的流水节拍分别为 5 d、4 d、3 d、8 d、6 d 和 4 d、6 d、7 d、2 d、5 d。第二个施工过程第三施工段的完成时间是第(　　)d。

    A. 17　　　　　　B. 19　　　　　　C. 22　　　　　　D. 26

15. 某工程有 A、B 两项工作，分为 3 个施工段(A1、A2、A3，B1、B2、B3)进行流水施工，相邻两项工作属于工艺关系的是(　　)。

    A. A1、A2　　　　　　　　　　B. A2、B2

    C. B1、B2　　　　　　　　　　D. B1、A3

16. 一般情况下，横道图能反映出工作的(　　)。

    A. 总时差　　　　　　　　　　B. 最迟开始时间

    C. 持续时间　　　　　　　　　　D. 自由时差

17. 建设工程组织流水施工时，划分施工段的原则有(　　)。

    A. 每个施工段需要有足够工作面

    B. 施工段数要满足合理组织流水施工

    C. 施工段界限要尽可能与结构界限相吻合

    D. 同一专业工作队在不同施工段劳动量不相等

    E. 施工段必须在同一平面内划分

18. 建设工程组织固定节拍流水的特点有(　　)。

    A. 专业工作队数等于施工过程数

    B. 施工过程数等于施工段数

    C. 各施工段上的流水节拍相等

    D. 有的施工段之间可能有空闲时间

    E. 相邻施工过程之间的流水步距相等

19. 下列各类参数中，属于流水施工参数的有( )。

 A. 工艺参数 B. 定额参数

 C. 空间参数 D. 时间参数

 E. 机械参数

20. 关于横道图进度计划的说法，下列正确的有( )。

 A. 便于进行资源化和调整

 B. 能直接显示工作的开始和完成时间

 C. 计划调整工作量大

 D. 可将工作简要说明直接放在横道上

 E. 有严谨的时间参数计算，可使用计算机自动编制

21. 建设工程组织流水施工时，划分施工段的原则有( )。

 A. 每个施工段需要有足够工作面

 B. 施工段数要满足合理组织流水施工要求

 C. 施工段界限要尽可能与结构界限相吻合

 D. 同一专业工作队在不同施工段劳动量比相等

 E. 施工段必须在同一平面内划分

22. 建设工程组织固定节拍流水的特点有( )。

 A. 专业工作队数等于施工过程数

 B. 施工过程数等于施工段数

 C. 各施工段上的流水节拍相等

 D. 有的施工段之间可能有空闲时间

 E. 相邻施工过程之间的流水步距相等

23. 某公路施工前，为加快施工进度，施工单位编制了施工组织设计。请对表 2-8 中流水参数与各自所属类别一一对应连线。

表 2-8 流水参数与所属类别

流水参数	参数类别
施工段	时间参数
施工过程数	空间参数
组织间歇	工艺参数

24. 某综合楼工程，地下为 3 层，地上为 20 层，总建筑面积为 68 000 m²，地基基础设计等级为甲级，现浇钢筋混凝土框架-剪力墙结构。装修施工单位将地上标准层(F6～F20)划分为 3 个施工段组织流水施工，各施工段上均包含 3 个使用工序，流水节拍见表 2-9。

表 2-9 流水节拍

流水节拍		施工过程		
		工序Ⅰ	工序Ⅱ	工序Ⅲ
施工段	F6～F10	4	3	3
	F11～F15	3	4	6
	F16～F20	3	4	3

要求：绘制标准层装修的流水施工横道图。

第 3 章

网络计划技术与应用

★内容提要

本章包括网络计划基本概念、双代号网络计划、单代号网络计划、双代号时标网络计划和网络计划优化等内容，主要介绍了双代号网络计划和单代号网络计划的绘制、时间参数的计算及网络计划的优化方法，重点是双代号网络计划时间参数的计算，以及网络计划优化在实际工程中的应用。

★学习要求

1. 理解网络计划技术基本原理；
2. 掌握双代号网络图的绘制方法；
3. 掌握双代号网络图时间参数的计算方法；
4. 掌握双代号时标网络计划的编制方法和时间参数的判读方法；
5. 了解单代号网络图的绘制方法和时间参数的计算方法；
6. 熟悉网络计划优化、控制的原理和方法。

3.1 网络计划概述

网络计划技术是一种有效的系统分析和优化技术。它来源于工程技术和管理实践，在保证和缩短时间、降低成本、提高效率、节约资源等方面成效显著。

3.1.1 网络计划基本原理及其特点

网络计划技术也称网络计划法，是 20 世纪 50 年代后期发展起来的一种计划管理的科学方法。早在 20 世纪初期，美国工程师亨利发明了横道图法，但随着科学技术的不断进步，建设规模越来越大，横道图法的一些不足也逐渐暴露出来，如不能显示各项工作之间的内在联系和逻辑关系，特别是难以使用现代的计算工具。为了适应现代化大规模生产的组织管理，一些行之有效的网络计划陆续产生。

(1)网络计划的基本概念。网络计划技术是从整个系统着眼，把一项工程作为一个系统，将系统中相互依存、相互制约的要素之间的关系用网络图的形式形象地表示出来。

网络计划是运用网络图模型表达工作任务构成、工作之间相互关系，并加注工作时间参数而形成的进度计划。用网络计划对任务的工作进度进行安排、调整和控制，以保证工作预定目标实现的方法，称为网络计划技术。网络图由箭线和节点组成，用来表示工作流程的方向，是有序的网状图形。例如，在航空运输系统中，航线、机场和航空运输量就构成了一张网络图；在电力系统中，输变电站、输变电线路和电流量也可以构成一张网络图。

在工程施工中，应用网络技术编制土木工程施工进度计划具有以下特点：能正确表达计划中各项工作开展的先后顺序及相互关系；能确定各项工作的开始时间和结束时间，并找出关键工作和关键线路；通过网络计划的优化可寻求最优方案；在施工过程中进行网络计划的有效控制和调整，最小的资源消耗取得最大的经济效益和最理想的工期。

(2)网络计划技术的原理。网络计划技术既是一种科学的计划方法，又是一种有效的生产管理方法。网络计划的基本原理如下：首先，应用网络图形式来表达一项工程中各项工作之间错综复杂的相互关系及其先后顺序；然后，进行时间参数的计算，通过计算能找出决定工期的关键工作和关键线路，再通过优化、调整，不断地改进网络计划，寻求最优方案并付诸实施；最后，在计划执行过程中进行有效的监测和控制，以便合理使用资源，优质、高效、低耗地完成预定的工作。

(3)网络计划技术的特点。

1)能把工程项目生产过程的各个环节有机地组织起来，并指明其中的关键所在，从而可使各级领导和管理人员既能统筹安排，考虑全局，又能抓住关键，实行重点管理。

2)能反映整个生产过程各项工序之间相互制约和相互依赖的关系。

3)能通过各种时间的计算，确定关键工序，便于管理人员抓住关键，确保按期竣工，避免盲目抢工。

4)通过各工序总时差和局部时差的计算，能更好地运用和调配人力与设备，达到降低成本和加快进度的目的。

5)在计划执行的过程中，能够预见某一工序因故提前或推迟完成对工程进度的影响程度，便于及早采取措施，保证自始至终对计划进行有效的控制与监督。

6)能够设计出许多可行方案，并从中选出最佳方案。

7)可以利用计算机进行计算、调整与优化。

网络计划技术不仅是一种编制计划的方法，而且是一种科学的施工管理方法。其有助于管理人员合理地组织生产，使他们做到心中有数，知道管理的重点应该放在何处，怎样缩短工期，在哪里挖掘潜力，如何降低成本。

3.1.2　网络计划的分类

(1)按网络图属性分类。按照网络图不同的属性，网络计划可分为工作型网络图和事件型网络图，其中最有代表性的就是关键线路法（CPM）和计划评审技术（PERT）法。工作型网络图按其表达形式的不同又可分为工作箭线型网络图和工作节点型网络图。其中具有代表性的方法有箭线图示法和先导图示法，在我国也称为双代号网络图和单代号网络图。两种网络图的比较见表 3-1。

表 3-1　双代号网络计划和单代号网络计划的特性比较

特性	类型	
	双代号网络计划（箭线图示法）	单代号网络计划（先导图示法）
箭线	表示工作（2 个代号）	表示工作之间的联系（单一）
虚箭线	有	无
节点	表示工作之间的联系（多重）	表示工作（1 个代号）

（2）按网络图中逻辑关系和时间参数分类。根据网络图中的逻辑关系和时间参数的不同可划分为关键线路法（CPM）、计划评审技术（PERT）、图示评审技术（GERT）、决策关键路径法（DCPM）和风险评定技术（VERT）5 种类型。其中，逻辑关系和时间参数均包括肯定型和非肯定型；关键线路法是工程建设施工管理运用最多的网络计划技术。

3.1.3　网络计划技术在建设工程中的应用

按照《工程网络计划技术规程》（JGJ/T 121—2015），我国常用的工程网络计划类型包括双代号网络计划、单代号网络计划、双代号时标网络计划、单代号搭接网络计划，如图 3-1 所示。其中，双代号时标网络计划因兼有网络计划与横道计划的优点，且能够清楚地将网络计划的时间参数直观地表达出来，是目前应用最广泛的一种网络计划。

（1）网络计划的控制。网络计划的控制是一个发现问题、分析问题和解决问题的连续的系统过程，实质上就是一个不断的 PDCA 循环过程。

1）根据项目目标和实际情况编制网络计划，即 P（Plan）。

2）网络计划的实施，即 D（Do）。

3）检查网络计划的实施情况，找出偏离计划的偏差，发现影响计划实施的干扰因素及计划制定本身存在的不足，即 C（Check）。

4）确定调整措施，采取纠偏行动，形成新的网络计划，即 A（Action）。其中，纠偏措施的制定必须确保施工组织与管理过程正常运行，并能顺利完成事先确定的各项目标。

（2）网络计划的优化。网络计划的优化是指通过不断改善网络计划的初始方案，在满足给定网络计划的约束条件下，利用最优化原理，按照某一衡量指标（如时间、成本、资源等）来寻求一个最优的计划方案。工期优化就是以缩短工期为目标，通过对初始网络计划的调整，压缩关键工作的持续时间，使关键线路的工期缩短，从而满足上级规定的工期要求。需要注意的是，在压缩关键线路的工期时，会使某些时差较小的非关键线路变为关键线路，这时需要再次压缩新的关键线路，直到达到规定的工期为止。

（3）时标网络计划。时间坐标网络计划（简称时标网络计划）必须以水平时间坐标为尺度表示工作时间。时标的时间单位应根据需要在编制网络计划之前确定，可以是小时、天、周、月或季度等。

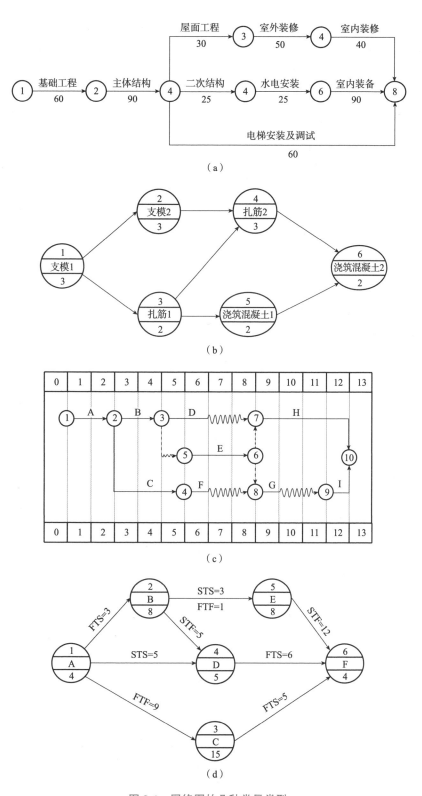

图 3-1　网络图的几种常见类型

（a）双代号网络图；（b）单代号网络图；（c）双代号时标网络图；（d）单代号搭接网络图

在时标网络计划中，以实箭线表示工作，实箭线的水平投影长度表示该工作的持续时间；以虚箭线表示虚工作，由于虚工作的持续时间为零，故虚箭线只能垂直画；以波形线表示工作与其紧后工作之间的时间间隔(以终点节点为完成节点的工作除外，当计划工期等于计算工期时，这些工作箭线中波形线的水平投影长度表示其自由时差)。

时标网络计划既具有网络计划的优点，又具有横道计划直观易懂的优点，它将网络计划的时间参数直观地表达了出来。

3.2 双代号网络计划

3.2.1 双代号网络图的绘制

1. 双代号网络图的基本组成

双代号网络图的基本单元由箭线和节点组成，如图 3-2 所示。其基本规定与要求如下：

(1)箭线。在双代号网络图中，一条箭线表示一项工作(施工过程、任务)。箭线应画成水平直线、垂直直线或折线，水平直线投影的方向应自左向右，表示工作进行的方向。一般情况下，工作名称标注在箭线上方，持续时间标注在箭线下方，如图 3-2 所示。

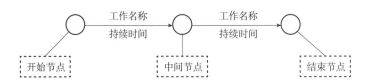

图 3-2 双代号网络图的基本单元

一般情况下，工作既消耗资源又消耗时间，如砌墙工作消耗砖、砂浆等材料，同时砌墙需要一定时间。有些工作不消耗资源，只消耗时间，如混凝土养护、油漆干燥等工作。工作的范围可大可小，既可以是一道工序(如图 3-3 所示的扎钢筋、支模板、浇筑混凝土)，一个分部工程[如图 3-1(a)所示的基础工程、屋面工程]，还可以是一个单位工程(如 1 号隧道、路面工程)。

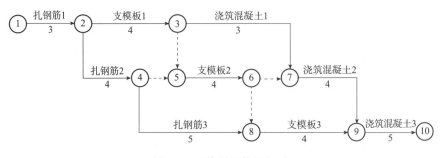

图 3-3 双代号网络图(一)

(2)节点。双代号网络图的节点用圆圈表示，并应在圆圈内编号。节点是工作之间的交接点，不消耗时间和资源。根据节点在双代号网络图中的位置，可分为开始节点、中间节点和结束节点(图 3-2)。开始节点只有外向箭线，结束节点只有内向箭线，中间节点既有内向箭线，又有外向箭线。

节点编号顺序应从左到右、从小到大，可不连续，但严禁重复。一般是在绘制双代号网络图后编号，顺着箭头方向编号。

在双代号网络图中，一项工作应只有唯一的一条箭线和相对应的一对节点编号，箭头节点编号必须大于箭尾号码。

(3)虚工作。在双代号网络图中，持续时间为零的假设工作，用虚箭线表示，称为虚工作。虚工作既不消耗时间，又不消耗资源，只用来表达网络图中工作之间相互制约、相互联系的逻辑关系。

在双代号网络图绘制中，需正确使用虚工作。为使网络图简洁，不宜有多余的虚工作。

(4)紧前工作和紧后工作。在网络图中，就某个工作而言，排在本工作之前的工作称为该工作的紧前工作，排在该工作之后的工作称为本工作的紧后工作，与本工作平行进行的工作称为本工作的平行工作。工作之间的紧前、紧后关系不受虚工作影响。例如，在图 3-3 中，"支模板 1"的紧前工作是"扎钢筋 1"，紧后工作有"浇筑混凝土 1"和"支模板 2"两项，而"扎钢筋 2"是其平行工作。

(5)线路和关键线路。网络图中从开始节点出发，沿箭线方向连续通过一系列中间节点和箭线，最后到达结束节点的通路称为线路。线路上各工作持续时间之和称为该线路的长度，表示完成该线路上所有工作需要花费的时间。在网络图中一般有多条线路，每条线路的长度不尽相同。

网络图所有线路中长度最长的线路称为关键线路，一般用粗箭线、双箭线或彩色箭线表示。关键线路以外的其他线路均称为非关键线路。

关键线路上的工作称为关键工作。非关键线路上既有关键工作，又有非关键工作。

2. 逻辑关系

各工作之间的逻辑关系包括工艺关系和组织关系。逻辑关系表达得是否正确，是网络图能否反映工程实际情况的关键，一旦逻辑关系发生变化，图中各项工作参数的计算及关键线路和项目的工期都将随之发生改变。

《网络计划技术第2部分：网络图画法的一般规定》(GB/T 13400.2—2009)

(1)工艺关系。工艺关系是指生产工艺上客观存在的先后顺序。例如，在建筑工程施工时，先做基础，后做主体；先做结构，后做装修。这些顺序是不能随意改变的。

(2)组织关系。组织关系是指在不违反工艺关系的前提下，人为安排工作的先后顺序。例如，建筑群中各建筑物开工的先后顺序，施工对象的分段流水作业等。这些顺序可以根据具体情况，按安全、经济、高效的原则统筹安排。

无论工艺关系还是组织关系，在网络图中均表现为工作进行的先后顺序。常见的逻辑关系及表示方法见表 3-2。

表 3-2　双代号网络图中逻辑关系的表达

序号	逻辑关系	双代号网络图中的表达方法
1	A、B、C 三项工作同时开始，且均无紧前工作	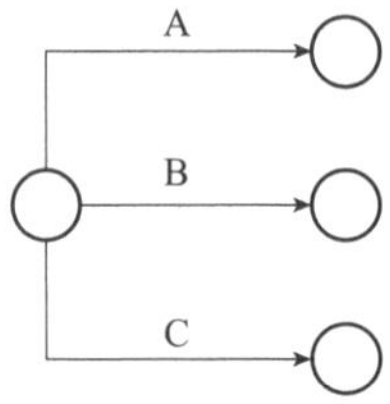
2	A、B、C 三项工作同时结束，且均无紧后工作	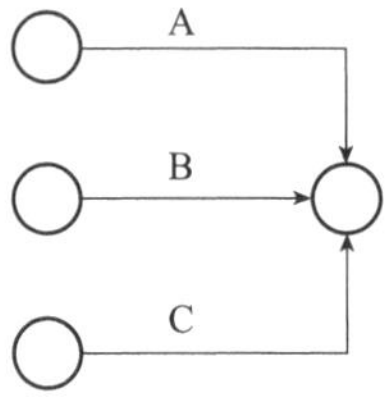
3	A 工作完成后，B、C 工作才能开始	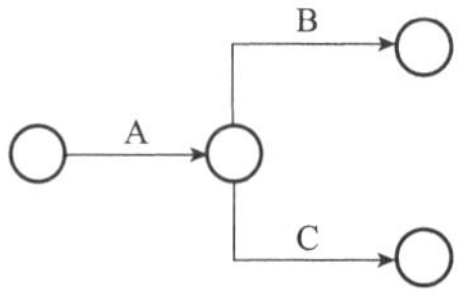
4	A、B 工作均完成后，C 工作才能开始	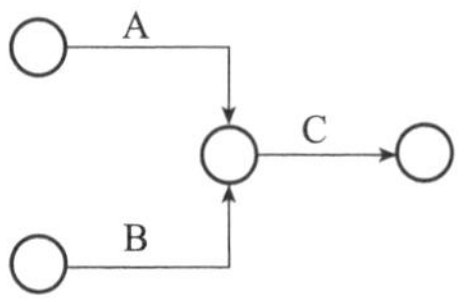
5	A、B 工作均完成后，C、D 工作才能开始	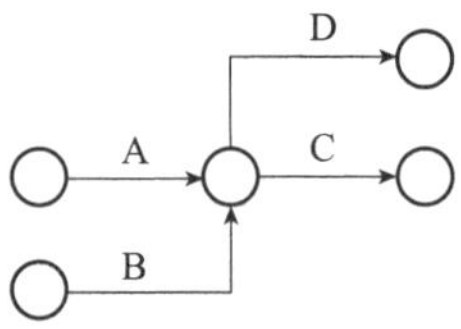
6	A、D 工作同时开始，B 工作是 A 工作的紧后工作，B、D 工作均完成后，C 工作才能开始	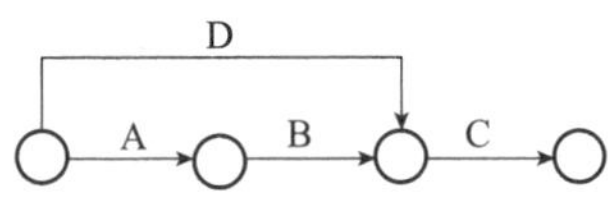
7	A 工作完成后 C 工作开始，A、B 工作完成后 D 工作开始	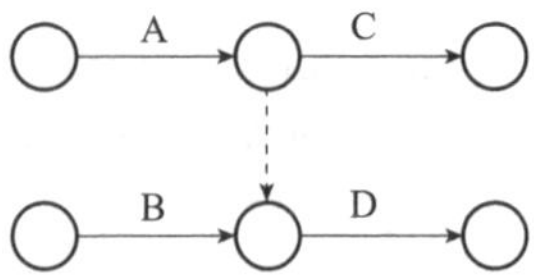
8	A、B 工作完成后 C 工作开始，B、D 工作完成后 E 工作开始	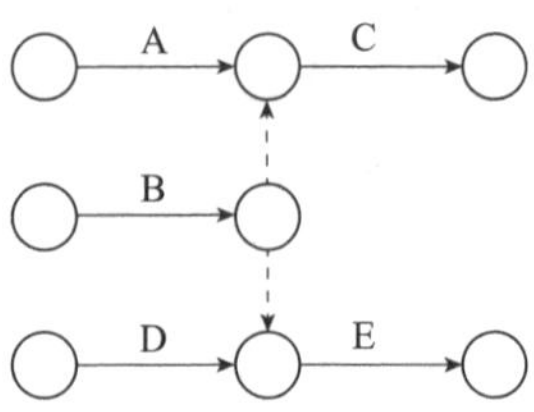

序号	逻辑关系	双代号网络图中的表达方法
9	A、B、C 工作完成后 D 工作开始，B、C 工作完成后 E 工作开始	
10	A 工作完成后，D 工作才能开始；A、B 工作均完成后，E 工作才能开始；A、B、C 工作均完成后，F 工作才能开始	
11	B、C 工作完成后，D 工作才能开始；A、B、C 工作均完成后，E 工作才能开始；D、E 工作完成后，F 工作才能开始	

3. 双代号网络图的绘图规则

绘制双代号网络图时，要正确地表示各工作之间的逻辑关系和遵循有关绘图的基本规则。否则，就不能正确反映工程的工作流程，更无法正确地进行时间参数计算。绘制双代号网络图一般应遵循以下基本规则：

（1）双代号网络图必须正确表达已定的逻辑关系。

（2）不允许出现代号相同的箭线：一项工作应只有唯一的一条箭线和相应的一对节点编号，箭尾节点的编号应小于箭头节点的编号，如图 3-4 所示。

《工程网络计划技术规程》（JGJ/T 121—2015）

（3）严禁出现循环回路。如图 3-5 所示，工作 C、D、E 形成了闭合回路，这会导致网络无结果，故该网络图是错误的。

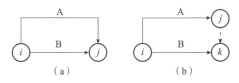

图 3-4　一对节点编号只能表示一项工作
(a)错误；(b)正确

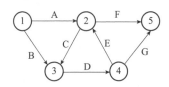

图 3-5　严禁出现循环回路

（4）严禁出现双向箭线、无箭头箭线和没有箭头（或箭尾）节点的箭线，如图 3-6 所示。

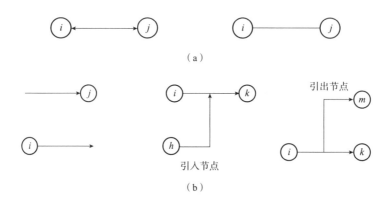

图 3-6　严禁出现双向箭线、无箭头箭线和没有箭头(或箭尾)节点的箭线

(a)不允许出现双向箭头或无箭头的箭线；(b)不允许出现没有箭头(或箭尾)节点的箭线

(5)网络图中节点编号顺序应从小到大，可不连续(非连续编号可利于后期修改或局部网络图之间的连接)，但严禁重复。一般按从左至右、从上到下的顺序进行节点编号。

(6)不允许出现一个以上的开始节点，在不分期完成任务的网络图中也不允许出现一个以上的终点节点。如图 3-7(a)所示，出现①、②、③ 3 个起始节点和⑫、⑬、⑭ 3 个结束节点，都是错误的表示。可按照双代号网络图的绘图规则将其调整为图 3-7(b)。

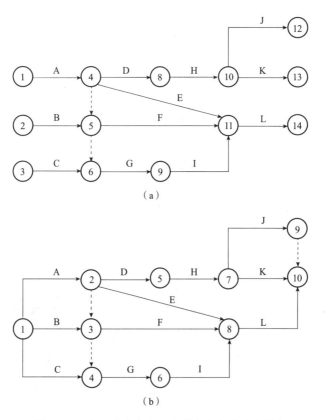

图 3-7　不允许出现多个起点节点和多个结束节点

(a)错误表示；(b)正确表示

（7）某些节点有多条外向箭线或多条内向箭线时，在不违反"一项工作只有唯一的一条箭线和相应的一对节点编号"的前提下，可使用母线法绘图，如图 3-8 所示。

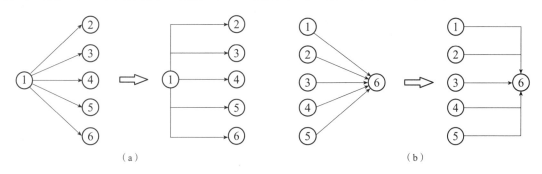

图 3-8　母线法

（8）绘制网络图时，宜避免箭线交叉。当箭线交叉不可避免时，可采用过桥法［图 3-9(a)］或指向法［图 3-9(b)］。

图 3-9　箭线交叉时的处理方法
（a)过桥法；(b)指向法

4. 绘制网络图应注意的问题

（1)构图形式简洁。绘制网络图时，箭线应尽量以水平线为主，竖线和斜线为辅，避免出现曲线或折线，如图 3-10(a)所示。同时，在保证逻辑关系正确的前提下，删减不必要的节点和虚箭线，使逻辑关系更加明晰，同时也会减少计算工作量，如图 3-11 所示。

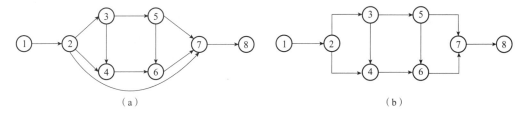

图 3-10　构图简洁
（a)较差；(b)较好

（2)正确运用虚箭线。在双代号网络计划中，虚工作是人为构造的虚拟工作，既不消耗时间，又不消耗资源，但它在双代号网络计划中起着非常重要的作用，主要起着联系、区分和断路的作用。

1)联系作用。在分析某工作的紧前、紧后工作时，如遇到虚箭线，应逆着（或顺着）箭线的方向找到最近的实箭线，便可确定该工作的紧前、紧后工作。绘制双代号网络图时，当两项工作之间存在逻辑关系但又不能直接用箭线相连时，就需要用到虚箭线。如图 3-12 所示，A 的紧后工作是 C、D，B 的紧后工作只有 D。为了正确表达工作 A 和 D 之间的逻辑关系，必须引入虚箭线②→⑤。再如图 3-7(b)中的虚箭线②→③、③→④只是为了将 A 与 F、A 与 G、B 与 G 工作联系起来。虚工作的引入不会改变项目工期和资源消耗。

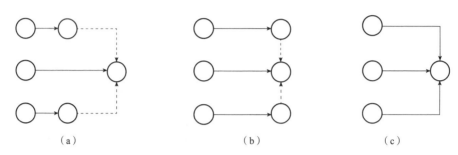

图 3-11　删减不必要的节点和虚箭线

(a)较差；(b)较差；(c)较好

2)区分作用。当有两项或两项以上工作的紧前、紧后工作都一样，或同时开始，或同时结束时，为避免出现绘图中的混乱和错误，有必要引入虚箭线加以区分。如图 3-13 所示，为区分工作 F 和 G，引入虚箭线⑦→⑧。再如图 3-7(b)所示，虚箭线⑨→⑩就是为了区分工作 J 和 K 而引入的。

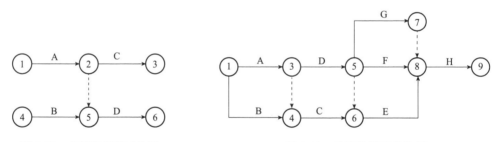

图 3-12　虚箭线的联系作用　　　　　　图 3-13　虚箭线的区分作用

3)断路作用。绘制逻辑关系较复杂的双代号网络图时，容易把原来不存在逻辑关系的两项或多项工作联系起来，从而造成逻辑关系上的错误。此时就必须使用虚箭线来隔断不应有的工作关系。如图 3-14 所示，A 的紧后工作为 C、D，B 的紧后工作为 D、G，图 3-14(a)在利用虚箭线联系 A 和 D 的同时，将本来不存在逻辑关系的工作 A 和 G 也联系了起来，造成逻辑关系的错误。这种情况下必须引入虚箭线[图 3-14(b)]，切断工作 A 与 G 之间的联系。

当组织分段施工时，很容易出现将不存在逻辑关系的两项或多项工作联系起来的情况。如在图 3-15 中，浇Ⅰ和扎Ⅱ是扎Ⅰ的紧后工作，图 3-15(a)在利用虚箭线③→④将扎Ⅱ和扎Ⅰ联系起来的同时，也错误地把并无逻辑关系的支Ⅲ与扎Ⅰ联系了起来。扎Ⅲ和浇Ⅰ之间也是如此。此时就需要用到虚箭线的断路作用。在图 3-15(b)中，通过引入虚箭线③→⑤和⑥→⑧，正确地隔断了支Ⅲ与扎Ⅰ、扎Ⅲ与浇Ⅰ的联系。

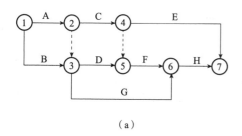

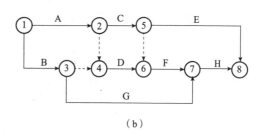

图 3-14　虚箭线的断路作用(一)

(3)绘图应层次分明，突出重点。绘制网络计划时，在正确表达工作之间逻辑关系和满足基本绘图规则的基础上，应尽量使图形层次分明、突出重点。图 3-15(b)中就清晰地表达出项目施工被划分为 3 个施工段(Ⅰ、Ⅱ、Ⅲ)，包含 3 个施工过程(支、扎、浇)。这样层次分明的网络图更有利于施工管理人员识读和在施工过程中开展进度控制。

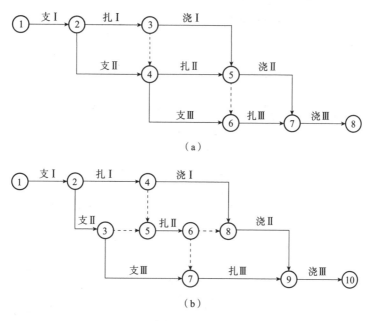

图 3-15　虚箭线的断路作用(二)
(a)错误；(b)正确

5. 双代号网络图的绘制步骤

双代号网络图的绘制方法视个人的经验而不同，但从根本上说，都要在既定施工方案的基础上，根据具体的施工客观条件，以统筹安排为原则。绘图步骤如下：

(1)任务分解，划分工程项目的各项施工工作；

(2)确定每一工作的持续时间；

(3)确定各项施工工作之间的先后顺序及逻辑关系；

(4)根据逻辑关系表绘制网络图；

(5)检查、修改与调整网络图。

《网络计划技术
第3部分：在项目管
理中应用的一般程序》
(GB/T 13400.3—
2009)

【例 3-1】 试根据表 3-3 给定的逻辑关系绘制双代号网络图。

表 3-3　某工程各工作间的逻辑关系(一)

工作名称	A	B	C	D	E	F	G
紧前工作	—	A	A	B	B、C	D、E	F

解： 绘制步骤如下：

(1)A 没有紧前工作，为起始工作；

(2)从 A 工作出发，绘制其紧后工作 B、C；

(3)从 B 工作出发，绘制其紧后工作 D；从 C 出发，绘制其紧后工作 E；

(4)用虚箭线连接工作 B 与工作 E；

(5)从 E 出发，绘制其紧后工作 F，并用虚箭线将工作 D 与 F 相联系；

(6)从 F 出发，绘制其紧后工作 G；

(7)检查逻辑关系，按照绘图规则调整网络计划，同时删减不必要的节点。最后得到双代号网络图，如图 3-16 所示。

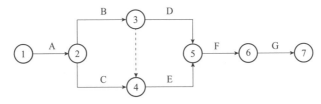

图 3-16　双代号网络图绘制示例(一)

【例 3-2】 试根据表 3-4 给定的逻辑关系，绘制双代号网络图。

表 3-4　某工程各工作间的逻辑关系(二)

工作名称	A	B	C	D	E	F	G	H	I	J
紧前工作	—	A	A	B	B	E	A	C、D	E	F、G、H
持续时间	3	5	4	6	3	2	4	3	5	3

解： 对于较复杂的工程，可先根据逻辑关系绘制草图，再按照绘图规则对图形布局进行合理的调整，删除不必要的虚箭线和多余的节点，最后进行节点编号。

根据表 3-4 绘制的双代号网络图，如图 3-17 所示。

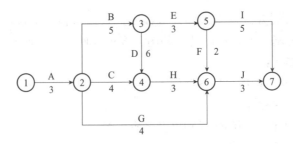

图 3-17　双代号网络图绘制示例(二)

3.2.2　双代号网络图的计算

1. 时间参数的含义

(1)工作的持续时间。工作的持续时间是指一项工作从开始到完成所需的时间，用 D_{i-j} 或 D_i 表示。

(2)工作的最早开始时间。工作的最早开始时间是指在紧前工作和有关时限约束下，一项工作有可能开始的最早时间，用 ES_{i-j} 或 ES_i 表示。

(3)工作的最早完成时间。工作的最早完成时间是指在紧前工作和有关时限约束下，一项工作有可能完成的最早时间，用 EF_{i-j} 或 EF_i 表示。

(4)工作的最迟完成时间。工作的最迟完成时间是指在不影响计划工期和有关时限的约束下，一项工作最迟必须完成的时间，用 LF_{i-j} 或 LF_i 表示。

(5)工作的最迟开始时间。工作的最迟开始时间是指在不影响计划工期和有关时限的约束下，一项工作最迟必须开始的时间，用 LS_{i-j} 或 LS_i 表示。

(6)总时差。总时差是指在不影响计划工期和有关时限的前提下，一项工作可以利用的机动时间，用 TF_{i-j} 或 TF_i 表示。

(7)自由时差。自由时差是指在不影响其紧后工作最早开始时间和有关时限的前提下，一项工作可以利用的机动时间，用 FF_{i-j} 或 FF_i 表示。

(8)节点最早时间。节点最早时间是指在双代号网络计划中，节点开始时间是以该节点为开始节点的各项工作的最早开始时间，用 ET_i 表示。

(9)节点最迟时间。在双代号网络计划中，节点开始时间是以该节点为完成节点的各项工作的最迟完成时间，用 LT_i 表示。

(10)计算工期。计算工期是指根据网络计划事件参数计算出来的工期，用 T_c 表示。

(11)要求工期。要求工期是指任务委托人所要求的工期，用 T_r 表示。

(12)计划工期。计划工期是指综合要求工期和计算工期并考虑需要和可能而确定的工期，用 T_p 表示。

2. 时间参数计算概述

(1)计算目的：确定关键线路；计算非关键工作的时差；确定工期。

(2)计算条件：线路上每个工序的延续时间都是确定的(肯定型)。

(3)计算内容：每项工序(工作)的开始及结束时间(最早、最迟)；每项工序(工作)的时差(总时差、自由时差)。

(4)计算方法：图上计算法、列表计算法、分析计算法、矩阵计算法。

(5)常用的图上计算方法：工作计算法、节点计算法、标号法。

(6)计算手段：手算、电算。

工作时间计算法的图上计算过程：首先，沿网络图箭线方向从左往右，依次计算各项工作的最早可以开始时间并确定计划工期；然后，逆箭线方向从右往左，依次计算各项工作的最迟必须开始时间；最后，计算工作的总时差和自由时差。

3. 图上计算法

图上计算法是最常用的计算工作和节点时间参数的方法，具有简便直观的特点。但利用该方法计算时间参数的前提，是必须正确理解各参数的含义，并熟悉各参数之间的相互关系。

（1）时间参数的标注样式。图 3-18（a）表示了双代号网络计划中本工作、紧前工作、紧后工作之间的关系。图 3-18（b）表示了时间参数的标注样式。从图中可以看出，节点的 2 个时间参数 ES 和 LS 标注于节点上方，工作时间参数以列表形式标注于箭线上方，可根据需要采用二时标注法、四时标注法和六时标注法 3 种形式。

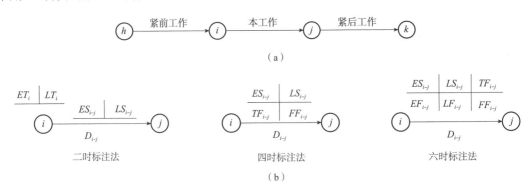

图 3-18　双代号网络图时间参数的标注样式

(a)工作之间的关系；(b)工作时间参数的标注样式

（2）工作最早时间的计算。最早开始时间应从网络计划的开始节点开始，顺着箭线方向依次计算。

最早开始时间是在各紧前工作全部完成后，本工作 $i-j$ 有可能开始的最早时间。第一项工作的最早开始时间为 0，其余工作的最早开始时间等于紧前工作最早开始时间加上紧前工作的持续时间；若有两项以上紧前工作，应取其最大值作为本工作的最早开始时间，即

$$ES_{i-j}=0 \quad （i\text{ 为开始节点}） \tag{3-1}$$

$$ES_{i-j}=\max\{ES_{h-i}+D_{h-i}\} \tag{3-2}$$

最早完成时间等于该工作最早开始时间与本工作持续时间之和，即

$$EF_{i-j}=EF_{i-j}+D_{i-j} \tag{3-3}$$

$$ES_{m-n}=T_c \quad （n\text{ 为结束节点}） \tag{3-4}$$

最早时间的计算规则：沿线累加，逢圈取大。

（3）工作最迟时间的计算。最迟时间应从网络计划的结束节点开始，逆着箭线方向依次计算。

当工期无要求时，最后一项工作的最迟完成时间就等于计算工期，其余工作的最迟完成时间等于紧后工作的最迟完成时间减去紧后工作的持续时间；若有两项及以上紧后工作，则应取最小者作为本工作的最迟完成时间。即

$$LF_{m-n}=T_c \quad （n\text{ 为结束节点}） \tag{3-5}$$

$$LF_{i-j}=\min\{LF_{j-k}-D_{j-k}\} \tag{3-6}$$

最迟开始时间等于该工作最迟完成时间与本工作持续时间之差，即

$$LS_{i-j}=LF_{i-j}-D_{i-j} \tag{3-7}$$

最迟时间的计算规则：逆线累减，逢圈取小。

（4）工作时差的计算。时差是工作的机动时间范围，可分为总时差和自由时差。

总时差等于工作的最迟开始时间与最早开始时间之差，同时等于工作的最迟完成时间与最早完成时间之差，即

$$TF_{i-j} = LS_{i-j} - ES_{i-j} = LF_{i-j} - EF_{i-j} \qquad (3\text{-}8)$$

自由时差等于紧后工作的最早开始时间与本工作最早完成时间之差，即

$$FF_{i-j} = ES_{j-k} - EF_{i-j} \qquad (3\text{-}9)$$

$$FF_{i-j} \leqslant TF_{i-j} \qquad (3\text{-}10)$$

通过计算各项工作的总时差和自由时差，可以：

1）找出关键工序和关键线路：总时差最小的工作为关键工作；由关键工作组成的线路为关键线路（至少有一条）。

2）优化网络计划：改变非关键工作的开始时间、结束时间和持续时间，可以进行网络计划的资源优化和费用优化。

3）预判对后续工作和整个任务的影响：当关键工作出现延误时，不仅会造成后续工作开始时间的推迟，还会导致工期延误；当非关键工作出现延误时，延误时间在总时差范围内时不会影响总工期，在自由时差范围内时不会影响后续工作；若非关键工作的延误时间超出自由时差或总时差，势必会对紧后工作或总工期产生不良影响。

自由时差与总时差是相互关联的。动用本工作自由时差不会影响紧后工作的最早开始时间，而动用本工作总时差超过本工作自由时差，则会相应减少紧后工作拥有的时差，并会引起该工作所在线路上所有其他非关键工作时差的重新分配。

4. 节点计算法

节点计算法也是直接在网络图上进行计算，步骤为：顺箭头方向计算节点最早时间→逆箭头方向计算节点最迟时间→计算工作自由时差和工作总时差。

（1）最早开始时间。起始节点的最早开始时间应等于 0，其他任意中间节点的最早时间应从起点节点开始，顺着箭线方向依次逐项计算，取各线路各工作持续时间之和的最大值，终点节点的最早开始时间就是网络计划的计算工期。即

$$ET_i = 0 \quad (i\ 为起始节点) \qquad (3\text{-}11)$$

$$ET_j = \max\{ET_i + D_{i-j}\} \qquad (3\text{-}12)$$

$$T_c = ET_n \quad (n\ 为终点节点) \qquad (3\text{-}13)$$

得到计算工期后，可确定计划工期 T_p，计划工期应满足以下条件：

$$T_p \leqslant T_r \quad （当已规定要求工期时）$$

$$T_p = T_c \quad （当未规定要求工期时）$$

当计划工期等于计算工期时，总时差为 0 的工作就是关键工作。

（2）最迟开始时间。在计划工期确定的情况下，终点节点的最迟开始时间等于网络计划的计算工期。其余节点的最迟开始时间应从网络计划的终点节点开始，逆着箭线的方向依次逐项计算。即

$$LT_n = T_p \quad (n\ 为终点节点) \qquad (3\text{-}14)$$

$$LT_i = \min\{LT_j - D_{i-j}\} \qquad (3\text{-}15)$$

【例 3-3】 试计算图 3-19 中双代号网络图各工作的时间参数，以及所有节点的时间参数。

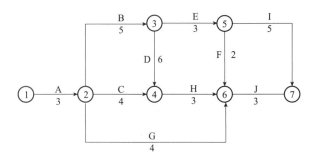

图 3-19 某需要计算时间参数的双代号网络图

解： 采用图上计算法计算各工作和各节点的相应时间参数，具体步骤如下：

(1)计算工作的最早开始时间和最早完成时间。与起点节点相连工作的最早开始时间为 0，即 $ES_{1-2}=0$；最早完成时间为最早开始时间与持续时间之和，即 $EF_{1-2}=3$。

其余节点的最早开始时间为其所有紧前工作最早完成时间的最大值，据此可依次得到各项工作的最早开始时间和最早完成时间。

$$ES_{2-3}=3，EF_{2-3}=3+5=8$$
$$ES_{2-4}=3，EF_{2-4}=3+4=7$$
$$ES_{2-6}=3，EF_{2-6}=3+4=7$$
$$ES_{3-4}=8，EF_{3-4}=8+6=14$$
$$ES_{3-5}=8，EF_{3-5}=8+3=11$$
$$ES_{4-6}=\max\{EF_{2-4}，EF_{3-4}\}=\max\{7，14\}=14，EF_{4-6}=14+3=17$$
$$ES_{5-6}=11，EF_{5-6}=11+2=13$$
$$ES_{5-7}=11，EF_{5-7}=11+5=16$$
$$ES_{6-7}=\max\{EF_{5-6}，EF_{4-6}，EF_{2-6}\}=\max\{13，17，7\}=17，EF_{6-7}=17+3=20$$

依次将各工作的最早开始时间和最早完成时间标于图 3-20(a)中。

与终点节点相连的节点有⑤和⑥，工作⑤→⑦和⑥→⑦的最早完成时间的最大值就是该网络计划的计算工期。可以看出：

$$T_c=\max\{EF_{5-7}，EF_{6-7}\}=\max\{16，20\}=20$$

(2)计算工作的最迟完成时间和最迟开始时间。假定计划工期等于计算工期。与终点节点相连接的工作，其最迟完成时间等于计算工期，最迟开始时间为最迟完成时间与工作持续时间之差，即

$$LF_{5-7}=20，LS_{5-7}=20-5=15$$
$$LF_{6-7}=20，LS_{6-7}=20-3=17$$

其余节点的最迟完成时间为所有紧后工作最迟开始时间的最小值，据此可依次得到各工作的最迟完成时间和最迟开始时间：

$$LF_{5-6}=17，LS_{5-6}=17-2=15$$
$$LF_{4-6}=17，LS_{4-6}=17-3=14$$

$$LF_{2-6}=17，LS_{2-6}=17-4=13$$
$$LF_{3-5}=\min\{LS_{5-6}，LS_{5-7}\}=\min\{15，15\}=15，LS_{3-5}=15-3=12$$
$$LF_{3-4}=14，LS_{3-4}=14-6=8$$
$$LF_{2-4}=14，LS_{2-4}=14-4=10$$
$$LF_{2-3}=\min\{LS_{3-5}，LS_{3-4}\}=\min\{12，8\}=8，LS_{2-3}=8-5=3$$
$$LF_{1-2}=\min\{LS_{2-3}，LS_{2-4}，LS_{2-6}\}=\min\{3，10，13\}=3，LS_{1-2}=3-3=0$$

依次将各工作的最迟完成时间和最迟开始时间标于图 3-20(b)中。

(3)计算工作的总时差和自由时差。

工作的总时差 $TF_{i-j}=LS_{i-j}-ES_{i-j}$，具体如下：

$$TF_{1-2}=0-0=0$$
$$TF_{2-3}=3-3=0$$
$$TF_{2-4}=10-3=7$$
$$TF_{2-6}=13-3=10$$
$$TF_{3-4}=8-8=0$$
$$TF_{3-5}=12-8=4$$
$$TF_{4-6}=14-14=0$$
$$TF_{5-6}=15-11=4$$
$$TF_{5-7}=15-11=4$$
$$TF_{6-7}=17-17=0$$

由于没有给定 T_x，故认为 $T_p=T_c$。总时差为 0 的工作为关键工作，由关键工作连成的线路①—②—③—④—⑥—⑦就是该网络计划的关键线路，在图 3-20(c)中用加粗线表示。

工作的自由时差 $FF_{i-j}=ES_{j-k}-EF_{i-j}$，具体如下：

$$FF_{1-2}=0-0=0$$
$$FF_{2-3}=8-8=0$$
$$FF_{2-4}=14-7=7$$
$$FF_{2-6}=17-7=10$$
$$FF_{3-4}=14-14=0$$
$$FF_{3-5}=11-11=0$$
$$FF_{4-6}=17-17=0$$
$$FF_{5-6}=17-13=4$$
$$FF_{5-7}=20-16=4$$
$$FF_{6-7}=20-20=0$$

各工作的 6 个时间参数按规定样式标注于双代号网络图中，如图 3-20(c)所示。

(4)计算节点的最早时间和最迟时间。起始节点的最早时间为 0，其余节点的最早时间依然采用"沿线累加、逢圈取大"的计算方法，即当某节点有多条内向箭线时，取各条线路累计时间的最大值作为该节点的最早时间。

当网络计划有计划工期且计划工期小于要求工期时，终点节点的最迟时间就是网络计

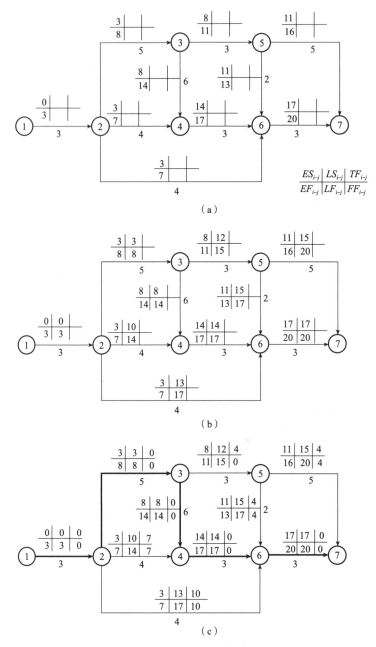

图 3-20　工作的六参数图上计算法

划的计划工期；当网络计划没有计划工期时，终点节点的最迟时间等于该节点的最早时间。

其余节点的最迟时间依然采用"逆线累减、逢圈取小"的计算方法，即当某节点有多条外向箭线时，将总工期减去各条线路累计时间之和的结果作为该节点的最迟时间。

将各节点的最早时间和最迟时间按规定样式标注在节点上方，如图 3-21 所示。

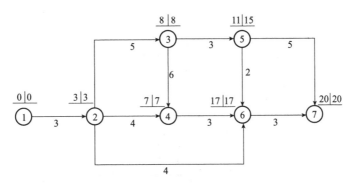

图 3-21　节点最早时间和最迟时间计算

5. 标号法

标号法可快速确定网络计划中各节点最早时间、网络计划的计算工期及关键线路。

标号法是在网络图的每一节点设一括号，括号内进行双标号标注，左边标号为源节点号，右边标号为节点最早时间。具体计算步骤如下：

(1)从左往右，确定各个节点的节点标号值。起始节点的标号值为 0，即 $b_1=0$；其他节点的节点标号值按各项紧前工作的开始节点 h 的节点标号值与其对应的持续时间之和的最大值确定，即 $b_i=\max(b_h+D_{h-i})$。

(2)依照网络图结束节点的标号值确定网络计划的计算工期 T_c，即 $T_c=b_n$。

(3)从结束节点开始，逆着箭线方向按源节点标号确定关键线路。

【例 3-4】　双代号网络计划如图 3-22 所示，试用标号法确定计算工期，并找出关键线路。

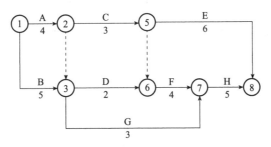

图 3-22　双代号网络计划

解：(1)第一步，对各节点进行标号。

1)起点节点的标号为 0。在本例中，节点①的标号值 $b_1=0$；

2)其他节点的标号应根据从起点节点达到该节点的线路长度来确定，例如：

对节点②：$b_{1-2}=4$；

对节点③：$b_{1-3}=5$，$b_{2-3}=4$，应取较大值，故节点③处应标注(①，5)；

其他节点依照上述规则进行计算，得到图 3-23。

终点节点⑧的最后标号值为 17，故该网络计划的计算工期 $T_c=18$ d。

(2)第二步，确定关键线路。

在获得网络计划所有节点的标号值后，从终点节点开始，逆着箭线方向逐个寻找源头节点，即可确定该网络计划的关键线路。

本例中，从节点⑧开始，逆着箭线依次找到节点⑦、⑥、⑤、②、①，因此，该网络图的关键线路为①—②—⑤—⑥—⑦—⑧，用粗箭线在图 3-23 中予以标示。

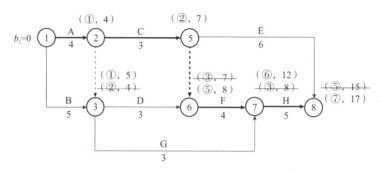

图 3-23 用标号法确定关键线路

3.3 单代号网络计划

单代号网络图是由节点和箭线组成的，其箭线表示紧邻工作之间的逻辑关系，节点则表示工作。工作之间的逻辑关系包括工艺关系和组织关系，在单代号网络图中均表现为工作之间的先后顺序。

单代号网络图绘图简便，逻辑关系明确，没有虚箭线，便于检查和修改。随着计算机在网络计划中的应用不断扩大，近年来国内外对单代号网络图逐渐重视起来。

3.3.1 单代号网络图的表示

(1)节点。与双代号网络图略有不同，单代号网络图的节点用圆圈或方框表示，在节点内标示工作名称、工作代号和持续时间。一个节点表示一项工作，如图 3-24 所示。

特点：节点表示一项实际的工作，既消耗时间，又消耗资源。

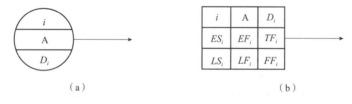

(a) (b)

图 3-24 单代号网络图工作的表示方法

(a)圆节点表示方法；(b)矩形节点表示方法

i—节点编号；A—工作；D_i—持续时间；ES_i—最早开始时间；EF_i—最早完成时间；

LS_i—最迟开始时间；LF_i—最迟完成时间；TF_i—总时差；FF_i—自由时差

(2)箭线。与双代号网络图不同，单代号网络图的箭线仅表示工作之间的逻辑关系，它既不占用时间也不消耗资源。箭线的箭头方向表示工作的前进方向，箭尾节点所代表的工作为箭头节点的紧前工作。单代号网络图不需用虚箭线表达工作间的逻辑关系。

特点：不占用时间，不消耗资源。

（3）线路。单代号网络图线路与双代号网络图线路的含义相同，即从网络计划起点开始，经过一系列中间节点，最终到达结束节点的通路。

所有线路中持续时间最长的线路就是单代号网络图的关键线路。

3.3.2　单代号网络图的绘制规则

（1）必须正确表达工作间的逻辑关系。单代号网络图中工作之间的逻辑关系包括工艺关系和组织关系。正确表达逻辑关系是绘制单代号网络图的基本前提。

表 3-5 列出了常用的逻辑关系简图，并对单代号与双代号网络图的逻辑关系表达进行了比较。可以看出，单代号网络图的绘制比双代号网络图要简单一些。由于没有虚工作，单代号网络图逻辑关系的表达更直接和清晰，识读也更方便。

表 3-5　单代号网络图与双代号网络图逻辑关系表达的比较

序号	逻辑关系	网络图表示方法	
		双代号网络图	单代号网络图
1	A、B、C 三项工作依次进行	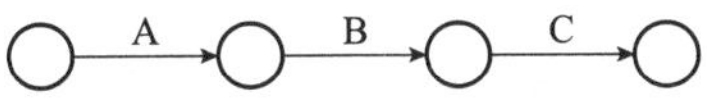	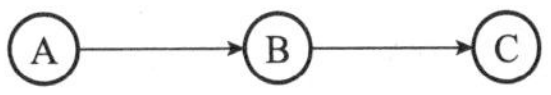
2	A、B、C 三项工作同时开始	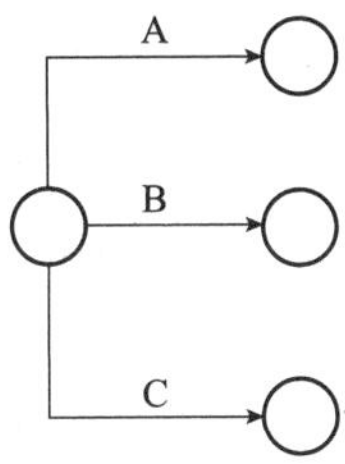	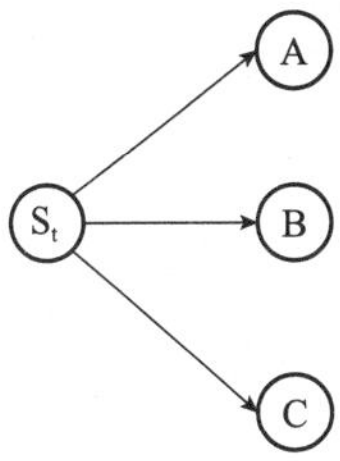
3	A、B、C 三项工作同时结束	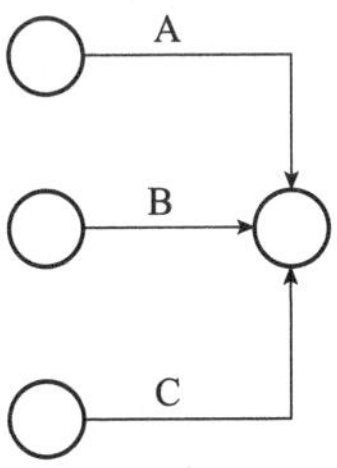	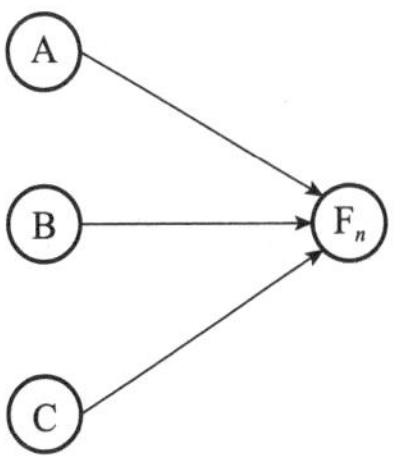
4	A、B、C 三项工作，只有 A 工作完成后，B、C 工作才能开始	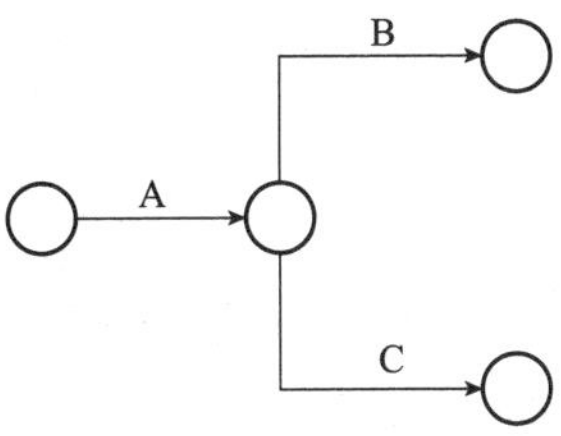	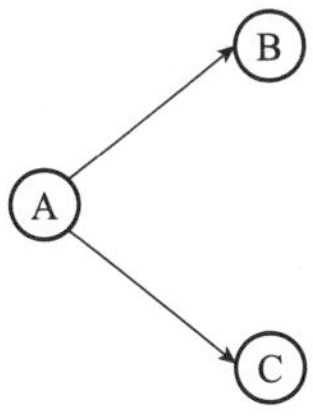

序号	逻辑关系	网络图表示方法	
		双代号网络图	单代号网络图
5	B、C、D 三项工作，只有 B、C 工作完成后，D 工作才能开始		
6	E 工作结束后，H 工作可以开始；E、F 工作结束后，I 工作才能开始		
7	只有 B、C 工作完成后，E 工作才能开始；A、B、C 工作均完成后，D 工作才能开始		
8	A、B、C 三项工作分为三个施工段，进行流水施工		

(2)单代号网络图中的节点必须编号。编号标注在节点内，号码可间断，但严禁重复。箭线的箭尾节点编号应小于箭头节点编号。一项工作必须有唯一的一个节点及相应的一个编号。

(3)严禁出现循环回路。

(4)严禁出现双向箭头或无箭头的连线，严禁出现没有箭尾节点的箭线和没有箭头节点的箭线。

(5)箭线不宜交叉。当交叉不可避免时，可采用过桥法和指向法绘制。

(6)单代号网络图应只有一个起点节点和一个终点节点；当网络图中有多项起点节点或多项终点节点时，应在网络图的两端分别设置一项虚拟节点，作为该网络图的起点节点(S_t)和终点节点(F_{in})。

(7)在同一网络图中，单代号和双代号的画法不能混用。

【例 3-5】 根据表 3-6 中各项工作间的逻辑关系，绘制单代号网络图。

表 3-6　某工程各项工作间的逻辑关系(三)

工作名称	A	B	C	D	E	F	G	H	I	J
紧前工作	—	—	A	A、B	B	C、D	D	D、E	F、G	H、G
持续时间	3	5	4	2	4	4	3	6	3	5

解： 绘制步骤如下：

(1)因 A、B 均为起始工作，故需构造起始节点 S_t；

(2)从 S_t 开始绘制工作 A 和工作 B；

(3)从工作 A 出发绘制其紧后工作 C，从工作 B 出发绘制其紧后工作 D，再将 A 与 D 用箭线相连；

(4)从工作 C 出发绘制其紧后工作 F，再将 D 与 F 用箭线相连；

(5)从工作 E 出发，绘制其紧后工作 H，并用箭线将 D 与 F 相联系；

(6)依次绘制出所有工作。检查逻辑关系，确认无误后按基本绘图规则调整网络计划。最后得到单代号网络计划，如图 3-25 所示。

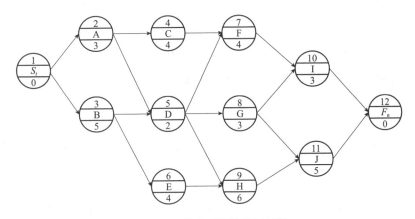

图 3-25　单代号网络计划示例

3.3.3　单代号网络计划时间参数的计算

1. 时间参数的含义与标注

单代号网络计划时间参数的含义与双代号相似，主要包括：

(1)工作的参数：持续时间 D_i、最早开始时间 ES_i、最早完成时间 EF_i、最迟开始时间 LS_i、最迟完成时间 LF_i、总时差 TF_i、自由时差 FF_i；

(2)工期的参数：计算工期 T_c、要求工期 T_r、计划工期 T_p；

(3)工作之间的参数：时间间隔 LAG_{i-j}。

单代号网络计划时间参数按图 3-26 所示的样式标注。其中，图 3-26(a)的标注样式更为常用。

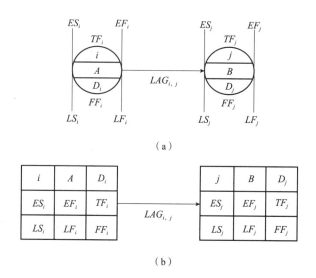

图 3-26 单代号网络图时间参数的标注样式

(a)时间参数标注形式一；(b)时间参数标注形式二

i, j—节点编号；A, B—工作；D_i, D_j—持续时间；ES_i, ES_j—最早开始时间；EF_i, EF_j—最早完成时间；

LS_i, LS_j—最迟开始时间；LF_i, LF_j—最迟完成时间；TF_i, TF_j—总时差；FF_i, FF_j—自由时差；

$LAG_{i,j}$—时间间隔

2. 时间参数的计算

单代号网络图时间参数的计算，可按照双代号网络图的计算方法和计算顺序进行。也可在计算出最早时间和工期后，先计算各个工作之间的时间间隔，再根据其计算出总时差和自由时差，最后计算各项工作的最迟时间。

此处采用先利用间隔时间计算时差后，再求最迟时间的方法依次计算单代号网络图的时间参数。

(1)最早时间和计算工期。对于起始节点，其最早开始时间为 0，其余工作的最早开始时间等于紧前工作最早开始时间加上紧前工作的持续时间；若紧前工作有两项以上，应取其最大值作为本工作的最早开始时间，即

$$ES_i = 0 (i=1) \tag{3-16}$$

$$ES_i = \max\{ES_h + D_h\} = \max\{EF_h\} \tag{3-17}$$

计算规则：沿线累加，逢圈取大。

最早完成时间等于工作的最早开始时间与其持续时间之和，即

$$EF_i = ES_i + D_i \tag{3-18}$$

网络计划的计算工期就等于终点节点的最早完成时间，即

$$T_c = EF_n = ES_n + D_n \tag{3-19}$$

(2)相邻两项工作的时间间隔。相邻两项工作之间的时间间隔等于紧后工作的最早开始时间与本工作最早完成时间的差值，即

$$LAG_{i-j} = ES_j - EF_i (i < j) \tag{3-20}$$

当终点节点为虚拟节点时，其时间间隔等于网络计划的计划工期与本工作最早完成时间之差，即

$$LAG_{i-n} = T_p - EF_i \qquad (3\text{-}21)$$

（3）自由时差与总时差。单代号网络计划中自由时差 FF_i、总时差 TF_i 的概念与双代号网络计划相同，分别按下式计算：

$$FF_i = \min\{LAG_{i-j}\} \qquad (3\text{-}22)$$

$$TF_i = \min\{LAG_{i-j} + TF_j\} \qquad (3\text{-}23)$$

$$TF_n = 0 \quad (n\text{ 为终点节点}) \qquad (3\text{-}24)$$

（4）最迟时间。工作最迟开始时间 LS_i、最迟完成时间 LF_i 的概念与双代号网络计划相同，分别按下式计算：

$$LF_n = T_p \quad (n\text{ 为终点节点}) \qquad (3\text{-}25)$$

$$LF_i = \min\{LS_j\} \qquad (3\text{-}26)$$

$$LS_i = LF_i - D_i \qquad (3\text{-}27)$$

计算规则：逆线累减，逢圈取小。

（5）关键工作与关键线路。关键工作是指网络计划中总时差最小的工作。当计划工期等于计算工期时，关键工作的总时差为 0；当有要求工期且要求工期大于计算工期时，关键工作的总时差最小且为正；当要求工期小于计算工期时，关键工作的总时差为负值。

在单代号网络计划中，LAG_{i-j} 均为 0 的线路（宜逆箭线寻找），称为单代号网络图的关键线路。全部由关键工作连成的线路不一定是关键线路。

【例 3-6】　以图 3-27 所示的单代号网络图为例，说明其各项时间参数的计算过程。

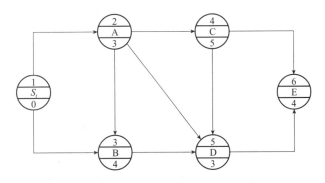

图 3-27　单代号网络图

解：按照单代号网络计划时间参数的计算顺序，采用图上计算法，直接将相关参数标注在图上相应位置。

（1）计算最早开始时间和最早完成时间。从起始节点开始，顺着箭线的方向依次进行。

当工作有多项紧前工作时，最早开始时间取其紧前工作最早完成时间的最大值。例如：

$$ES_5 = \max\{EF_2, EF_3, EF_4\} = \max\{3, 7, 8\} = 8$$

计算结果如图 3-28 所示。

工期等于终点节点的最早完成时间，即 $T_c = 15$。

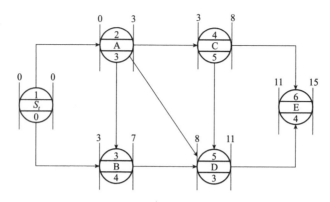

图 3-28　最早开始时间和最早完成时间计算

(2)计算最迟完成时间和最迟开始时间。从终点节点开始，逆着箭线的方向依次进行。当工作有多项紧后工作时，最迟完成时间取其紧后工作最迟开始时间的最小值。例如：

$$LF_2 = \min\{LS_3, LS_4, LS_5\} = \min\{4, 3, 8\} = 3$$

计算结果如图 3-29 所示。

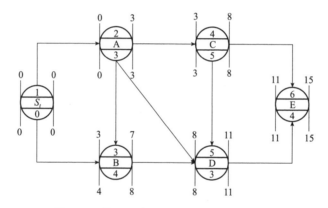

图 3-29　最迟完成时间和最迟开始时间计算

(3)计算相邻工作之间的时间间隔。相邻两项工作之间的时间间隔等于后一项工作的最早开始时间减去前一项工作的最早完成时间。计算结果如图 3-30 所示。

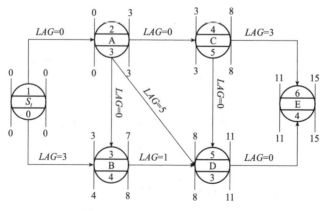

图 3-30　工作之间时间间隔计算

(4)计算总时差和自由时差。工作的总时差等于本工作最迟开始时间与最早开始时间之差。工作的自由时差应取该工作与紧后工作时间间隔的最小值。计算结果如图 3-31 所示。

网络计划的关键线路为①—②—④—⑤—⑥，用粗箭线标注于图中。

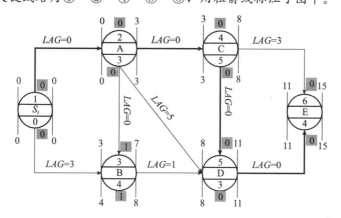

图 3-31　工作的总时差和自由时差计算

3.4　双代号时标网络计划

双代号时标网络计划是指以时间坐标为尺度编制的网络计划，简称时标网络。它综合应用横道图时间坐标和网络计划的原理，吸取了两者的长处，兼有横道计划的直观性和网络计划的逻辑性，故在工程中的应用比非时标网络计划更广泛。

3.4.1　一般规定

(1)双代号时标网络计划必须以水平时间坐标为尺度表示工作时间。时标的时间单位应根据需要在编制网络计划之前确定，可为小时、天、周、旬、月、季或年。

(2)时标网络计划应以实箭线表示实工作，以虚箭线表示虚工作，以波形线表示工作的自由时差。

(3)时标网络计划中所有符号在时间坐标上的水平投影位置，都必须与其时间参数相对应。节点中心必须对准相应的时标位置。

(4)虚工作必须以垂直方向的虚箭线表示，有自由时差时应用波形线表示。

3.4.2　双代号时标网络计划的特点与适用范围

1. 时标网络计划的特点

(1)兼有横道计划的直观性和网络计划的逻辑性，可表明时间进度。

(2)可以直接显示各工作的开始时间与完成时间，并可以直接判断出关键线路。

(3)因为有时标的限制，在绘制网络图时，不会出现"循环回路"之类的逻辑错误。

(4)可以利用时标网络图直接统计资源的需要量，以便进行资源优化和调整。

(5)由于箭线受时标的约束，故手工绘图不容易，修改也难。

2. 时标网络计划的适用范围

(1)工作项目较少、工艺过程较为简单的工程，能迅速地边绘图、边计算、边调整。

(2)对于大型复杂的工程，可以先绘制局部网络计划，然后再综合起来绘制出比较简明的总网络计划。

(3)实施性(或作业性)网络计划。

(4)年、季、月等周期性网络计划。

(5)使用实际进度前锋线进行进度控制的网络计划。

3.4.3 双代号时标网络计划的绘制

时标网络图宜按最早时间编制，不宜按最迟时间编制，如图 3-32 所示。绘制方法有间接绘制法和直接绘制法两种。

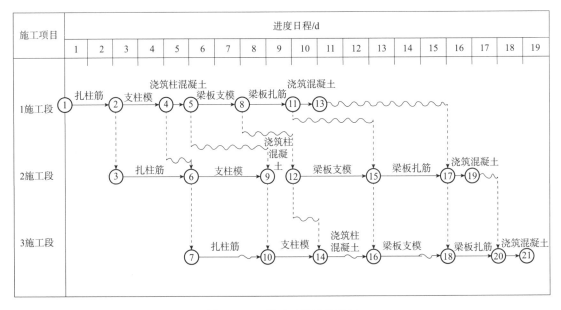

图 3-32 双代号时标网络计划

(1)间接绘制法。间接绘制法是先计算网络计划时间参数，再根据时间参数在时间坐标上进行绘制的方法。其绘制的步骤和方法如下：

1)绘制无时标网络计划草图，计算时间参数，确定关键工作及关键线路。

2)根据需要确定时间单位并绘制时标横轴。

3)根据网络图中各节点的最早时间，从起点节点开始将各节点逐个定位在时标网络计划表中的相应位置上。

4)依次在各节点之间绘制出箭线长度及时差。绘图时宜先画关键工作、关键线路，再画非关键工作。箭线最好画成水平或由水平线和竖直线组成的折线箭线，以直接表示其持续时间。如箭线长度不够与该工作的完成节点直接相连，则用波形线从箭线端部画至完成节点处。波形线的水平投影长度即该工作的自由时差。

5)用虚箭线连接各有关节点，将各有关的施工过程连接起来。在时标网络计划中，有时会出现虚线的投影长度不等于 0 的情况，其水平投影长度为虚工作的自由时差。

6)把时差为 0 的箭线从起点节点到终点节点连接起来，并用粗箭线或双箭线表示，即形成时标网络计划的关键线路。

（2）直接绘制法。所谓直接绘制法，就是不计算网络计划的时间参数，直接按草图在时标网络计划表上绘制的方法。其绘制步骤如下：

1)将起点节点定位在时标计划表的起始刻度线上。

2)按工作持续时间，在时标计划表上绘制起点节点的外向箭线。

3)除起点节点外的其他节点必须在其所有内向箭线绘出以后，定位在这些内向箭线中最早完成时间最迟的箭线末端。其他箭线长度不足以到达该节点时，用波形线补足。

4)若虚箭线占用时间，用波形线表示。

5)用上述方法从左至右依次确定其他节点的位置，直至终点节点定位绘图完成。

在绘制时标网络计划时，特别需要注意的问题是处理好虚箭线。首先，应将虚箭线与实箭线等同看待，只是其对应的工作持续时间为 0；其次，尽管它本身没有持续时间，但可能存在波形线，因此，要按规定画出波形线。在画波形线时，其垂直部分应画虚线。

3.4.4　双代号时标网络计划时间参数的确定

（1）最早开始时间的确定。每条箭线箭尾节点中心所对应的时标值，即工作的最早开始时间。

（2）最早完成时间的确定。

1)当工作箭线中不存在波形线时，其右端节点中心（即箭头节点中心）所对应的时标值为该工作的最早完成时间。

2)当工作箭线中存在波形线时，工作箭线实线部分右端点所对应的时标值为该工作的最早完成时间。

虚工作的最早开始时间和最早完成时间相等，均为其开始节点中心所对应的时标值。

（3）计算工期的确定。时标网络的结束节点至开始节点所在位置的时标值之差是时标网络的计算工期。同非时标网络计划一样，未规定要求工期时，$T_p = T_c$。

（4）自由时差的确定。各工作的自由时差为表示该工作箭线的波形线在坐标轴上的水平投影长度。

（5）总时差的计算。在时标网络计划中，工作的总时差应从右至左逐个计算。一项工作只有在其紧后工作的总时差全部计算出来以后，才能算出其总时差。

1)以终点节点为完成节点的工作，其总时差等于计划工期与本工作的最早完成时间之差，即

$$TF_{i-n} = T_p - EF_{i-n}$$

2)其他工作的总时差等于其紧后工作的总时差与本工作的自由时差的和的最小值，即

$$TF_{i-j} = \min\{TF_{j-k} + FF_{i-j}\}$$

上述方法计算起来比较麻烦，需计算出各紧后工作的总时差。更简便的方法为：计算哪个工作的总时差就以哪个工作为起点工作，寻找通过该工作的所有线路，然后计算各条线路

的波形线长度和，波形线长度和的最小值就是该工作的总时差。

【例 3-7】 以图 3-33 为例，计算工作 D 的总时差。

解：以工作 D 为起点工作，通过工作 D 的线路有：D→G→I→K，其波形线长度和为 1+1=2；D→G→J→K，其波形线长度和为 1+2=3；D→H→J→K，其波形线长度和为 2+2=4；取 3 个数值中的较小值，则工作 D 的总时差为 2。

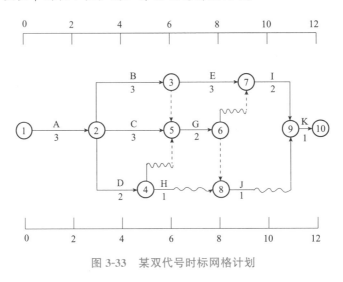

图 3-33　某双代号时标网格计划

作业：请大家自行计算工作 B、C、G 和 H 的总时差。

3.5　网络计划优化

网络计划优化是指在满足既定约束的条件下，按某一目标工期、成本资源，通过对网络计划的不断调整，寻求相对满意或最优计划方案的过程。网络计划优化的目标应该按计划任务的需要和条件选定，主要包括工期目标、资源目标、费用目标。因此，网络计划优化的主要内容有工期优化、资源优化、费用优化。

3.5.1　工期优化

网络计划工期优化的基本方法是在不改变网络计划中各项工作之间逻辑关系的前提下，通过压缩关键工作的持续时间来达到优化目标。

1. 缩短网络工期的方法

(1)改变施工组织安排，往往是缩短网络计划工期的捷径，如重新划分施工段数，最大限度地安排流水施工，以及改变各施工段之间先后施工的顺序或相互之间的逻辑关系等。

(2)缩短某些关键工作的持续时间以缩短网络计划工期，其方法有以下几种：

1)采用技术措施或改变施工方法提高效率等。

2)采取组织措施，如增加劳动力、机械设备等，当工作面受到限制时，可以采用两班制或三班制。

3)综合采用上述几种方法，如果有多种可行方案，均能达到缩短工期的目的时，应该对各种可行方案进行技术经济比较，从中选择最优方案。

2. 缩短网络计划工期时应注意的问题

(1)在缩短网络计划工期的过程中，当出现多条关键线路时，必须将各条关键线路的总持续时间同时缩短同一数字，否则不能达到缩短工期的目的。

(2)在缩短关键线路的持续时间时，应逐步缩短，不能将关键工作压缩成非关键工作。

(3)在缩短关键工作的持续时间时，必须注意，由于关键线路长度的缩短，非关键线路有可能成为关键线路。因此，有时需要同时缩短非关键线路上有关工作的持续时间，才能达到缩短工期的要求。

3. 优化步骤

(1)确定初始网络计划的计算工期，找出关键线路和关键工作。

(2)按要求工期计算应缩短的时间 ΔT：$\Delta T = T_c - T_r$。

(3)确定各关键工作能缩短的持续时间，在关键线路上按下列因素选择应优先压缩其持续时间的关键工作：

1)缩短持续时间后对质量和安全影响不大的关键工作。

2)有充足备用资源的关键工作。

3)缩短持续时间所需增加的费用最少的关键工作。

(4)将应该优先压缩的关键工作压缩至最短持续时间，并重新计算网络计划的计算工期，找出新的关键线路。若被压缩的关键工作变成了非关键工作，则应该将其持续时间延长，使其刚好为关键工作。

(5)若计算工期仍超过要求工期时，则重复以上步骤，直到满足工期要求或工期已经不能再缩短为止。

(6)当所有关键工作的持续时间都已达到最短持续时间，而工期仍不能满足要求时，应该对原计划的组织方案进行调整，如果仍不能达到工期要求时，则应对该要求工期重新审定，必要时可以改变工期。

4. 优化示例

【例 3-8】　某网络计划如图 3-34 所示。图中箭线上方括号外数字为工作的正常持续时间，括号内数字为该工作的最短持续时间。假定上级指令性工期为 100 d，试问工期应如何调整优化以满足要求？

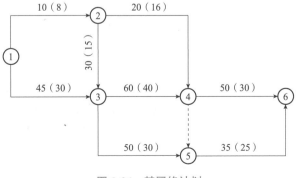

图 3-34　某网络计划

解：（1）第一步：计算并找出网络计划的关键工作及关键线路。用工作正常持续时间计算节点的最早时间和最迟时间，如图 3-35 所示。

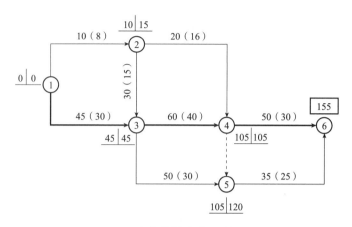

图 3-35　找出关键线路和关键工作

其中关键线路用粗箭线表示，为①—③—④—⑥，关键工作为①—③、③—④、④—⑥，计算工期为 155 d。

（2）第二步：计算需缩短工期。根据图 3-35 需要缩短的时间为 $\Delta T=155-100=55$ d，根据图 3-35 中数据可知，关键工作①—③可缩短 15 d，③—④可缩短 20 d，④—⑥可缩短 20 d，共计可缩短 55 d。考虑选择缩短持续时间的因素，缩短工作④—⑥需要增加的劳动力较多，资源供应强度也会大大增加，故此处先选择缩短工作①—③和③—④的持续时间，用最短持续时间代替正常时间，然后重新计算网络计划工期，如图 3-36 所示。此时关键线路转化为①—②—③—④—⑥，关键工作为①—②、②—③、③—④和④—⑥，计算工期为 130 d。

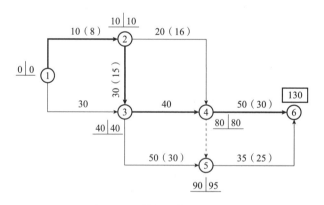

图 3-36　缩短工期至 130 d

此时与上级下达的指令性工期相比尚需压缩 30 d。考虑到压缩②—③需要增加较多的劳动力，明显增大资源供应强度，故宜选择压缩工作④—⑥的持续时间，用最短工作持续代替正常时间。然后关键线路转化为①—②—③—⑤—⑥，计算工期为 125 d，还需对新的关键工作持续时间继续压缩。

由于工作③—④、④—⑥已无压缩空间，故只能将工作③—⑤和⑤—⑥进行适当压缩。

考虑到压缩后增加劳动力等资源的情况，选择将⑤—⑥的持续时间压缩至最短时间 25 d，将③—⑤的持续时间压缩至 45 d 即可，此时关键线路有①—②—③—④—⑥和①—②—③—⑤—⑥两条，计算工期为 110 d，如图 3-37 所示。

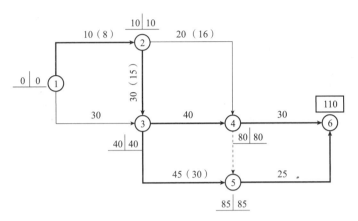

图 3-37　缩短工期至 110 d

此时与上级下达的指令性工期相比尚需压缩 10 d。只能选择压缩工作①—②和②—③。为尽可能减少压缩关键工作带来的资源量增加，此时选择将①—②的持续时间压缩至 8 d，将②—③的持续时间压缩至 22 d。此时关键线路一共有四条，分别是①—②—③—④—⑥，①—②—③—⑤—⑥，①—③—④—⑥，①—③—⑤—⑥，计算工期为 100 d，可以满足上级下达的 100 d 工期要求，如图 3-38 所示。

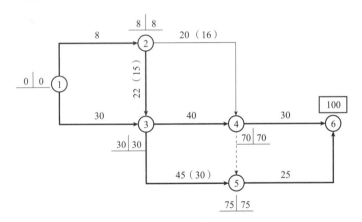

图 3-38　缩短工期至 100 d

由图 3-38 可以看出，100 d 已经是该项目能够实现的最短工期了，除②—④为非关键工作外，其余工作均为关键工作。这种情况下，必须切实保证劳动力、材料、机械设备等各项资源的供应，必须制定周密的组织、技术、经济措施，严格执行进度计划。

3.5.2　工期-费用优化

工期-费用优化又称成本优化，是寻求最低成本时的最短工期安排或者按要求工期寻求最低成本的计划安排过程。

1. 工期与费用的关系

工程施工的总费用包括直接费用和间接费用两种。

(1)直接费用。直接费用是指在工程施工过程中直接消耗在工程项目上的活劳动和物化劳动，包括人工费、材料费、机械使用费及冬、雨期施工增加费、特殊地区施工费、夜间施工费等。

一般情况下，直接费用是随着工期的缩短而增加的。然而，工作时间缩短至某一极限，则无论增加多少直接费用，也不能再缩短工期，此时的工期为最短工期，此时的费用为最短时间直接费用；反之，若延长时间，则可以减少直接费用。然而，时间延长至某一极限，则无论将工期延长至多少，也不能再减少直接费用，此时的工期称为正常工期，此时的费用称为正常时间直接费用。

(2)间接费用。间接费用是指与整个工程有关的、不能或不宜直接分摊给每道工序的费用，它包括与工程有关的管理费用，全工地性设施的租赁费、现场临时办公设施费、公用和福利事业费及占用资金应付的利息等。

间接费用一般与工程的工期成正比关系，即工期越长，间接费用越多，工期越短，间接费用越少。

如果把直接费用和间接费用加在一起，必然有一个总费用最少的工期，即最优工期。费用与工期的关系如图 3-39 所示。

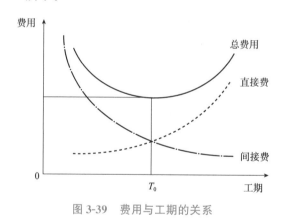

图 3-39　费用与工期的关系

2. 工期-费用优化的方法

工期-费用优化的基本方法是不断地从时间和费用的关系中，找出能使工期缩短且直接费用增加最少的工作，缩短其持续时间，同时考虑间接费用叠加，便可以求出费用最低时相应的最优工期和工期规定时相应的最低费用。

3. 工期-费用优化的步骤

(1)按工作正常持续时间找出关键工作及关键线路。

(2)按下列公式计算各项工作的费用率：

$$\Delta C_{i-j} = \frac{CC_{i-j} - CN_{i-j}}{DN_{i-j} - DC_{i-j}} \qquad (3\text{-}28)$$

式中　ΔC_{i-j}——工作 $i-j$ 的费用率；

CC_{i-j}——将工作 $i-j$ 持续时间缩短为最短持续时间后，完成该工作所需的直接费用；

CN_{i-j}——在正常条件下，完成工作 $i-j$ 所需的直接费用；

DN_{i-j}——工作 $i-j$ 的正常持续时间；

DC_{i-j}——工作 $i-j$ 的最短持续时间。

（3）在网络计划中，找出费用率或组合费用率最低的一项关键工作或一组关键工作，作为缩短持续时间的对象。

（4）缩短找出的关键工作或一组关键工作的持续时间，其缩短值必须符合不能压缩成非关键工作和缩短后其持续时间不小于最短持续时间的原则。

（5）计算相应增加的直接费用。

（6）考虑工期变化带来的间接费用及其他损益，在此基础上计算总费用。

重复（3）～（6）的步骤，一直计算到总费用最低为止。

4. 工期-费用优化的原则

进行工期-费用优化，主要在于求出不同工期下的最小直接费用之和。因此，在进行工期-成本优化时，必须遵守下列原则：

（1）为使工期缩短而增加费用最小，应先缩短费用率最小的关键工作的持续时间。由于关键线路持续时间总和决定了工期的长短，因此，对于非关键线路上的工作，无论其费用率大小，在所有关键工作压缩至极限值之前都不予考虑。

（2）在缩短选定的关键工作持续时间时，其缩短值必须满足不能使关键工作压缩成非关键工作和缩短后其持续时间不小于最短持续时间的原则。

（3）若关键线路有两条以上，则每条线路都需要缩短持续时间，才能使工期相应缩短。这时，必须找出费用率总和为最小的工作组合进行优化。

5. 费用优化示例

【例 3-9】　某网络计划中各工作的持续时间及其相对应的费用数据列于表 3-7，表中各项工作的正常持续时间为 DN，最短持续时间为 DC，与它们相对应的直接费为 CN 和 CC。已知间接费为 70 千元，间接费费率为 5 千元/周。试计算工程成本最少时的工期。

表 3-7　某网络计划中各工作的持续时间及与其相对应的费用

工作 $i-j$	DN/周	DC/周	CN/千元	CC/千元
1—2	20	17	60	72
1—3	25	23	20	31
2—3	10	8	30	44
2—4	12	6	40	70
3—4	5	2	30	39
4—5	10	5	30	60

解：（1）计算各工作的费用率，按式（3-28）计算工作 1—2 的费用率，则

$$\Delta C_{1-2} = \frac{CC_{1-2} - CN_{1-2}}{DN_{1-2} - DC_{1-2}} = \frac{72 - 60}{20 - 17} = 4（千元/周）$$

其他工作的费用率同理可以依次计算。将计算出的结果标注在图 3-40 各箭线的上(或左)方。箭线下(或右)方括号外数字为该工作正常持续时间,括号内数字为该工作最短持续时间。图 3-41~图 3-44 上标注含义与此相同。

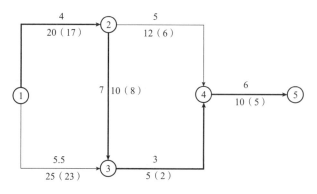

图 3-40　工作的费用率计算

(2)计算各工作以正常持续时间施工时的计划工期 T_{p0} 和直接费用之和 C_0。

由图 3-40 可知,共有 3 条线路,即:L_1:①—②—④—⑤;L_2:①—②—③—④—⑤;L_3:①—③—④—⑤。三条线路的持续时间分别为 42 周、45 周和 40 周。因此,线路 L_2 是关键线路。则

$$T_{p0}=45(周)$$
$$C_0=\sum CN_{i-j}=150(千元)$$

(3)依次找出费用率最小的关键工作,缩短其持续时间,重新计算工期和直接费用。

第一次调整:费用率最小的关键工作是③—④,可以缩短 3 周。则

$$\Delta C_{3-4}=3(千元/周)$$
$$\Delta T_{3-4}=3(周)$$
$$T_{p1}=T_{p0}-\Delta T_{3-4}=45-3=42(周)$$
$$C_1=C_0+\Delta C_{3-4}\times\Delta T_{3-4}=150+3\times3=159(千元)$$

此时线路 L_1、L_2 持续时间同为 42 周,线路 L_3 持续时间为 37 周,关键线路变成两条。将图 3-40 更新为图 3-41。

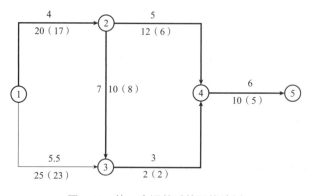

图 3-41　第一次调整后的网络计划

第二次调整：由于有两条关键线路，需考虑关键工作的组合。可以缩短的关键线路组合共有三种，即

工作①—②　　　　　　　　　　$\Delta C_{1-2}=4$（千元/周）

工作④—⑤　　　　　　　　　　$\Delta C_{4-5}=6$（千元/周）

工作②—③和工作②—④　　　　$\sum \Delta C=7+5=12$（千元/周）

显然应该缩短工作①—②，可以缩短 3 周。则

$$\Delta C_{1-2}=4（千元/周）$$

$$\Delta T_{1-2}=3（周）$$

$$T_{p2}=T_{p1}-\Delta T_{1-2}=42-3=39（周）$$

$$C_{2}=C_{1}+\Delta C_{1-2}\times \Delta T_{1-2}=159+4\times 3=171（千元）$$

此时线路 L_1、L_2 持续时间为 39 周，线路 L_3 持续时间为 37 周，关键线路依然为两条。将图 3-41 更新为图 3-42。

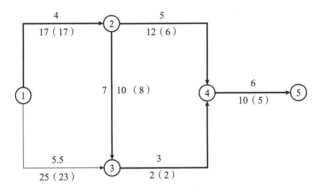

图 3-42　第二次调整后的网络计划

第三次调整：由于有两条关键线路，需考虑关键工作的组合。可以缩短的关键线路组合共有两种，即

工作④—⑤　　　　　　　　　　$\Delta C_{4-5}=6$（千元/周）

工作②—③和工作②—④　　　　$\sum \Delta C=7+5=12$（千元/周）

显然应该缩短工作④—⑤，可以缩短 5 周。则

$$\Delta C_{4-5}=6（千元/周）$$

$$\Delta T_{4-5}=5（周）$$

$$T_{p3}=T_{p2}-\Delta T_{4-5}=39-5=34（周）$$

$$C_{3}=C_{2}+\Delta C_{4-5}\times \Delta T_{4-5}=171+6\times 5=201（千元）$$

此时线路 L_1、L_2 持续时间为 34 周，线路 L_3 持续时间为 32 周，关键线路依然为两条。将图 3-42 更新为图 3-43。

第四次调整：关键线路有两条，需考虑关键工作的组合。可以缩短的关键线路组合只有一种，即

工作②—③和工作②—④　　　　$\sum \Delta C=7+5=12$（千元/周）

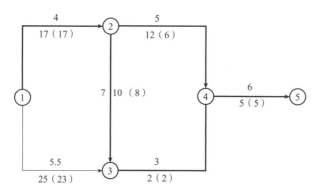

图 3-43　第三次调整后的网络计划

工作②—③和工作②—④可以缩短时间的最小值 2 周。则

$$\sum \Delta C = 12（千元/周）$$

$$\Delta T = 2（周）$$

$$T_{p4} = T_{p3} - \Delta T = 34 - 2 = 32（周）$$

$$C_4 = C_3 + \sum \Delta C \times \Delta T = 201 + 12 \times 2 = 225（千元）$$

此时线路 L_1、L_2 和 L_3 的持续时间都为 32 周，关键线路变为 3 条，所有工作都为关键工作。由于线路 L_2 上各项工作的持续时间都已压缩为最短时间，不能再继续缩短工期，调整到此结束，最终结果如图 3-44 所示。

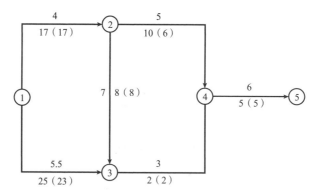

图 3-44　第四次调整后的网络计划

经过调整，工期从 45 周缩短至 32 周，直接费用从 150 千元上升至 225 千元。

(4)将上述结果汇总于表 3-8 中。考虑间接费费率的影响，计算出不同工期下的工程成本并进行比较。

表 3-8　结果汇总

工期/周	直接费/千元	间接费/千元	工程成本/千元
45	210	70	280
42	219	55	274
39	231	40	271

工期/周	直接费/千元	间接费/千元	工程成本/千元
34	261	15	277
32	285	5	290

由表 3-8 中数据可知,工期为 39 周时,工程成本最低为 271 千元,即该工程最优工期为 39 周。

3.5.3　资源优化

施工过程就是消耗资源(人力、材料、设备和资金)的过程,网络计划的优化可调整资源供求矛盾,实现资源均衡利用。资源优化有两种不同目标:"资源有限,工期最短"和"工期固定,资源均衡"。

这里所讲的资源优化,其前提条件如下:

(1)在优化过程中,不改变网络计划中各项工作之间的逻辑关系。

(2)在优化过程中,不改变网络计划中各项工作的持续时间。

(3)网络计划中各项工作的资源强度(单位时间所需资源数量)为常数,而且是合理的。

(4)除规定可中断的工作外,一般不允许中断工作,应保持其连续性。为简化问题,这里假定网络计划中的所有工作需要同一种资源。

1. 资源有限,工期最短

"资源有限,工期最短"的优化是指在资源有限的条件下,保证各项工作的每日资源需要量不变,寻求工期最短的施工计划的优化过程。

(1)优化方法。资源优化的过程实际上就是按照各项工作在网络计划中的重要程度,把有限的资源进行科学、合理分配的过程。因此,资源分配的先后顺序是资源优化的关键。

资源分配的顺序:

第一级:关键工作。按每日资源需要量大小,从大到小依顺序供应资源。

第二级:非关键工作。按总时差大小,从小到大依顺序供应资源。总时差相等时,以叠加量不超过且接近资源限额的工作优先供应资源。

第三级:允许中断的工作。

(2)优化步骤。

1)将网络计划绘制成时标网络计划图,标明各项工作的每日资源需要量。

2)计算出每个时间单位的资源需要量之和。

3)从计划开始日期起,逐个检查每个时间单位的资源需要量是否超过资源限量。若整个工期内都能满足资源限额的要求,则完成优化;否则,进行第 4)步。

4)找到首先出现超过资源限额的时段,按资源分配顺序对该时段内的各项工作重新进行资源分配,未分配到资源的工作向后移出该时段。其后的各时段因此发生资源需要量变化的,不予理会。

5)绘制出调整后的时标网络计划图。

6)重复上述 2)~5)步,直至所有时段内的资源需要量都不超过资源限额,资源优化则完成。

(3)优化示例。

【例 3-10】 已知网络计划如图 3-45 所示。图中箭线上方数据表示该工作每天需要的资源数量，箭线下方的数据表示该工作的持续时间（单位：d）。若资源限量为 22，试求满足资源限量的最短工期。

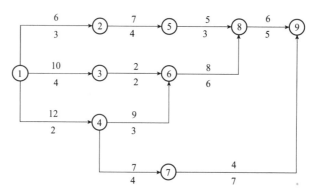

图 3-45 某项目的网络计划图

解： (1)将网络计划绘制成时标网络计划，如图 3-46 所示。

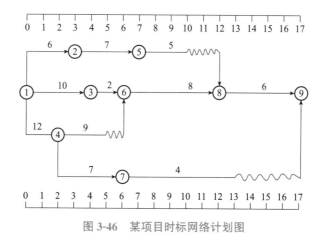

图 3-46 某项目时标网络计划图

(2)对时标网络计划进行优化。

1)根据图 3-46 中的数据，计算每日所需资源量，见表 3-9。

从计划开始日期起，逐个检查每天的资源数量。找到首先超过资源限额的时段，即第 1 d 和第 2 d。按资源分配顺序对该时段内的各项工作进行资源分配。

表 3-9 初始每日资源数量表

工作日	1	2	3	4	5	6	7	8	9	10	11	12	13	14	15	16	17
资源数量	28	28	32	33	25	16	19	17	17	17	12	12	10	6	6	6	6

该时段内共有 3 项工作，即①—③、①—②和①—④工作。根据分配原则，①—③工作为关键工作，首先分配资源 10 个单位。①—②、①—④工作均为非关键工作，比较总时差大小。①—②工作的总时差为 2 d，大于①—④工作的总时差 1 d，先分配①—④工作资源

12 个单位。①—③工作和①—④工作的资源之和为 22 个单位，满足资源限量 22 个单位。把①—②工作向后移 2 d，移出该时段，形成新的时标网络计划，如图 3-47 所示。

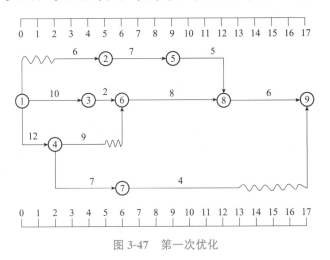

图 3-47　第一次优化

2)根据图 3-47 中的数据，计算每日所需资源量，见表 3-10。

表 3-10　第一次优化后的每日资源数量表

工作日	1	2	3	4	5	6	7	8	9	10	11	12	13	14	15	16	17
资源数量	22	22	32	32	24	16	19	19	19	17	17	17	10	6	6	6	6

从计划开始日期起，逐个检查每天的资源数量。找到首先超过资源限额的时段，即第 3 d 和第 4 d。按资源分配顺序对该时段内的各项工作进行资源分配。

该时段共有 4 项工作，即①—②、①—③、④—⑥和④—⑦工作。其中①—③工作为关键工作，①—②工作的总时差已耗尽，首先分配资源给①—③工作和①—②工作，资源之和为 16 个单位。此时，资源无论分配给④—⑥工作或④—⑦工作都会超过资源限量，因此必须把④—⑥工作和④—⑦工作后移 2 d。由于④—⑥工作的总时差只有 1 d，关键工作⑥—⑧工作是④—⑥工作的紧后工作，因此，要保证资源限量，⑥—⑧工作也必须后移 1 d。形成新的时标网络计划，如图 3-48 所示。可以看出，此时工期必须延长 1 d，即 $T=18$ d。

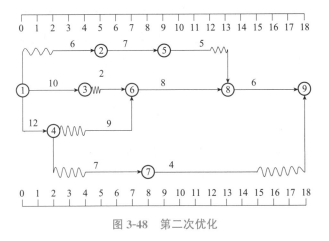

图 3-48　第二次优化

3)根据图 3-48 中的数据，计算每日所需资源量，见表 3-11。

表 3-11　第二次优化后的每日资源数量表

工作日	1	2	3	4	5	6	7	8	9	10	11	12	13	14	15	16	17	18
资源数量	22	22	16	16	22	25	25	22	19	17	17	17	12	10	6	6	6	6

从计划开始日期起，逐个检查每天的资源数量。找到首先超过资源限额的时段，即第 6 d 和第 7 d。按资源分配顺序对该时段内的各项工作进行资源分配。

该时段共有 4 项工作，即②—⑤、③—⑥、④—⑥和④—⑦工作。关键工作③—⑥首先分配资源 2 个单位。按照总时差由小到大的顺序依次为④—⑥、②—⑤和④—⑦工作试配资源。由于资源限量的控制，④—⑦工作要移出该时段，后移 3 d。形成新的时标网络计划，如图 3-49 所示。

4)根据图 3-49 中的数据，计算每日所需资源量，见表 3-12。

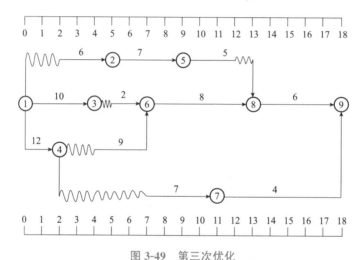

图 3-49　第三次优化

表 3-12　第三次优化后的每日资源数量表

工作日	1	2	3	4	5	6	7	8	9	10	11	12	13	14	15	16	17	18
资源数量	22	22	16	16	15	18	18	22	22	20	20	17	12	10	10	10	10	10

从计划开始日期起，逐个检查每天的资源数量，整个网络计划的资源需要量都控制在资源限量以内。图 3-49 所示的时标网络计划就是最优解。

2. 工期固定，资源均衡

"工期固定，资源均衡"优化是调整计划安排，在保持工期不变的条件下，使资源需要量尽可能均衡的过程。

资源均衡也就是使各种资源需要量动态曲线尽可能不出现短时期高峰或低谷，因而可以极大地减少施工现场各种临时设施的规模，从而节省施工费用。

扩展阅读

[1] 中华人民共和国住房和城乡建设部 . JGJ/T 121—2015 工程网络计划技术规程[S]. 北京：中国建筑工业出版社，2015.

[2] 中华人民共和国国家质量监督检验检疫总局，中国国家标准化管理委员会 . GB/T 13400.1—2012 网络计划技术　第 1 部分：常用术语[S]. 北京：中国标准出版社，2012.

[3] 中华人民共和国国家质量监督检验检疫总局，中国国家标准化管理委员会 . GB/T 13400.2—2009 网络计划技术　第 2 部分：网络图画法的一般规定[S]. 北京：中国标准出版社，2009.

[4] 中华人民共和国国家质量监督检验检疫总局，中国国家标准化管理委员会 . GB/T 13400.3—2009 网络计划技术　第 3 部分：在项目管理中应用的一般程序[S]. 北京：中国标准出版社，2009.

[5] 杨振宇 . 建筑施工管理中双代号网络计划技术应用研究[D]. 北京建筑大学，2014.

[6] 胡云峰 . 双代号网络计划在牛头山电站施工工期中的应用[D]. 中国地质大学（北京），2008.

[7] 李会静 . 双代号网络计划中基于案例分析的工期优化研究[J]. 价值工程，2014，33(02)：71-72.

[8] 张家荣 . 基于 Excel 的双代号网络计划图编制方法[J]. 项目管理技术，2016，14(05)：47-51.

[9] Kim K，Garza J M D L. Evaluation of the Resource-Constrained Critical Path Method Algorithms[J]. Journal of Construction Engineering & Management，2005，131(5)：522-532.

[10] Levy F K，Thompson G L，Wiest J D. Introduction to the Critical-Path Method [J]. Industrial Scheduling Prentice Hall Englewood Cliffs，1963.

思考题与习题

1. 网络图与横道图相比，有何优点与缺点？

2. 双代号网络计划中的虚工作有什么作用？

3. 双代号网络计划的基本要素有哪些？

4. 简要说明网络图的绘图规则。

5. 什么是关键线路和关键工作？

6. 在双代号网络计划中，工作的时间参数有哪些？简述其含义。

7. 与双代号网络计划相比，单代号网络计划有何特点？

8. 简述时标网络计划的优点及其在实际工程中的应用。

9. 简述时标网络计划的绘制方法。

10. 什么是网络计划优化？如何开展网络计划的工期优化？

11. 请指出下面网络计划（图 3-50）绘制中的错误，并说明原因。

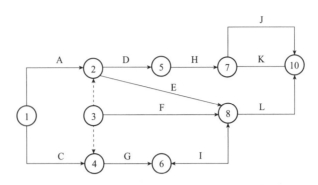

图 3-50 某项目网络计划

12. 按下列工作之间的逻辑关系，分别绘制双代号和单代号网络图。

(1) A、B 工作完成后进行 C、D 工作；C 工作完成后进行 E 工作；D、E 工作完成后进行 F 工作；

(2) A、B、C 工作完成后进行 D 工作；B、C 工作完成后进行 E 工作；

(3) A 工作完成后进行 B、C、D 工作；B、C 工作完成后进行 E 工作；C、D 工作完成后进行 F 工作；E、F 工作完成后进行 G 工作；

(4) 某项目分为 2 个施工过程(A、B)，划分为 3 个施工段组织流水施工。

13. 根据表 3-13 中给定的逻辑关系，分别绘制双代号和单代号网络图。

表 3-13 各工作之间的逻辑关系

工作名称	A	B	C	D	E	F	G	H
紧后工作	C、D	D、E	F	F、G、H	H	G	—	—

14. 利用图上计算法计算下图中双代号网络图(图 3-51)各工作时间参数，并判定关键线路。

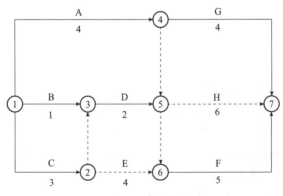

图 3-51 双代号网络图(二)

15. 根据表 3-14 中给定的逻辑关系，完成下列练习：

(1) 绘制双代号网络图，确定关键线路并计算工期；

(2) 计算双代号网络图中各项工作的时间参数；

(3) 绘制单代号网络图，确定关键线路并计算工期；

(4)计算双代号网络图中各项工作的时间参数。

表 3-14　各工作之间的逻辑关系

工作名称	A	B	C	D	E	F	G	H	I	J
紧前工作	—	A	A	A	B	C	B、C、D	F、G	E	F、G
持续时间	3	5	4	6	3	2	4	3	5	3

16. 某工程共有 8 项工作，其逻辑关系见表 3-15，请绘制单代号网络图，计算各工作的时间参数，确定其关键线路。

表 3-15　某工程中各工作的逻辑关系

工作	A	B	C	D	E	F	G	H
紧前工作	—	—	A	A、B	B	C、D	D、E	F、G
紧前工作	C、D	D、E	F	F、G	G	H	H	—
持续时间	2	4	10	4	6	5	4	2

17. 根据第 14 题的计算结果，采用间接绘制法将图 3-51 的双代号网络图改绘成双代号时标网络图。

18. 某实施监理的工程，建设单位与施工单位按照《建设工程施工合同(示范文本)》签订了施工合同。项目监理机构批准的施工进度计划如图 3-52 所示，各项工作均按最早开始时间安排，匀速进行。施工过程中发生如下事件：

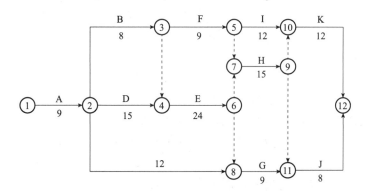

图 3-52　项目监理机构批准的施工进度计划

工程开工后第 20 d 下班时刻，项目监理机构确认：A、B 工作已完成；C 工作已完成 6 d 的工作量；D 工作已完成 5 d 的工作量；B 工作在未经监理人员验收的情况下，F 工作已进行 1 d。

问题：

(1)针对上图所示的施工进度计划，确定该施工进度计划的工期和关键工作。

(2)分别计算 C 工作、D 工作、F 工作的总时差和自由时差。

(3)分析开工后第 20 d 下班时刻施工进度计划的执行情况，并分别说明对总工期及紧后工作的影响，此时，预计总工期延长多少 d?

拓展训练

1. 关于网络计划中节点的说法，下列正确的是（　　）。

　　A. 节点内可以用工作名称代替编号

　　B. 节点在网络计划中只表示事件，即前后工作的交接点

　　C. 所有节点均既有向内又有向外的箭线

　　D. 所有节点编号不能重复

2. 某工作有两个紧前工作，最早完成时间分别是第 2 d 和第 4 d，该工作持续时间是 5 d，则其最早完成时间是第（　　）d。

　　A. 9　　　　　　　　B. 6　　　　　　　　C. 7　　　　　　　　D. 11

3. 关于网络计划中箭线的说法，下列正确的是（　　）。

　　A. 箭线在网络计划中只表示工作

　　B. 箭线都要占用时间多数要消耗资源

　　C. 箭线的长度表示工作的持续时间

　　D. 箭线的水平投影方向不能从右往左

4. 关于双代号时标网络计划的说法，下列正确的是（　　）。

　　A. 时间坐标系方向可以垂直向上

　　B. 节点中心必须对准相应时标位置

　　C. 可以用水平虚箭线表示虚工作

　　D. 时间坐标必须是日历坐标体系

5. 单代号搭接网络计划中，某工作持续时间为 3 d，有且仅有一个紧前工作，紧前工作最早第 2 d 开始，工作持续时间为 5 d，该工作与紧前工作间的时距是 FTF＝2 d。该工作的最早开始时间是第（　　）d。

　　A. 6　　　　　　　　B. 0　　　　　　　　C. 3　　　　　　　　D. 5

6. 某工程持续时间为 2 d，有两项紧前工作和三项紧后工作，紧前工作的最早开始时间分别是第 3 d、第 6 d(计算坐标系)，对应的持续时间分别是 5 d、1 d；紧后工作的最早开始时间分别是第 15 d、第 17 d、第 19 d，对应的总时差分别是 3 d、2 d、0 d。该工作的总时差是（　　）d。

　　A. 9　　　　　　　　B. 10　　　　　　　　C. 8　　　　　　　　D. 13

7. 在工程网络计划中，关键工作是指（　　）的工作。

　　A. 自由时差为零　　　　　　　　　　B. 持续时间最长

　　C. 总时差最小　　　　　　　　　　　D. 与后续工作的时间间隔为零

8. 某双代号网络如图 3-53 所示，关于各项工作逻辑关系的说法，下列正确的是（　　）。

　　A. 工作 G 的紧前工作有工作 C、D

　　B. 工作 B 的紧后工作有工作 C、D、E

　　C. 工作 D 的紧后工作有工作 E 和工作 G

　　D. 工作 C 的紧前工作有工作 A 和工作 B

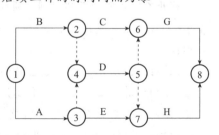

图 3-53　某双代号网络图

9. 某双代号网络计划如图 3-54 所示(单位：d)，其关键线路有(　　)条。

　　A. 2　　　　　　　　B. 3　　　　　　　　C. 4　　　　　　　　D. 5

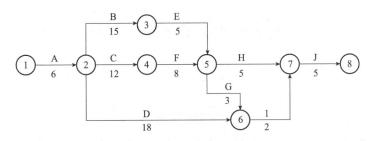

图 3-54　某双代号网络计划

10. 单代号网络计划事件参数计算中，相邻两项工作之间的时间间隔 LAG_{i-j} 指的是(　　)。

　　A. 紧后工作最早开始时间和本工作最早开始时间之差

　　B. 紧后工作最早完成时间和本工作最早开始时间之差

　　C. 紧后工作最早开始时间和本工作最早完成时间之差

　　D. 紧后工作最迟完成时间和本工作最早完成时间之差

11. 在双代号网络图中，虚箭线的作用有(　　)。

　　A. 指向　　　　　　　　　　　　B. 联系

　　C. 区分　　　　　　　　　　　　D. 过桥

　　E. 断路

12. 关于工作最迟完成时间计算的说法，下列正确的有(　　)。

　　A. 在单代号搭接网络计划中，等于该工作最早完成时间加上该工作的总时差

　　B. 在单代号搭接网络计划中，等于各紧后工作最迟开始(或结束)时间减去相应时距加上该工作持续时间的最小值

　　C. 在双代号网络计划中，等于各紧后工作最迟开始时间的最小值

　　D. 在双代号网络计划中，等于该工作完成节点的最迟时间

　　E. 在双代号时标网络计划中，等于该工作实箭线结束点应对的时间坐标

13. 根据《工程网络计划技术规程》(JGJ/T 121—2015)，网络计划中确定工作持续时间的方法有(　　)。

　　A. 经验估算法　　　　　　　　　　B. 试验推算法

　　C. 写实记录法　　　　　　　　　　D. 定额计算法

　　E. 三时估算法

14. 某双代号网络计划如图 3-55 所示，关于工作时间参数的说法，下列正确的有(　　)。

　　A. 工作 B 的最迟完成时间是第 8 d

　　B. 工作 C 的最迟开始时间是第 7 d

　　C. 工作 F 的自由时差是 1 d

　　D. 工作 G 的总时差是 2 d

　　E. 工作 H 的最早开始时间是第 13 d

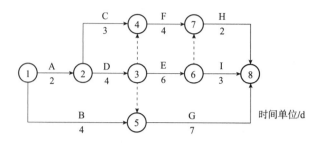

图 3-55 某双代号网络计划图

15. 在双代号网络计划中，关于关键节点的说法，下列正确的有(　　)。

A. 以关键节点为完成节点的工作必为关键工作

B. 两端为关键节点的工作不一定是关键工作

C. 关键节点必然处于关键线路上

D. 关键节点的最迟时间与最早时间差值最小

E. 由关键节点组成的线路不一定是关键线路

16. 关于工作总时差、自由时差及相邻两工作之间的间隔时间关系的说法，下列正确的有(　　)。

A. 工作的自由时差一定不超过其紧后工作的总时差

B. 工作的自由时差一定不超过其相应的总时差

C. 工作的总时差一定不超过其紧后工作的自由时差

D. 工作的自由时差一定不超过其紧后工作之间的间隔时间

E. 工作的总时差一定不超过其紧后工作之间的间隔时间

17. 网络进度计划的工期调整可通过(　　)来实现。

A. 缩短非关键工作的持续时间　　　　B. 增加非关键工作的时差

C. 调整关键工作持续时间　　　　　　D. 增减工作项目

E. 调整工作间的逻辑关系

18. 某工程网络计划中，工作 N 的自由时差为 5 d，计划执行过程中检查发现，工作 N 的工作时间延后了 3 d，其他工作均正常，此时(　　)。

A. 工作 N 的总时差不变，自由时差减少 3 d

B. 总工期不会延长

C. 工作 N 的总时差减少 3 d

D. 工作 N 的最早完成时间推迟 3 d

E. 工作 N 将会影响紧后工作

第 4 章

施工准备工作

本章包括施工准备工作概述、原始资料的调查研究、技术资料准备、劳动组织与物资准备、施工现场准备、季节性施工准备等内容，主要介绍了施工准备工作的内容与方法，重点是技术资料准备、物资准备及施工现场准备，要求能结合工程实际了解施工准备工作的方法。

1. 了解施工准备工作的意义与作用；
2. 熟悉施工准备工作的主要内容；
3. 掌握技术资料准备、物资准备、施工现场准备的内容与方法；
4. 了解原始资料收集、季节性施工准备的内容。

4.1　施工准备工作概述

4.1.1　施工准备工作的意义

基本建设是人们创造物质财富的重要途径，是我国国民经济的主要支柱之一。基本建设项目按计划、设计、施工三个阶段进行，施工阶段又可分为施工准备、土建施工、设备安装、交工验收等阶段。施工准备工作是为了保证工程顺利开工和施工活动正常进行而事先做好的各项工作，其基本任务是为拟建工程的施工建立必要的技术和物质条件，统筹安排施工力量和合理布置施工现场。

施工准备工作不仅在开工前要做，开工后也要做。实践证明，重视施工准备工作，积极为拟建项目创造一切有利的施工条件，预先做好防范措施，项目施工则更为顺利；反之，忽视施工准备工作，防范措施不到位，施工过程中必然会遭遇各种问题，出现意外频发而无从应对的局面，很有可能给工程施工带来损失甚至灾难。认真做好施工准备工作，不仅是遵循建设施工程序的基本要求，对于发挥企业优势、合理供应资源、提高工程质量、加快施工进度、降低工程成本、增加经济效益、促进企业现代化管理等也具有重要的意义。

4.1.2　施工准备工作的分类

（1）按施工准备工作的范围分类：全场性施工准备、单位工程施工准备和分部（分项）工程施工准备。

1）全场性施工准备：全场性施工准备是以一个建筑工地为对象进行的各项准备工作，是为全场施工服务的。该项准备工作不仅要为全场性的施工活动创造条件，还要兼顾单位工程施工条件的准备。

2）单位工程施工准备：单位工程施工准备是以一个建筑物或构筑物为对象进行的施工条件准备，是为单位工程施工服务的。该项准备工作不仅要为单位工程开工做好一切准备，还要为分部（分项）工程做好作业条件准备。

3）分部（分项）工程施工准备：分部（分项）工程施工准备是以一个分部（分项）工程或冬、雨期施工为对象进行的作业条件准备。

（2）按拟建工程所处的施工阶段分类：开工前的施工准备、各施工阶段的施工准备。

1）开工前的施工准备：开工前的施工准备包括在拟建项目正式开工之前所做的一切准备工作。其目的是为拟建项目正式开工创造必要的施工条件，包括准备施工图纸等技术资料，安排劳动力、机械、材料等物资进场，搭建现场临时设施等。

2）各施工阶段的施工准备：各施工阶段的施工准备是在拟建项目开工后，每个施工阶段正式开工前所进行的一切准备工作。其目的是为施工阶段正式开工创造必要的施工条件。例如，一般框架结构民用建筑的施工可分为地基与基础工程、主体结构工程、装饰装修工程、屋面工程等施工阶段，每个施工阶段的施工内容不同，所需的技术条件、物资条件、现场布置及组织要求都不同。因此，在每个施工阶段开工前都必须有针对性地做好施工准备工作。

施工准备工作不是一成不变的，既要做好开工前的准备工作，又要随着项目的进展而做好各阶段的准备工作，同时，还应随着施工环境的变化做好相应的调整工作；既要有阶段性，又要有连贯性。因此，施工准备工作必须有计划、有步骤、分期和分阶段地进行，要贯穿拟建项目整个生产过程的始终。

4.1.3　施工准备工作的内容

施工准备工作的内容一般包括原始资料的调查研究、技术资料准备、劳动力组织与物资准备、施工现场准备、季节性施工准备等。

4.2　原始资料的调查研究

建设项目施工涉及单位多，施工的周期长、任务繁重、条件复杂，受自然条件影响较大，正式施工前必须对拟建项目的点与要求、厂址特征、建设地区的自然条件与经济技术条件等进行广泛而详细的调查。只有这样，施工准备工作计划才会具有针对性，才能为顺利开工和正常施工创造良好条件，从而实现拟定的安全、质量、进度和成本目标。调查之前，应拟定详细的调查提纲，以便调查研究工作有目的、有计划地进行，具体内容如下。

4.2.1　对相关单位的调查

对相关单位的调查主要是指对建设单位和设计单位的调查。对建设单位的调查主要包括建设项目有关审批文件、性质与规模、建设期限、总投资等；对设计单位的调查主要包括工程地质、水文勘察资料、项目总建筑面积、结构与装修特点、设计进度、地形图等。这些资料是进行施工部署、制定施工方案、规划施工进度、布置施工现场、安排大型暂设工程等的重要依据。

对相关单位的调查

4.2.2　自然条件调查分析

自然条件调查分析的主要内容包括建设地点的气象、工程地形、水文地质、场地周边环境、地上地下障碍物等情况，见表 4-1。这些资料来源于当地气象部门、勘察设计单位及施工单位的现场勘察，是编制施工方案、确定施工方法、编制进度计划和布置施工平面图的重要依据。

表 4-1　自然条件的调查

序号	调查项目	调查内容	调查目的
气象资料			
1	气温	1. 全年各月平均温度； 2. 最高温度、月份；最低温度、月份； 3. 冬季、夏季室外计算温度； 4. 霜、冻、冰雹期； 5. 小于−3 ℃、0 ℃、5 ℃的天数，起止日期	1. 确定全年正常施工天数； 2. 制定防暑降温措施； 3. 制定冬期施工措施； 4. 预估混凝土、砂浆强度增长
2	雨(雪)	1. 雨(雪)季起止时间； 2. 全年降水(雪)量、日最大降雨(雪)量； 3. 全年雷暴日数、时间； 4. 全年各月平均降水量	1. 估计雨(雪)天天数； 2. 制定雨期施工措施； 3. 确定现场排水、防洪方案； 4. 布置防雷设置
3	风	1. 主导风向及频率(风玫瑰图)； 2. ≥8 级风全年天数、时间	1. 布置临时设施； 2. 制定高空作业及吊装措施
工程地质资料			
1	地形	1. 区域地形图与工程位置地形图； 2. 工程建设地区的城市规划； 3. 控制桩、水准点的位置； 4. 地形地质的特征； 5. 勘察文件等	1. 选择施工用地； 2. 布置施工总平面图； 3. 计算现场平整土方量； 4. 了解障碍物及数量； 5. 拆迁和清理施工现场

序号	调查项目	调查内容	调查目的
2	地质	1. 钻孔布置图； 2. 地质剖面图：土层类别与厚度； 3. 地层稳定性：滑坡、流砂； 4. 地基土物理力学指标：天然含水量、孔隙比、渗透性、塑性指数、地基承载力； 5. 软弱土、膨胀土、湿陷性黄土分布情况； 6. 地基土破坏情况：防空洞、枯井、古墓、洞穴； 7. 地下沟通管网、地下构筑物	1. 确定土方施工方法； 2. 确定地基处理方法； 3. 制定基础、地下结构施工措施； 4. 编制地下障碍物拆除计划； 5. 设计基坑开挖方案
3	地震	地震等级、烈度大小	确定对地基础的影响和施工注意事项
		水文地质资料	
1	地下水	1. 最高、最低水位及时间； 2. 流向、流速、流量； 3. 水质分析； 4. 抽水试验、测定水量	1. 确定土方施工方案； 2. 确定降低地下水水位的方法、措施； 3. 制定防止侵蚀性介质的措施； 4. 使用、饮用地下水的可能性
2	地面水	1. 临近的江河湖泊及距离； 2. 洪水、平水、枯水时期，水位、流量、流速、航道深度，通航可能性； 3. 水质分析	1. 确定临时给水方案； 2. 组织航运； 3. 水工工程
		周围环境及障碍物	
1	周围环境及障碍物	1. 施工区域现有建筑物、构筑物、沟渠、树木、土堆、高压输变电线路等； 2. 临近建筑坚固程度，其中人员工作生活、健康状况	1. 制定拆迁、拆除计划； 2. 做好保护工作； 3. 合理布置施工平面； 4. 合理安排施工进度

4.2.3 技术经济条件调查分析

技术经济条件的主要内容包括建设地点的水电气资料、交通运输资料、机械设备、建筑材料、劳动力与生活条件等。这些资料来源于当地城建、供电局、水厂、建设单位、参加施工的各单位，是确定水电气供应方案、选择运输方式、确定现场临时设施、布置施工平面图的依据，见表4-2。

表4-2 技术经济条件的调查

序号	调查项目	调查内容	调查目的
		水、电条件调查	
1	给水排水	1. 与当地现有水源连接的可能性，可供水量，接管地点、管径、管材、埋深、水压、水质、水费，至工地距离，地形地物情况； 2. 临时供水源：利用江河、湖水可能性、水源、水量、水质、取水方式，至工地距离，地形地物情况；临时水井位置、深度、出水量、水质； 3. 利用永久排水设施的可能性，施工排水去向，距离坡度；有无洪水影响，现有防洪设施及其排洪能力	1. 确定生活、生产供水方案； 2. 确定工地排水方案和防洪措施； 3. 拟定给水排水设施的施工进度计划

序号	调查项目	调查内容	调查目的
2	供电	1. 电源位置及引入的可能，允许供电容量、电压、距离、电费、接线地点、至工地距离、地形地物情况； 2. 建设、施工单位的自有发电、变电设备的规格、台数、能力、燃料及制用可能性； 3. 利用邻近电讯设备的可能性，电话、电报局至工地距离，增设电话设备、计算机等自动化办公设备和线路的可能性	1. 确定供电方案； 2. 拟定供电设施的施工进度计划
3	供气	1. 燃气来源，可供能力、数量，接管地点、管径、埋深，至工地距离，地形地物情况，供气价格，供气的正常性； 2. 建设、施工单位自有锅炉型号、台数、能力、所需燃料、用水水质，投资费用； 3. 当地、建设单位提供压缩空气、氧气的能力，至工地距离	1. 确定生产、生活用气方案； 2. 拟定压缩空气、氧气的供应计划
		交通运输条件	
1	铁路	1. 邻近铁路专用线、车站至工地的距离及沿途运输条件； 2. 站场卸货线长度，起重能力和储存能力； 3. 装载单个货物的最大尺寸、重量的限制； 4. 装卸费和装卸力量	
2	公路	1. 主要材料产地至工地的公路等级，路面构造宽度及完好情况，允许最大载重量； 2. 途经桥涵等级，允许最大载重量； 3. 当地专业机构及附近村镇能提供的装卸、运输能力，汽车、人力车的数量，运输效率及运费等； 4. 当地有无汽车修配厂，其修配能力、至工地的距离和路况； 5. 沿途公路限高，沿途架空电线高度等	1. 选择施工运输方式； 2. 拟定施工运输计划
3	航运	1. 货源、工地至邻近河流、码头渡口的距离，道路情况； 2. 洪水、平水、枯水期、封冻期，通航的最大船只及吨位，取得船只的可能性； 3. 码头装卸能力，最大起重量，增设码头的可能性； 4. 渡口的渡船能力；同时可载汽车、马车数，每日次数，能为施工提供的能力； 5. 运费、渡口费、装卸费	
		建筑材料与机械设备条件	
1	三大材料	1. 本地区钢材供应情况：规格、型号、强度等级和供应能力； 2. 本地区木材供应情况：规格、等级、数量等； 3. 本地区水泥供应情况：品种、强度等级、数量等	1. 确定临时设施和堆放场地； 2. 确定木材加工计划； 3. 确定水泥储存方式

续表

序号	调查项目	调查内容	调查目的
2	特殊材料	1. 需要的品种、规格、数量； 2. 试制、加工和供应情况； 3. 进口材料和新材料	1. 制定供应计划； 2. 确定储存方式
3	地方材料	1. 本地区砂石的供应情况：质量、规格、数量和生产能力； 2. 本地区砌筑材料供应情况：质量、规格、等级、数量等	1. 制定供应计划； 2. 确定堆放场地
4	主要设备	1. 主要工艺设备供应情况：名称、规格、数量和供货单位； 2. 供应时间：分批和全部到货时间	1. 确定临时设施和堆放场地； 2. 拟定防护措施
劳动力与生活条件			
1	工人	1. 工人总数和分工种人数； 2. 专业分工及一专多能的情况、工人队组形式； 3. 定额完成情况、工人技术水平、技术等级构成	1. 拟定劳动力计划； 2. 安排临时设施
2	管理人员	1. 管理人员总数及比例； 2. 技术人员数量、专业情况、技术职称； 3. 其他人员数量	
3	施工经验	1. 近年已完工的主要工程项目类型、规模、结构、工期； 2. 习惯的施工方法，采用过的先进施工方法，构件加工能力与质量； 3. 工程质量合格情况，取得的科研、革新成果	1. 编制施工组织设计； 2. 确定施工方案； 3. 制定各项保证措施
4	房屋设施	1. 必须在工地居住的单身人数和户数； 2. 能作为施工用的现有房屋栋数、面积、结构特征等，以及水、暖、电、卫情况； 3. 上述建筑物的适宜用途：办公室、宿舍、食堂、仓库等	1. 确定原有房屋为项目施工服务的可能性； 2. 布置临时设施
5	生活服务	1. 文化教育、消防治安等机构的支援能力； 2. 邻近医疗单位； 3. 周围是否存在有害气体和污染情况，有无地方病	安排职工生活，解决后顾之忧

4.2.4　其他相关信息与资料的收集

主要包括：了解现行的由国家有关部门制定的技术规范、规程及有关技术规定，掌握企业现有的施工定额、施工手册、类似工程的技术资料及平时施工实践活动中所积累的资料等。

工程建设监理制度

4.3　技术资料准备

技术准备是施工准备工作的核心。其主要内容有熟悉和审查施工图纸、编制标后施工组织设计、编制施工图预算和施工预算。

4.3.1　熟悉和审查施工图纸

施工图纸是工程施工最重要的依据，施工前应组织技术人员领会设计意图，熟悉设计文件中的各项技术指标，认真分析技术经济的合理性和施工的可行性。熟悉和审查施工图纸要以建设单位和设计单位提供初步设计、施工图设计和城市规划等资料文件、调查获得的原始资料、施工验收规范和规程等为依据。

熟悉和审查施工图纸一般要经过图纸自审、图纸会审和现场签证三个阶段。其中，图纸自审是指工程项目经理部组织有关工程技术人员对图纸进行的熟悉和审阅。图纸会审是建设单位、设计单位、施工单位三方共同参与，即首先设计单位进行设计交底，然后各方提出问题与建议，协商后形成与施工图纸具有同等法律效力的图纸会审纪要，见表 4-3。现场签证则是指在施工过程中，当发现施工条件与设计条件不符，图纸中仍存在错误时对图纸进行的现场签证。需要注意的是，施工图纸的任何修改和设计资料的变更都必须有设计单位正式发出的文字记录或通知。

表 4-3　图纸会审纪要

会审日期：　　年　月　日　　　　　　　　　　　编号：

工程名称			共　　页 第　　页	
图纸编号	提出问题		会审结果	
参加会审人员				
会审单位 （公章）	建设单位	设计单位	监理单位	施工单位

熟悉和审查施工图纸的主要内容如下：

（1）设计文件是否符合国家有关方针、政策和规定；

（2）建设地点、建筑总平面图是否符合城市规划要求；

（3）设计图纸、技术资料是否齐全，有无错误和相互矛盾；

（4）设计文件所依据的水文、气象、地质等资料是否准确、可靠和齐全；

（5）对不良地质条件采取的处理措施是否先进合理，防止水土流失和保护环境的措施是否恰当、有效；

（6）对建筑工程来说，主要承重构件的强度、刚度、稳定性是否满足要求，采用"四新"技术（新技术、新工艺、新材料和新设备）的是否有可靠的技术保证措施；

（7）对道路桥梁工程来说，重要构筑物的位置、结构形式、尺寸等是否恰当，采取先进技术和使用新材料是否有可靠的技术保证措施；

(8)对道路桥梁工程来说，还需审查路线或构筑物与农用、水利、航道、公路、铁路、电信、管道及其他建筑物有无相互干扰，解决办法是否恰当。

4.3.2　编制标后施工组织设计

标后施工组织设计是施工单位在施工准备阶段编制的指导拟建工程从施工准备到竣工验收乃至保修回访的技术经济、组织的综合性文件，也是编制施工预算、实行项目管理的依据，是施工准备工作的主要文件。

(1)施工单位必须在施工约定的时间内完成中标后施工组织设计的编制与自审工作，并填写施工组织设计报审表，报送项目监理机构。

(2)总监理工程师应在约定的时间内，组织专业监理人员对施工组织设计进行审查，提出审查意见后由总监审定批准。已审定的施工组织设计由项目监理机构报送建设单位。

(3)施工单位应严格按照审定的施工组织设计组织施工。如需对其内容做较大修改或变更，应在实施前书面报送项目监理机构重新审定。

(4)对规模大、结构复杂或属于新结构、特种结构的工程，专业监理工程师提出审查意见后，由总监理工程师签发审查意见，必要时还应与建设单位协商，组织有关专家会审。

施工组织设计编制人员应对设计文件和设计交底全面熟悉、认真核对，对施工区域进行现场核对和调查研究，保证所编制的施工组织设计有针对性、科学合理、安全可靠，以利于保证工程质量和工程进度，使项目施工能连续、均衡、有序进行。

4.3.3　编制施工图预算和施工预算

施工预算和施工图预算都是工程造价的重要组成部分。施工预算是编制实施性成本计划的主要依据，是施工企业的内部文件。施工图预算则是根据施工图、预算定额、各项取费标准、建设地区的自然及技术经济条件等资料编制的建筑安装工程预算造价文件。

施工图预算是关系建设单位和建筑企业经济利益的技术经济文件，如在合同执行过程中发生经济纠纷，应按合同协商或由仲裁机关仲裁，或按民事诉讼等其他法律规定的程序解决。

另外，施工图预算和施工预算的工程量计量单位也不完全一致。如门窗安装施工预算分为门窗框、门窗扇两个项目。门窗框安装以樘为单位；门窗扇安装以扇为单位计算工程量，但施工图预算中门窗安装(包括门窗框及门窗扇)以 m^2 为单位。

"两算"对比

通过"两算"对比，有助于施工企业找出差距，促进其降低物资消耗，增加积累。

4.4　劳动组织与物资准备

4.4.1　劳动组织准备

开工前的劳动组织准备工作包括工程项目的施工组织机构和施工劳动组织两个方面，主要内容包括组建工程项目施工组织管理机构、确定施工队伍和建立施工班组、明确各施工班组的具体施工任务。

1. 组建施工组织管理机构

施工组织管理机构是指为完成项目施工任务而负责施工现场指挥与管理工作的项目经理部。施工企业取得施工任务后，首先应组建工程项目经理部，即确定项目部规模、项目领导班子和项目经理。项目经理部在项目经理领导下开展工作。组建施工项目组织管理机构应遵循以下基本原则：

(1)目的性原则；

(2)精干高效原则；

(3)管理跨度和分层统一原则；

(4)业务系统化管理原则；

(5)弹性和流动性原则；

(6)项目组织和企业组织一体化原则。

项目经理部组织形式应根据施工项目的规模、结构复杂程度、专业特点、人员素质和地域范围等确定，并达到技术配备精良、设备先进齐全、生产快速高效。目前，常见的项目组织形式如下：

(1)工作队式项目组织(图 4-1)。按照对象原则，由项目经理在企业内招聘或抽调职能人员组成管理机构，独立性大，企业职能部门处于服从地位，只提供一些服务。

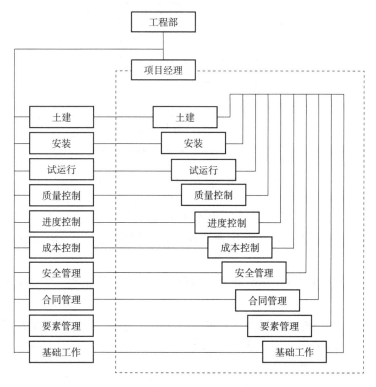

图 4-1 工作队式项目组织结构图

适用范围：适用于大型项目，工期要求紧迫的项目，要求多工种多部门密切配合的项目。

优点：有利于培养一专多能的人才；专业人员集中于现场办公，办事效率高，解决问题快；项目经理权力集中，决策及时，指挥灵活；项目与企业的结合部关系弱化，行政干预少，项目经理易开展工作；企业原建制未受影响。

缺点：职能部门的优势无法发挥；各类人员来自不同部门，互相不熟悉，难免配合不力；职工离开原单位和熟悉的工作环境，可能影响积极性。

(2)部门控制式项目组织(图 4-2)。按职能原则建立的项目组织，即不打乱企业原建制，将项目委托给企业某一专业部门(或施工队)，由被委托部门(或施工队)领导，在本单位选人组合负责实施项目组织，项目终止后恢复原职。

适用范围：适用于小型、专业性较强、不需涉及众多部门的建设项目。

优点：机构启动快；人才作用发挥较充分；从接受任务到组织运转启动所需时间短；职责明确，职能专一，关系简单；项目经理无须专门训练便能较容易进入状态。

缺点：人员固定，不利于精简机构，不能适应大型复杂项目或涉及多个部门的项目；不利于对计划体系下的组织体制进行调整。

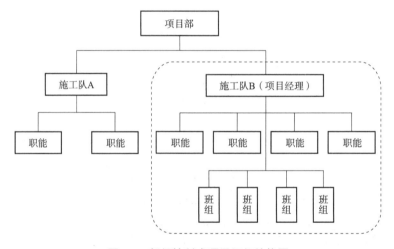

图 4-2　部门控制式项目组织结构图

(3)矩阵式项目组织(图 4-3)。将职能原则和对象原则结合起来，使之兼有部门控制式和工作队式两种组织形式的优点，既能发挥职能部门的纵向优势，又能发挥项目组织的横向优势。

适用范围：适用于同时承担多个需要进行项目管理工程的企业，以及大型、复杂的施工项目。

优点：通过职能部门的协调，以尽可能少的人力实现多个项目管理的高效率，项目组织具有弹性和应变力；使不同知识背景的人在合作中互相取长补短，充分发挥纵向的专业优势，有利于人才的全面培养。

缺点：组织成员受到原部门和项目部的双重管理，当两方意见和目标不一致时，会使当事人无所适从，这是矩阵结构的先天缺陷；组织成员来自不同部门且仍受原部门控制，凝聚在项目上的力量相对较弱，不利于项目开展；管理人员身兼多职地管理多个项目，有时难免顾此失彼；对项目负责人领导者素质、管理水平、协调能力、管理经验等要求较高。

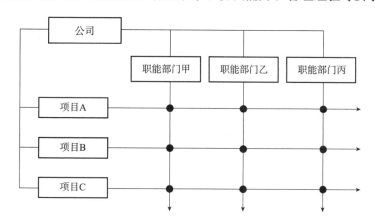

图 4-3　矩阵式项目组织结构图

（4）事业部式项目组织（图 4-4）。事业部是企业成立的职能部门，但对外享有独立的经营权，每个事业部类似于一个小企业。事业部可按地区设置，也可按工程类型或经营内容设置。

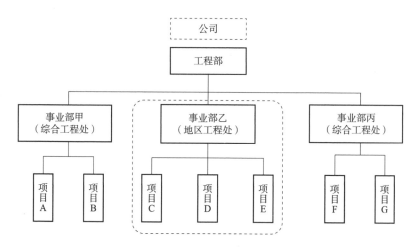

图 4-4　事业部式项目组织结构图

适用范围：适用于大型经营性企业的工程承包，特别是适用于远离公司本部的工程项目。

优点：有利于延伸企业的经营职能，扩大企业的经营业务，便于开拓企业的业务领域；有利于迅速适应环境变化以加强项目管理。

缺点：各个事业部都设置相同的职能部门，造成机构重复，资源浪费；需要较多的管理人员，增加了行政管理费用；企业对项目经理部的约束力较弱，协调指导的机会减少，会造成企业结构松散；各个事业部容易产生独立倾向或者竞争，从而损害整个企业的利益。

项目经理部组成
及其任务分工

2. 建立精干的施工队伍，组建施工班组

根据采用的施工组织方式，确定合理的劳动组织，建立相应的专业或混合施工班组。施工班组的建立要考虑专业、工种的合理配合，技工、普工的比例要满足合理的劳动组织，要符合流水施工组织方式的要求。组建施工对组（专业班组或混合班组），要坚持合理、精干原则，同时，制订出该工程的劳动力需要量计划。

3. 集结施工力量，组织劳动力进场

按照开工日期和劳动力需要量计划，组织施工人员进场，并进行安全、防火、文明施工等教育，安排好职工生活，同时，确定需要的临时生活设施及其数量。

4. 向施工队伍进行技术交底

为使施工班组和工人能详尽地了解拟建工程的设计内容、施工计划和施工技术要求，在拟建工程开工前、单位工程或分部分项工程开工前应及时进行施工组织设计、计划和技术交底工作。具体内容有：是否具备施工条件，与其他工种之间的配合与协调；施工范围、工作量和施工进度要求；对施工图纸的解说，如设计意图和思路，施工中可能存在的问题；施工方案；操作工艺和质量、安全保证措施；工艺质量标准和评定办法；技术检验和检查验收要求；增产节约指标和相应措施；技术记录内容与要求；其他施工注意事项。

交底方式可以是书面形式、口头形式或现场示范。

5. 优化劳动组合与技术培训

工人班组实行优化组合，双向选择，动态管理，最大限度调动职工的积极性。强化职工的质量意识，抓好质量教育，增强质量观念，加强职工的遵纪守法教育。针对工程施工难点，组织工程技术人员和施工班组中的骨干力量，进行类似工程的考察学习。做好专业工程的技术培训，提高对新工艺、新材料、新技术使用操作的适应能力。认真、全面地进行施工组织设计的落实和逐级技术交底工作。

6. 建立健全各项管理制度

通常管理制度包括管理人员岗位责任制度、技术管理制度、质量管理制度、安全管理制度、统计与进度管理制度、成本核算制度、工程质量检查与验收制度、建筑材料与构配件检查验收制度、机具设备使用与保养制度、现场管理制度、职工考勤与考核制度、例会及施工日志制度、分包及劳务管理制度、组织协调制度、信息管理制度等。

4.4.2 物资准备

材料、构配件、制品、机具和设备是保证施工顺利进行的物资基础，这些物资的准备必须在开工前完成。根据各类物资的需要量，分别落实货源，安排运输和储备，使其满足连续施工的要求。物资准备工作程序如图4-5所示。

1. 建筑材料准备

根据施工预算、分部分项工程施工方法和施工进度安排，按材料名称、规格、储备定额和消耗定额进行汇总，编制材料需要量计划（表4-4），为组织备料、确定仓库和堆放场地面积、组织运输等提供依据。

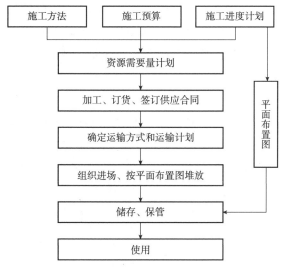

图 4-5　物资准备程序

表 4-4　建筑材料需要量计划

材料名称	规格	单位	数量	进场时间
水泥	42.5R	t	…	××年××月××日
砂	中砂，河砂	m³	…	××年××月××日
钢筋	HRB335	t	…	××年××月××日
…	…	…	…	…

对于特殊材料，一定要及早提出供货计划，掌握货源和价格，保证按时供应。对于国外进口材料，须按照规定办理使用外汇和国外订货的审批手续，再进行外贸部门谈判、签约。

材料的运输和储备需保证材料的合理动态配置，即按工程进度要求分期分批储运。进场后的材料应严格保管，以保证材料的原有数量和原有使用价值。所有材料都应按施工现场平面图在规定地点储存或堆放，按材料的物理、化学性质分别堆放，避免材料混淆、变质和损坏，造成浪费或影响工程质量。同时，按严格要求做好进场验收及相关记录，见表 4-5。

表 4-5　材料进场验收记录

材料名称	规格	单位	数量	生产厂家	合格证	外观	标识状态	检验结论	检验人	日期

2. 构配件、制品的加工准备

构配件包括各种钢筋混凝土构件、木构件、金属构件、水泥制品、卫生洁具等。应根据施工预算提供的构配件、制品的名称、规格、质量和消耗量，确定加工方案、供应渠道及进场后的储存地点与储存方式，编制构配件、制品的需要量计划，为加工订货、组织运输、确定储存方式和堆场面积提供依据。现场预制的大型构件，应做好场地规划和底座施工，并提前加工预制。

3. 安装机具的准备

根据施工方案和施工进度计划，确定施工机械的类型、数量和进场时间，确定施工机具的供应方式(租赁、购买等)、进场存放地点与方式，编制安装机具的需要量计划，为组织运输和确定机具停放场地提供依据。

4. 生产工艺设备准备

按照拟建工程生产工艺流程和工艺设备布置图，提出工艺设备的名称、型号、生产能力和需要量。按照设备安装计划确定分期分批进场时间和保管方式，编制工艺设备需要量计划，为组织运输、确定存放和组装面积等提供依据。

5. 周转性材料准备

周转性材料是指在施工中能多次使用、反复周转的工具性材料、配件和用具等，如模板、脚手架、挡土板等。根据施工方案和施工进度计划，确定周转性材料的种类、规格和数量，确定材料的供应方式(自有、租赁、购买)、存放地点与方式，编制周转性材料需要量计划。同时，为提高周转性材料的利用率，减少资金占用，延长材料使用寿命，必须对周转性材料进行标准化、规范化管理。

4.5 施工现场准备

施工现场的准备工作是给拟建项目创造有利的施工条件和物质保证，是保证拟建工程按计划开工和顺利进行的重要环节，包含了业主的现场准备工作和施工单位的现场准备工作。施工现场准备具体包括以下内容。

4.5.1 清除障碍物

在建筑施工中，经常会遇到一些地表和地下障碍物，如原有建筑及其基础、道路、树木、电线杆、管道、地下孤石，甚至还会遇到洞穴、水井、地下文物等。清除前，务必做好原始资料搜集，充分了解现场实际情况，清除时要做好相应措施。障碍物清除工作一般由建设单位完成，也可委托给施工单位。对于电力、给水排水、通信、燃气等设施的清除，应先向有关单位办理相关手续，一般由专业公司进行处理。建(构)筑物只有在水、电、气均切断后才能拆除。

4.5.2 三通一平

"三通一平"是基本建设前期准备工作中施工准备阶段的一项重要标志，是项目开工的前提条件，具体是指水通、电通、路通和场地平整。

(1)水通：专指给水。水是施工现场生产、生活和消防不可或缺的。拟建工程开工前，根据建筑规模、结构特点、工程地点等计算出生产用水，根据进驻工地的施工人数计算出生活用水，依据工程实际需要和施工组织设计(施工平面图)接通生产用水及消防用水管线。应尽量利用红线内的正式给水管网，管道敷设尽可能短，以节约临时设施费用。

(2)电通：电是施工现场的动力来源。拟建工程开工前，根据工期要求、拟建工程高度和跨度、大型垂直运输机械及其他电动工具、施工照明等计算出生产用电，根据进驻现场的办公和施工人数计算生活用电，依据施工组织设计接通电力和电信设施，也可把红线的室外线路铺设安装到位，再接通临时线路，以节省费用开支。临时线路必须采用合格产品防止漏电确保生产安全。

(3)路通：道路是组织物资运输和机械设备进场的动脉。拟建工程开工前，按照施工组织设计修建好施工现场永久性道路和临时性道路，将场外道路铺到施工现场周围入口处，满足车辆和机械出入条件。应尽可能利用既有道路，并对路面进行加固和硬化处理。

(4)场地平整：在场地内障碍物已全部拆除的基础上，根据建筑设计总平面图确定的范围和粗平标高进行平整，计算挖、填土方量并做好土方平衡。清除地表影响施工的垃圾土、腐殖土、软土等，挖除、疏干或抛填不宜作为填筑土方的稻田淤泥等，以利于施工场地平面布置和设置施工区域排水设施。

"三通一平"工作一般由建设单位负责实施，也可以委托承包该项工程的单位施工。随着施工现场管理水平和对施工现场要求的提高，以及在房屋建筑工程建设的不同阶段，负责方还会进一步实施"五通一平""七通一平"或"九通一平"。

4.5.3 施工测量放样

拟建项目开工前应做好施工测量放样工作，即把设计图上建筑物(或构筑物)的平面位置和高程，用一定的测量仪器和方法测设到实地上的测量工作，具体是根据建筑物的设计尺寸，找出建筑物各部分特征点与控制点之间位置的几何关系，计算得到距离、角度、高程、坐标等放样数据，然后利用控制点，在实地上定出建筑物的特征点，据此施工。

施工测量放样是一项精确细致的工作，必须保证其精度。施工人员在进行测量放样工作时应做到：正确使用测量仪器，按要求对其进行维修、保养和校正；熟悉施工图纸，预先对图纸进行校对和审核；预先对红线位置和水准点进行准确定位；制定切实可行的测量、放样方案。

4.5.4 搭设临时设施

临时设施是为保证施工和管理正常进行而临时搭建的各种建筑物、构筑物和其他设施，包括临时搭建的职工宿舍、食堂、浴室、卫生间等临时福利设施，材料库与堆场、机修厂、预制构件场、混凝土搅拌站等大型生产设施，临时道路、给水排水、供电、供热、通信设施及化灰池、储水池、沥青锅灶等。

根据文明施工要求，施工现场周围须设置连续、密闭的围挡，高度应符合相关要求；施工现场须设循环干道，且应做硬化处理；施工现场周围或进大门后入口通道处必须设置"五牌一图"等。

施工现场各种生产、生活临时设施均应按照施工组织设计规定的数量、面积、标准搭设，应尽量利用既有建筑物，并尽可能与永久性设施相结合。临时设施一般在基本建设工程完成后拆除，但也有少数在主体工程完成后，一并作为交付使用财产处理。

4.6 季节性施工准备

无论是房屋建筑工程、道路桥梁工程，还是水利设施建设，都具有施工周期长、露天作业多、高空作业多、消耗物资量大的特点，季节性变化对施工的影响较大。做好雨期、冬期及夏期高温季节的准备工作，对保障施工顺利进行和保证施工质量非常重要。

4.6.1 雨期施工准备

(1)以预防为主，采用必要的防雨和排水措施。

(2)合理安排雨期施工，注意晴雨结合。地下工程、土方工程、室外及屋面工程等不宜在雨期施工的项目应安排在雨期之前或之后进行；多留些室内工作在雨期进行。

(3)加强施工管理，做好雨期施工的安全教育。

(4)防洪排涝，防止排水管沟堵塞，做好现场排水工作。

(5)做好道路维护与防滑，保证运输畅通。

(6)做好物资的储存。

(7)做好机具设备的防护。

(8)大雨后应对塔基、道路、施工电梯基础和外架子等进行全面检查，确认安全可靠后方可使用。

4.6.2 冬期施工准备

当在室外日平均气温连续 5 d 稳定低于 5 ℃或日最低气温稳定在 0 ℃以下施工时，需采取冬期施工措施。

(1)合理安排冬期施工项目和进度，制定相应的冬期施工防护措施。

(2)加强施工管理，开展相关人员的培训和安全教育，做好冬期施工的技术交底工作。

(3)提前做好有关机具、外加剂、保温材料、劳保用品等各种资源的配置工作。

(4)加强施工机械冬期保养，防止冻裂设备。

(5)确保职工住房和仓库达到过冬条件，准备好加温和烤火器具，做好防火、防煤气中毒。

(6)进入冬期前提前做好施工现场的保温防冻工作，对人行道、脚手架上跳板和作业场所采取防滑措施。

(7)做好冬期施工混凝土、砂浆的试配、施工、养护等工作。

4.6.3 夏期施工准备

(1)编制夏期施工项目的施工方案，组织有关人员进行技术交底。

(2)加强施工管理，开展施工人员的培训和安全教育。

(3)准备好各类防暑降温设备、劳保用品和药品。

(4)准备好现场防雷装置。

(5)调整作业时间，做好高温、高空作业工人的体检。

(6)做好高温季节施工混凝土、砂浆的试配、施工、养护等工作。

(7)保证食品卫生，注意防止传染病的发生。

(8)注意保温材料、易燃材料的堆放，防止火灾发生。

(9)注意现场钢筋、钢构件的堆放，避免烫伤工人。

扩展阅读

[1]董巍. 认真做好工程项目的施工准备工作[J]. 建筑管理现代化，2005(03)：66-68.

[2]李景茹，丁志坤，米旭明，等. 施工现场建筑废弃物减量化措施调查研究[J]. 工程管理学报，2010，24(03)：332-335.

[3]何海芹，郑应文. 建筑工程可视化项目管理系统研究[J]. 建筑管理现代化，2008(03)：87-90.

[4]段伟列. 谈加强设计变更和现场签证的管理提高企业经济效益的措施[J]. 建筑管理现代化，2002，(4)：63-64.

[5]董宇路. BIM在公路桥施工准备阶段的研究与应用[J]. 建筑施工，2018，40(5)：770-772.

[6]申淑霞. 三通一平在施工中的应用[J]. 山西建筑，2008(11)：165-166.

[7]陈建峰. 建筑工程项目管理中的施工现场管理及优化探析[J]. 建筑技术研究，2021，4(04)：94-95.

[8]武春钰. 房建工程施工现场安全生产文明施工管理现状及对策[J]. 中国建筑装饰装修，2021(02)：144-145.

[9]侯学勇. 房建工程季节性施工技术分析[J]. 工程技术研究，2018(6)：61-62.

[10]朱亚光，王东升. 建设工程季节性施工管理[M]. 徐州：中国矿业大学出版社，2009.

[11]中国建筑一局(集团)有限公司. 建筑工程季节性施工指南[M]. 北京：中国建筑工业出版社，2007.

思考题与习题

1. 简要说明施工准备工作的意义。

2. 施工准备工作包括哪些主要内容？

3. 原始资料的调查包括哪些方面？

4. 技术准备包括哪些基本内容？

5. 施工现场准备包括哪些内容？

6. 什么是"三通一平""五通一平""七通一平""九通一平"？

7. 雨期施工应做好哪些准备工作？

8. 冬期施工应做好哪些准备工作？

拓展训练

1. 施工定额的研究对象是( )。

    A. 工序　　　　　　B. 分项工程　　　　C. 分部工程　　　　D. 单位工程

2. 在编制成本计划时通常需要进行"两算"对比,"两算"指的是( )。

    A. 设计概算,施工图预算　　　　　　B. 施工图预算,施工预算

    C. 设计概算,投资估算　　　　　　　D. 设计概算,施工预算

3. 根据建设工程文明工地标准,施工现场必须设置"五牌一图",其中"一图"是指( )。

    A. 施工进度横图/施工网络计划图

    B. 大型机械布置位置图

    C. 施工现场交通组织图

    D. 施工现场平面布置图

4. 下列施工准备的质量控制工作中,属于现场施工准备工作的是( )。

    A. 组织设计交底　　　　　　　　　　B. 细化施工方案

    C. 复核测量控制点　　　　　　　　　D. 编制作业指导书

5. 关于施工项目安全技术交底的说法,下列正确的有( )。

    A. 施工项目必须实行逐级安全技术交底

    B. 交底内容应针对潜在危险因素和存在问题

    C. 涉及"四新"项目,必须经过两阶段技术交底

    D. 定期向多工种交叉施工的作业队做口头技术交底

    E. 交底时应将施工程序向班组长进行详细交底

6. 关于施工预算和施工图预算比较的说法,下列正确的是( )。

    A. 施工预算既适用于建设单位,也适用于施工单位

    B. 施工预算的编制以施工定额为依据,而施工图预算的编制以预算定额为依据

    C. 施工预算是投标报价的依据,施工图预算是施工企业组织生产的依据

    D. 编制施工预算依据的定额比编制施工图预算依据的定额粗略一些

7. 关于施工预算和施工图预算的说法,下列正确的是( )。

    A. 施工预算的编制以预算定额为主要依据

    B. 施工图预算的编制以施工定额为主要依据

    C. 施工图预算只适用建设单位,而不适用施工单位

    D. 施工预算是施工企业内部管理用的一种文件,与建设单位无直接关系

8. 关于施工预算、施工图预算"两算"对比的说法,下列正确的是( )。

    A. 施工预算的编制以预算定额为依据,施工图预算的编制以施工定额为依据

    B. "两算"对比的方法包括实物对比法

    C. 一般情况下,施工图预算的人工数量及人工费比施工预算低

    D. 一般情况下,施工图预算的材料消耗量及材料费比施工预算低

9. 建设单位应组织设计单位进行设计交底，使施工单位(　　)。

    A. 充分理解设计意图

    B. 了解设计内容和技术要求

    C. 解决各专业设计之间可能存在的矛盾

    D. 消除施工图差错

    E. 明确质量控制的重点和难点

第 5 章

施工组织总设计

★内容提要

本章主要包括施工组织总设计概述、工程概况、施工部署、施工总进度计划、总体施工准备与主要资源配置计划、主要施工方法、施工总平面图设计，以及技术经济分析等内容。介绍了施工组织总设计的编制内容、依据、程序及方法，施工组织总设计技术经济评价的方法和主要指标，重点阐述了施工部署的主要内容，施工总进度计划的编制方法，施工总平面图设计的内容、程序与方法。

★学习要求

1. 了解施工组织总设计的作用、编制依据与程序；
2. 掌握施工部署、施工方案的内容与编制方法；
3. 熟悉施工总进度计划的编制程序与方法；
4. 熟悉施工总平面设计的程序与方法；
5. 了解施工组织总设计技术经济评价的方法和主要指标。

5.1 施工组织总设计概述

根据《建筑施工组织设计规范》(GB/T 50502—2009)，施工组织总设计是以若干单位工程组成的群体工程或特大型项目为主要对象编制的施工组织设计，对整个项目的施工过程起统筹规划、重点控制的作用。

5.1.1 施工组织总设计的作用与主要内容

(1)施工组织总设计的作用。施工组织总设计一般由总承包单位工程师主持编制。其主要作用如下：

　　1)从全局出发，为整个建设项目或建筑群的施工做出全局性的战略部署；

　　2)做好全工地性的施工准备工作，为整个工程的施工建立必要的施工条件；

　　3)为建设单位编制工程建设计划提供依据；

　　4)为施工单位编制施工计划和单位工程施工组织设计提供依据；

　　5)为组织施工力量和技术、保证各类物资资源的供应提供依据；

　　6)为组织项目施工活动提供合理的方案和实施步骤；

　　7)为确定设计方案的施工可行性和经济合理性提供依据。

　　(2)施工组织总设计的内容。施工组织总设计的编制内容根据工程的性质、规模、工期、结构特点及施工条件不同而不同，通常包括工程概况、总体施工部署、施工总进度计划、全场性施工准备工作计划、各项资源需要量计划、施工总平面图、各项保证措施、技术经济指标分析等。

5.1.2　施工组织总设计的编制依据

　　(1)建设项目有关的计划文件。包括建设项目可行性研究报告、批准的基本建设规划文件、规划红线范围和用地审批文件、分期分批投产要求、招标投标文件和签订的施工承包合同文件、建设地点所在地区行政主管部门的批件等。

　　(2)建设项目设计文件。包括批准的初步设计或技术设计文件、设计施工图、设计说明书、图纸会审纪要、建设项目总概算或修正总概算等。

　　(3)建设地区的原始调查资料。包括项目所在地区气象资料、地形地貌、工程地质、水文地质，地区交通运输条件与价格，地方建筑材料、构配件、半成品的供应情况，地区供水、供电、通信等能力，能为建设项目服务的人力、机械设备情况，以及地区商业和文化教育水平等。

　　(4)工程建设政策、法规和有关技术规程。包括与建设项目有关的现行建设法规、施工操作规程、工程质量验收标准与规范，定额及与工程造价管理有关的规定等，包含国家标准、行业标准、地区标准。

　　(5)类似建设项目的经验资料。包括类似建设项目的施工组织总设计文件、类似建设项目的质量控制资料、进度控制资料、成本控制资料、安全环保控制资料，类似建设项目管理的总结与经验等。

　　(6)本地区建设项目管理的有关规定。如拟建项目所在地区关于建设项目信息化管理、安全文明施工、生态环境保护等方面的规定。

5.1.3　施工组织总设计的编制程序

　　施工组织总设计的编制程序如图 5-1 所示。在图示顺序中，有些顺序不可逆转，如：

　　(1)拟定施工方案后才可以编制施工总进度计划，这是因为施工进度的安排取决于施工方案。

　　(2)编制施工总进度计划后才可以编制资源需要量计划，这是因为劳动力、材料、机械设备等各类资源的供应必须与施工进度相匹配，资源的供应应该是分期分批的。

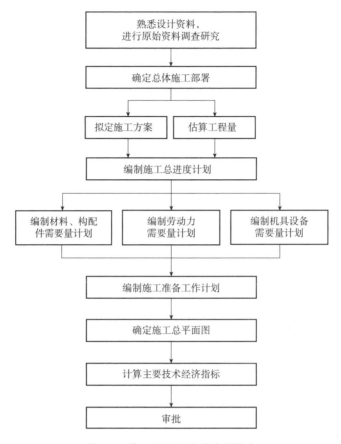

图 5-1　施工组织总设计编制程序

(3)确定资源需要量计划后才可以布置施工总平面图,这是因为材料堆场、构件加工厂、机械停放场地、工人宿舍等临时设施的面积、数量、位置等必须依据资源供应情况确定。

5.2　施工组织总设计的工程概况

施工组织总设计中的工程概况是对建设项目的总说明,应包括拟建项目主要情况和项目主要施工条件。工程概况应简明扼要、突出重点,为了清晰易读,宜采用图表形式表达。

5.2.1　项目主要情况

项目主要情况包括下列内容:

(1)项目名称、性质、地理位置、建设规模、抗震设防烈度、地基基础等级等;

(2)项目的建设、勘察、设计和监理等相关单位的情况,见表 5-1;

(3)项目设计概述;

(4)项目承包范围及主要分包工程范围;

(5)施工合同或招标文件对建设项目施工的重点要求,以及合同确定的质量、工期、费用目标;

（6）其他应说明的情况，如新技术、新材料、新工艺的应用情况。

表 5-1　建设项目基本情况

工程名称				
工程地址		建设面积		
建筑层数		结构类型		
合同价/万元		质量要求		
计划开工日期		计划竣工日期		
参建单位				
建设单位 （盖章）		资质 等级	项目 负责人	联系 电话
勘察单位 （盖章）		资质 等级	项目 负责人	联系 电话
设计单位 （盖章）		资质 等级	项目 负责人	联系 电话
施工单位 （盖章）		资质 等级	项目 负责人	联系 电话
监理单位 （盖章）		资质 等级	项目 负责人	联系 电话

5.2.2　项目主要施工条件

项目主要施工条件包括下列内容：
（1）项目建设地点气象情况；
（2）项目施工区域地形或工程水文地质状况；
（3）项目施工区域地上、地下管线及相邻的地上、地下建（构）筑物情况；
（4）与项目施工有关的道路、河流等状况；
（5）当地建筑材料、设备供应和交通运输等服务能力状况；
（6）当地供电、供水、供热和通信能力状况；
（7）其他与施工有关的主要因素，如施工企业自身情况。

除以上内容外，有时还可以附建设项目总平面图、主要建筑的平立剖面图及辅助表格，以补充文字介绍的不足。

5.3　总体施工部署

总体施工部署是对项目总体施工做出的统筹规划和宏观部署，是在充分了解建设项目情况、施工条件和建设单位要求的基础上，对项目总体施工做出的全面安排，其主要解决影响建设项目全局的组织问题和技术问题。它是施工组织总设计的核心内容，也是编制施工总进度计划的前提。

建设项目通常由若干个相对独立的投产或交付使用的子系统组成，如住宅小区建设项目包含了居住建筑、服务性建筑和附属建筑，公路工程建设项目包含了道路工程、桥梁工程、隧道工程、排水工程等。根据施工总体目标要求，一般将建设项目划分为分期分批交付使用或投产的独立系统，组织分期分批施工。在保证总工期的前提下，既能使部分工程提早投产使用，又能在全局上实现连续和均衡施工，降低现场管理难度，节约临时设施建设成本。

施工部署所包含的内容，因建设项目的性质、规模和各种客观条件的不同而不同，一般应包括确定施工总体目标、建立项目管理组织机构、确定工程开展程序、拟定主要施工项目的施工方案、部署新技术、新工艺的开发和使用等内容。施工部署阐明了施工条件的创造和施工展开的战略运筹思路，使之成为全部施工活动的基本纲领。

5.3.1 施工总体目标

施工组织总设计应对项目总体施工目标做出如下部署：

(1)确定项目施工总目标，包括质量、工期、安全、成本和环境目标，有些大型的、标志性建设项目还需确定服务目标和科技进步目标；

(2)根据项目施工总目标要求，确定项目分阶段(期)交付的计划；

(3)确定项目分阶段(期)施工的合理顺序及空间组织。

5.3.2 建立项目管理组织机构

建设项目组织机构是由项目经理在企业的支持下组建并领导，进行项目管理的组织机构，是一次性的具有弹性的现场生产组织机构。

(1)确定项目管理组织形式。根据拟建项目规模、性质、专业特点和复杂程度组建项目管理组织机构，建立统一的工程指挥系统，明确各参建单位的任务，提出质量、进度、成本、安全文明施工等控制目标与要求；明确各单位之间的分工与协作关系，合理划分施工阶段，确定主要项目和穿插施工的项目。

(2)制定岗位职责并选派管理人员。项目经理部不具备法人资格，而是施工企业根据建设项目特点而组建的非常设的下属机构。项目经理部可以采用工作队式、部门控制式、矩阵式、事业部式(详见第4章)。应为项目经理部配备具有丰富实践经验和专业知识的项目经理与项目工程师，组织精干高效的管理班子。项目管理组织机构内部应建立必要的规章制度，如管理人员岗位责任制度、项目技术管理制度、项目质量管理制度、项目安全管理制度、项目分配与奖励制度、项目例会及施工日志制度、项目信息管理制度等。

项目管理机构内部必须有明确的岗位职责，做到分工协作、责权一致。项目经理、分管副经理和项目总工程师构成项目经理部的决策层。另外，还应根据项目实际情况设置施工科、技术科、质检科、安全科、材料科、行政科等，分别负责相关工作。

典型项目管理组织
机构（一）

典型项目管理组织
机构（二）

5.3.3　确定工程开展程序

根据建设项目总目标要求，确定工程分期分批施工的合理开展程序。对于一些大、中型建设项目，具体分几期施工，各期包括哪些施工内容，则应根据交付使用要求、生产工艺要求、工程规模大小、施工复杂程度，以及资金到位情况等，由建设单位和施工单位共同研究确定。

建设项目中各项工程的开展程序直接关系到整个建设项目能否顺利完成并投入使用，也关系到项目能否实现预期的经济效益和社会效益。例如，大型住宅小区建设项目的分期建设程序，需要考虑商店、学校和其他公共设施的建设，以便交付使用后能保证居民正常生活。有些大型住宅建设项目还采用划分组团的方式分期建设，各组团内采用先住宅后配套设施和绿化的施工组织方式。铁路、公路建设项目的建设更为复杂，需要考虑沿线的气候、地形、地质条件及不同区段的运

川藏铁路展现的
中国速度

行需求，如全长为 1 838 km 的川藏铁路，沿线存在多种极端地理环境和气候特征，就采取了分段建设运营的方式推进建设，其中，成雅段和拉林段已分别于 2018 年 12 月和 2021 年 6 月开通运营。

对于一些大型工业企业项目，如冶金联合企业、化工联合企业、火力发电厂、水泥厂等项目都是由许多厂房或车间组成的，确定施工开展程序时，还应考虑：

（1）统筹安排各类项目施工，保证重点，兼顾其他，确保工程项目按期投产使用。按照各工程项目的重要程度，应优先安排的项目如下：

1）按生产工艺要求，须先期投入生产或起主引导作用的工程项目；

2）工程量大、施工难度大、工期长的项目；

3）运输、动力系统，如厂区内外道路、铁路和变电站等；

4）生产商需先期使用的机修、办公楼及部分家属宿舍等；

5）供施工使用的工程项目，如木材加工厂、各种构件加工厂、混凝土搅拌站等施工附属设施及其他为施工服务的临时设施。

（2）所有项目都应按照先地下、后地上，先深后浅，先干线后支线的原则组织施工。

（3）应考虑季节对施工的影响。如大规模土方工程和深基础施工，最好避开雨期，寒冷地区入冬后最好封闭房屋并转入室内作业或进行设备安装工作。

5.3.4　拟定主要施工项目的施工方案

在编制施工组织总设计时，应拟定一些主要工程项目的施工方案，这些项目通常是建设项目中工程量大、施工难度大、工期长，对整个建设项目的完成起关键性作用的建筑物（构筑物），以及全场范围内工程量大、影响全局的特殊分项工程。此处只需提出原则性的技术方案，而无须细化到具体的施工方法，如采用放坡开挖还是非放坡开挖、采用哪种规格的砌块、采用哪种钢筋连接方式等。

拟定主要施工项目施工方案是为了进行技术和资源准备工作，同时，也为了施工进程的顺利开展和施工现场的合理布置。其内容包括确定施工方案、施工工艺流程、施工机械设备

等。对施工方法的确定要兼顾技术先进性和经济合理性。施工机械、设备的选择要使主导机械的性能既满足工程需要，又能充分发挥其效能，在各个工程上实现综合流水作业，减少其拆、装、运的次数，辅助配套机械应与主导施工机械相适应，以充分发挥主导施工机械的工作效率。

5.3.5 部署新技术、新工艺的开发和使用

施工组织总设计应对于项目施工中开发和使用的新技术、新工艺做出部署。在建设工程中，推广应用"四新"技术是加快施工进度、提高工程质量、保障生产安全、降低施工成本的重要途径，同时，有利于节能降耗、保护环境，提高企业的综合经济效益。

施工单位在编写施工组织总设计时，应充分考虑新技术的开发使用、新材料和新设备的推广应用，如绿色施工技术、固废利用新型材料、节能型机械设备等。应明确拟建项目拟开发应用的新技术、新工艺的具体内容，并采取可行的技术、组织、经济、管理等措施来满足质量、工期和安全的要求。

5.4 施工总进度计划

施工总进度计划是施工部署在时间上的体现。施工总进度计划的任务是根据总体施工部署确定的工期目标、工程开展程序和施工方案，确定建设项目各单位工程施工的先后顺序、搭接关系、施工工期和开工、竣工日期，并用进度表的形式反映出来。

施工总进度计划是控制施工进度的指导性文件之一，是施工组织总设计的主要组成，是施工现场各项施工活动在时间上的具体安排和具体体现。正确编制施工总进度计划是保证整个建设项目按期交付使用、充分发挥投资效益、降低工程成本的重要条件。施工总进度计划不合理，会导致人员窝工、材料和机械使用不均衡、延误工期，甚至会影响工程质量和施工安全。

5.4.1 施工总进度计划的作用

(1)确定各个施工项目及其主要工种工程、施工准备工作和全场性工程的施工期限、开工和竣工的日期；

(2)确定施工现场各种劳动力、材料、成品、半成品、施工机械的需要数量和调配情况；

(3)确定施工现场临时设施的数量，水、电供应数量，能源、交通的需要数量；

(4)确定附属生产企业的生产能力大小。

5.4.2 施工总进度计划的编制依据

(1)工程的初步设计或扩大初步设计；

(2)有关概(预)算指标、定额、资料和工期定额；

(3)合同规定的进度要求和施工组织规划设计；

(4)施工总方案(施工部署和施工方案)；

(5)建设地区调查资料。

5.4.3 施工总进度计划的内容

根据建设项目的规模、性质、建筑结构特点的不同，以及建筑施工场地条件差异和施工复杂程度的不同，施工总进度计划的内容不尽相同。一般应包括编制说明，施工总进度计划表，分期（分批）施工的开工、竣工日期，工期一览表，资源需要量及供应平衡表等。

5.4.4 施工总进度计划的编制步骤

施工单位在编制施工总进度计划时，需合理安排施工顺序，保证在劳动力、物资及资金消耗量最少的情况下，按规定工期完成拟建项目的全部施工任务。要尽可能采用先进的施工方法和合理的施工组织安排，使建设项目的施工能连续、均衡进行。一般的编制步骤如下：

（1）划分工程项目，列出工程项目一览表并估算工程量。根据总体施工部署中分期分批投产的顺序，将拟建工程项目划分为若干个项目，确定施工的先后顺序并列出工程项目一览表。由于施工总进度计划主要起控制性作用，故项目划分不宜过细，一般以主要单位工程及其分部工程为主进行划分，一些附属项目、辅助工程及临时设施可予以合并。

在工程项目一览表的基础上，根据初步设计或扩大初步设计图纸，依据各种定额手册和有关资料估算各项目的工程量。常用的定额和资料有以下几种：

1）万元、10万元投资工程量、劳动力及材料消耗扩大指标。可根据结构类型查得建设项目各分项工程需要的人工、主要材料和机械台班消耗量。

2）概算定额或概算指标。概算定额也称扩大结构定额，是初步设计或技术设计阶段采用的定额，它是在预算定额基础上综合而成的。常使用更大的单位表示，如桥涵以座为单位，桥涵上部构造以10 m为标准跨径，路面以100 m为计算单位。概算定额规定了一定计量单位的扩大分项工程或扩大结构构件所需人工、材料、机械台班消耗量的数量标准。概算指标比概算定额进一步扩大与综合，是以每100 m² 建筑面积、每100 m³ 建筑体积或每座构筑物为计量单位，规定人工、材料、机械台班的消耗量。具体使用时，可根据建设项目的结构类型、跨度、高度等分类查得所需的人工、材料和机械台班的消耗量。

3）标准设计或已建的类似房屋、构筑物的资料。当缺少以上定额时，可采用标准设计或已建成的类似工程实际所消耗的劳动力、材料、机械等按比例估算。但是，由于建设项目的单件性，以及施工技术的发展、新型材料和先进机械设备的使用，在采用已建设工程资料时需要进行换算调整。

（2）确定各单位工程的施工期限。划分工程项目并估算工程量后，应根据建筑结构类型、工程规模、现场地形地质、施工条件和现场施工环境等，结合施工单位自身的技术力量、管理水平、机械化施工程度等，确定各单位工程的施工期限。另外，也可参考有关的工期定额确定施工期限，但应保证总工期符合合同要求。

（3）确定各单位工程的开工、竣工时间和相互搭接关系。在确定建设项目总的开展程序，并确定各单位工程施工期限的基础上，还应进一步确定各单位工程的开工、竣工日期，以及它们相互之间的搭接关系。具体安排应考虑以下因素：

1)保证重点,兼顾一般。安排施工进度时应分清主次,抓住重点,即优先考虑工程量大、质量要求高、施工难度大、工期长、对其他工程施工影响大、对整个建设项目顺利完成起关键作用的工程项目。另外,同时开展的项目不宜过多,以免分散有限的人力和物力,增加施工现场管理的难度。

2)满足连续、均衡施工要求。尽量使各工种施工人员、施工机械在全工地内连续施工,尽量使劳动力、材料、机械设备在全场内达到均衡,避免高峰或低谷,以利于劳动力和各种物资的调度与供应。另外,为保证项目在总体上连续均衡施工,宜留出一些后备项目,穿插在主要项目的流水施工中,如附属或辅助车间、临时设施等。

3)满足生产工艺要求。根据施工部署确定的分期分批施工方案,合理安排各个专业在各个建筑面上的施工顺序,分层作业,使各工种和专业实现"一条龙",以缩短建设周期,尽早发挥投资效益。

4)考虑施工进度计划对施工总平面布置的影响。施工总平面布置必须满足相关规范要求,以及环境、职业健康与安全文明施工要求,同时,尽量紧凑布置各种临时设施,尽可能减少废弃地和死角,提高临时设施占地面积利用率,减少临时设施费用。

5)考虑各种条件的限制。考虑年度建设计划、设计单位提供图纸的时间、各种原材料和机械设备的供应情况、施工单位的施工力量等对各项工程建设期限和开工、竣工时间的影响。同时,还应考虑季节变化、环境因素、国家政策等对某些项目施工提出的具体要求。

(4)编制初步的施工总进度计划。完成上述工作后,即可根据施工总体部署确定的工程开展顺序编制施工总进度计划。施工总进度计划可采用横道图或网络图来表示。编制时要注意施工过程划分不宜过细,需根据施工工艺确定施工过程间的技术与组织间歇,还应尽可能安排搭接施工以缩短工期。

某住宅小区施工
总进度计划

(5)施工总进度计划的调整与优化。完成施工总进度计划编制后,即可绘制建设项目工作量的动态曲线,并据此大致判断各个时期的工作量完成情况,以及资金、劳动力、材料和机械需求量在整个建设期限内的变化情况。若曲线上存在较大高峰或低谷,则表明资源的供应量变化过大,这时就需要调整一些工程项目的施工速度或开工、竣工时间,从而使整个建设期限内的工作量达到均衡。另外,当工作量变化曲线出现较大高峰时,可通过适当改变穿插项目施工时间的方式使施工趋于均衡。

某道路工程施工
总进度计划

5.5 总体施工准备与主要资源配置计划

5.5.1 施工准备工作计划

总体施工准备应满足项目分阶段(期)施工的需要,包括技术准备、现场准备和资金准备等。具体内容包括:提出分期施工项目的规模、施工期限和开工、竣工日期;提出"三通一平"完成时间；做好征地拆迁和地上、地下障碍物清除，建好现场测量控制网；了解和掌握建设项目拟采用的"四新"技术；建好施工临时设施，组织材料、构件、加工品、机械、设备的订货、生产和加工等。施工准备工作宜采用列表形式编制，见表5-2。

表 5-2　施工准备工作计划表

序号	准备工作名称	准备工作内容	主办单位	负责人	协办单位	完成日期	备注

5.5.2　劳动力需要量计划

劳动力需要量计划是规划暂设工程和组织劳动力进场的主要依据，包括确定各施工阶段的总用工量和劳动力配置计划(岗位、数量、素质及进退场时间)。一般来说，劳动力岗位包括施工管理岗位和直接参与施工的一线工人，一线工人又可依据专业特点和工程量设置各专业工种和辅助工种岗位。

劳动力需要量计划宜采用列表形式编制，见表5-3。还有一种常见的做法是在总进度计划下方以直方图形式表示现场施工人数随时间的动态变化情况，即劳动力动态曲线(见第2章)。

表 5-3　劳动力需要量计划表

序号	工种	最高峰数量	××年				××年				××年
			1月	2月	3月	…	1月	2月	3月	…	…
1	模板工										
2	钢筋工										
3	电焊工										
4	电工										
…	…										

5.5.3　材料、构件和半成品需要量计划

材料、构件和半成品需要量计划应根据施工图、施工总体部署和施工总进度计划编制，它是组织材料、构件和半成品订货、加工、运输、进场的主要依据，也是确定仓库、堆场和加工场等临时设施的依据。材料、构件和半成品需要量计划多采用列表形式编制，见表5-4。

表 5-4　主要材料、构件和半成品需要量计划表

序号	材料名称	规格	需要量		分期进场数量								
			单位	数量	××年				××年				××年
					1月	2月	3月	…	1月	2月	3月	…	…
1	水泥												
2	钢筋												
3	模板												
4	砖												
…	…												

5.5.4　施工机具与设备需要量计划

施工机具和设备的需要量计划应根据施工总体部署、施工方案、工程量和机械台班产量定额确定，它是组织机具和设备进场、确定机具和设备仓库、安排机械停放场地、确定施工用电及选择变压器的主要依据。施工机具和设备的需要量计划多采用列表形式编制，见表 5-5。

表 5-5　施工机具和设备需要量计划表

序号	机具、设备名称	规格型号	电动机功率	需要数量	进场时间								设备来源	备注
					××年				××年					
					1月	2月	3月	…	1月	2月	3月	…		
1	塔式起重机													
2	搅拌机													
3	钢筋弯曲机													
4	灭火器													
…	…													

5.6　主要施工方法

根据《建筑施工组织设计规范》(GB/T 50502—2009)，施工组织总设计应对项目涉及的单位(子单位)工程和主要分部分项工程所采用的施工方法进行简要说明，对脚手架工程、起重吊装工程、临时用水用电工程、季节性施工等专项工程所采用的施工方法进行简要说明。

施工单位在编制施工组织总设计时，应确定主要工程项目的施工方法，即针对拟建项目中工程量大、施工难度大、施工工期长、对整个建设项目的完成起关键性作用的项目和影响全局的特殊分项工程编制施工方案，以便更好地进行技术准备和资源准备，更好地进行现场临时设施布局。施工方案的主要内容包括施工方法、施工工艺流程、施工机械设备等。

施工方法要兼顾技术上的先进性和经济上的合理性。施工工艺流程要符合施工的技术规

律，要兼顾各工种各施工段的合理搭接。施工机械首先应考虑主导施工机械满足工程需要，并能最大程度发挥其效能，实现各大型机械在各工程上的综合流水作业，减少装、拆、运次数。辅助配套机械的性能应与主导机械相配套。

对于某些施工技术要求高或比较复杂、技术上比较先进或施工单位尚未完全掌握的特殊分部分项工程，也应提出原则性的技术措施方案，如桩基础施工、深基坑支护与降水、大体积混凝土浇筑、滑模与爬模及飞模的施工、重型构件和大跨度构件的组运与吊装等。这样才能事先进行技术和资源的准备，为工程施工顺利开展和施工现场合理布局提供依据。

确定施工方法时，要尽量扩大工厂化施工范围，努力提高机械化施工程度，从而减轻劳动强度，提高劳动生产率，保证工程质量，降低工程成本。

5.7 施工总平面图设计

施工总平面图是指拟建项目施工场地的总布置图。它是按照施工总体部署、施工方案和施工总进度计划的要求，将施工现场的交通道路、材料仓库、附属生产或加工用房、临时设施，以及临时水、电、管线等合理规划和布置，并以图纸的形式表达出来，从而正确处理全工地施工期间所需各项设施与永久建筑、拟建工程之间的空间关系，指导现场进行有组织、有计划的文明施工。

5.7.1 施工总平面布置的原则

根据《建筑施工组织设计规范》(GB/T 50502—2009)，施工总平面布置应符合以下原则：

(1)平面布置科学合理，施工场地占用面积少；

(2)合理组织运输，减少二次搬运；

(3)施工区域的划分和场地的临时占用应符合总体施工部署及施工流程的要求，减少相互干扰；

(4)充分利用既有建(构)筑物和既有设施，为项目施工服务并降低临时设施的建造费用；

(5)临时设施应方便生产和生活，办公区、生活区和生产区宜分离设置；

(6)符合节能、环保、安全和消防等要求；

(7)遵守当地主管部门和建设单位关于施工现场安全文明施工的相关规定。

5.7.2 施工总平面布置的依据

(1)建设项目规划文件及招标人提供的招标文件；

(2)建筑项目设计资料，包括建筑总平面图、地形地貌图、区域规划图、地下设施布置图；

(3)建设项目现场考察情况，包括用地范围、周边道路与交通情况、原有建筑物情况、现场用电接口、现场排水口、施工区域及围墙出入口设置情况等；

(4)建设项目工程概况、施工部署、主要施工方案；

《建设工程施工现场
消防安全技术规范》
(GB 50720—2011)

(5)建设项目施工总进度计划、施工总质量计划和施工总成本计划；

(6)建设项目施工总资源计划和施工设施计划；

(7)《建设工程施工现场消防安全技术规范》(GB 50720—2011)、《施工现场临时建筑物技术规范》(JGJ/T 188—2009)等；

《施工现场临时建筑物技术规范》（JGJ/T 188—2009）

(8)当地主管部门和建设单位关于施工现场安全文明施工的相关规定，施工单位安全文明施工标准。

5.7.3 施工总平面布置图的内容

(1)项目施工用地范围内的地形和等高线；

(2)全部拟建的地上、地下建筑物、构筑物和其他设施的位置、尺寸和坐标网；

(3)项目施工用地范围内的加工设施、运输设施、存贮设施、供电设施、供水供热设施及生活性设施等；

(4)建设项目施工必备的安全、消防、保卫和环境保护等设施；

(5)相邻的地上、地下既有建(构)筑物及相关环境。

5.7.4 施工总平面布置图的设计步骤

施工总平面布置图的设计步骤：引入场外交通道路→确定仓库和堆场位置→确定搅拌站和加工场位置→布置场内运输道路→布置行政和生活临时设施→布置水、电、气管网和动力设施→布置消防、安全和保卫设施→评价施工总平面布置图。

(1)引入场外交通道路。设计施工总平面图的第一步是引入场外交通道路，即根据施工现场设计施工总平面图时，必须先从大宗材料、预制品、生产设备等进入施工现场的运输方式入手。

1)当大量物资由铁路运入工地时，应先解决铁路的引入位置和线路布置方案，即由何处引入及可能引到何处的问题。引入铁路时需要注意铁路的回转半径和竖向设计问题。

2)当大量物资由水路运入工地时，应首先选择或布置卸货码头，尽量利用原有码头的吞吐能力。当需增设码头时，应确定卸货码头的数量、位置和大小，并应在码头附近布置加工厂和转运仓库。

3)当大量物资由公路运入工地时，应首先解决好场内仓库、加工场的位置，将仓库和加工场布置在最合理、最经济的地方。然后将场内道路与场外主干道路接通，最后按运距最短、运输费用最低的原则布置场内运输道路。

(2)确定仓库和堆场位置。对于仓库的布置，要区别不同材料、设备和运输方式来设置：

1)当采用铁路运输大量物资时，仓库通常沿铁路线布置，仓库前还需留有足够的装卸前线，否则必须在铁路线附近设置转运仓库。布置铁路沿线仓库时，应将仓库设置在靠近工地一侧，以免内部运输跨越铁路。同时，仓库不宜设置在弯道处或坡道上。

2)当采用水路运输大量物资时，一般应在码头附近设置转运仓库，以缩短船只在码头上的停留时间。

3)当采用公路运输大量物资时，仓库的布置较灵活，可布置在工地中心区或靠近使用的地方，也可将其布置在工地入口处或与外部交通连接处。

一般来说，仓库和堆场应设置在运输方便、位置适中、运距较短并且安全防火的地方，并尽量利用永久性仓库。仓库应位于地势平坦、宽敞和交通方便处，并应遵守安全技术和防火规定。例如，砂石、水泥、石灰、木材等仓库或堆场宜布置在搅拌站、预制场和木材加工厂附近；砖、瓦和预制构件等直接使用的材料应布置在施工对象附近，避免二次搬运；钢筋、模板、脚手架等应尽可能布置在垂直运输设备工作范围内，靠近用料地点；基础用块石堆场应离坑沿一定距离，以免压塌边坡；油料、氧气、电石库等应设置在边沿、人少的安全处，易燃材料库应设置在拟建工程的下风向；零星小件、专用工具库可分设于各施工区段，一般布置在施工道路旁边，便于操作人员领用。

（3）确定搅拌站和加工场位置。混凝土搅拌站可采用集中、分散或集中与分散相结合的三种布置方式。当现浇混凝土量大时，宜在工地设置混凝土搅拌站；当有足够的运输设备时，宜采用集中布置或选用商品混凝土；当运输设备短缺时，可分散布置在使用地点附近或起重机旁。砂浆搅拌站可分散设置在使用地点附近。

加工厂的布置应以方便使用、安全防火、运输费用最少、不影响工程施工正常进行为基本原则，多靠近工地边缘且集中布置，同时，还应与相应的仓库或材料堆场布置在同一地区。预制加工厂一般设置在建设单位的空闲地带上；钢筋加工厂可采用分散或集中布置，对于需进行冷加工、对焊、点焊的钢筋和大片钢筋网，应设置加工厂，对于利用简单机具即可成型的小型加工件，可在靠近使用处设置钢筋加工棚。木材加工厂是集中设置还是分散设置，取决于木材加工的工作量、加工性质及种类。金属结构、锻工、电焊和机修等车间应尽可能布置在一起。

（4）布置场内运输道路。根据仓库、堆场、加工厂与施工项目的相对位置，认真研究并确定物资转运图和转运量，区分并合理规划场内主要道路和次要道路。需要注意以下几点：

临时道路路面种类和厚度

1）必须满足车辆的安全行驶要求。场内道路必须具有足够的宽度和转弯半径，道路宜采用环形布置，道路末端需设置 12 m×12 m 的回车场；场内主要道路宜采用两车道，宽度不小于 6 m，次要道路宜采用单车道，宽度不小于 3.5 m。

2）场内道路应能把仓库、堆场、加工厂和施工地点贯穿起来。

3）合理安排场内道路与地下管网之间的施工顺序。道路管线一般应先敷设。

临时简易道路技术要求

4）合理选择场内道路的路面结构，场内主要道路应进行硬化处理。

5）尽量利用原有或拟建的永久性道路。

（5）布置行政和生活临时设施。办公室、传达室等施工现场的行政管理用房宜布置在工地入口处或中心区域，以便对外联系和加强施工管理；现场办公室应靠近施工地点；职工居住用房一般设在场外，也可布置在工地边缘处，生活福利用房（商店、俱乐部等）应布置在工人集中的地方，应避免设在低洼潮湿、有烟尘和有害健康的地方；食堂应布置在生活区，可视条件布置在施工区与生活区之间。行政和生活临时设施应尽量利用建设单位的生活基地或现场附近的永久性建筑，在设计上应遵循经济、适用、拆装方便的原则。

（6）布置水、电、气管网和动力设施。施工现场的水、电、气管网和动力设施应尽量利用已有的和提前修建的永久线路、发电站、变电所等。设计时应考虑如下因素：

1)临时总变电站应设置在高压电引入工地处，避免高压线穿过工地。

2)临时自备发电设备应设在工地中心或靠近主要用电区域。

3)供电线路应避免与其他管道设在同一侧，主要供水、供电管线应采用环状，孤立点可采用支状。

4)临时水池、水塔应设在用水中心或地势较高处，一般沿道路布置。

5)过冬的临时水管必须埋设在冰冻线以下，或者采取必要的保温措施。

6)排水沟应沿道路布置，设置必要的纵坡；过路处必须设涵管，在山地建设时还应有防洪设施。

(7)布置消防、安全和保卫设施。施工现场的安全和保卫工作由项目经理总负责。应成立以项目经理部消防、安保负责人和各施工单位消防管理负责人参加的消防、安保管理领导机构，建立消防、安全和保卫管理体系及相关制度，确定消防、安全管理目标，杜绝重大火灾事故和重大治安事件的发生。《建设工程施工现场消防安全技术规范》(GB 50720—2011)规定：

1)施工现场应设置消防车道、消防救援场地和消防水源。

2)施工现场出入口的设置应满足消防车通行要求，并宜布置在不同方向，数量不宜少于2个；当确有困难只能设置1个出入口时，应在施工现场内设置满足消防车通行的环形道路。

3)施工现场临时办公、生活、生产、物料存储等功能区宜相对独立布置，易燃易爆危险品库房与在建工程的防火间距不应小于15 m，可燃材料堆场及其加工厂、固定动火作业场与在建工程的防火间距不应小于10 m，其他临时用房与在建工程的防火间距不应小于6 m。

4)施工现场应设临时消防车道，与在建工程、临时用房、可燃材料堆场及其加工厂的距离不宜小于5 m，且不宜大于40 m；临时消防车道宜为环形，设置环形车道有困难时，应在消防车道尽端设置不小于12 m×12 m的回车场。消防车道净宽度和净空高度均不应小于4 m，车道右侧还应设置消防车行进路线指示标识。

5)施工现场应设置灭火器、临时消防给水系统、临时消防应急照明灯和临时消防设施。现场的消火栓泵应采用专用消防配电线路。灭火器配置数量应按照《建筑灭火器配置设计规范》(GB 50140—2005)计算确定，且每个场所不应小于2具。

6)消防站一般布置在工地出入口附近。室外消火栓应沿场内道路、在建工程、临时用房和可燃材料堆场及其加工厂均匀布置；消火栓间距不应大于120 m，距离在建工程、临时用房和可燃材料堆场及其加工厂的外边线不大于25 m且不小于5 m，距路边缘不大于2 m。

7)消防给水管网宜布置成环状，临时室外消防给水干管的管径不应小于DN100。

(8)评价施工总平面布置图。一般来说，要从几个可行的施工总平面图设计方案中选择出一个最优方案。通常采用的评价指标有施工占地总面积、土地利用率、施工设施建造费用、施工道路总长度、施工管网总长度。在分析计算的基础上，对每个可行方案进行综合评价，选定对拟建项目而言最佳的施工总平面布置设计方案。

在设计施工总平面布置图时，以上步骤之间不是相互独立的，应该统一考虑、协调配合，在多方案比选的基础上确定最终的施工总平面布置图。

5.7.5　全场性暂设工程的计算和布置

1. 临时仓库与堆场

根据工程规模、现场条件和运输方式，临时仓库可以是转运仓库、中心仓库和现场仓库。按物资保管方式，仓库可分为露天仓库、库棚和封闭式仓库。露天仓库用于堆放石料、砖瓦等不因自然气候影响而损坏质量的材料；库棚用于储存细木板、油毡、瓷砖等防止雨、雪、阳光直接侵蚀的材料；封闭式仓库用于储存水泥、石膏、外加剂、五金零件等防止大气侵蚀而发生变质的建筑材料、贵重材料，以及易损坏或散失的材料。

(1)确定物资储备量。确定物资储备量时，既要满足连续施工需要，又要避免储备量过大而造成的物资积压和仓库面积增大。一般来说，对于施工场地狭小、运输方便的工地，物资储备可以相对少一些；对于加工周期长、运输不便、受季节影响的材料储备量应大一些。

对于经常或连续使用的材料，如砂、石、水泥、钢材、砖等，储备量可按下式计算：

$$P = T_c \frac{Q_i \cdot R_i}{T} \tag{5-1}$$

式中　P——材料的储备量(m^3)或(t)等；

　　　T_c——储备期定额(d)；

　　　Q_i——材料、半成品等的总需要量；

　　　T——有关项目的施工总工作日；

　　　R_i——材料使用不均匀系数。

对于需要量少、不经常使用或储备期较长的材料，如耐火砖、石棉瓦、水泥管、电缆等，可按储备量计算(以年度需要量的百分比储备)。

对于某些混合仓库，如工具及劳保用品仓库、五金杂品仓库、化工油漆及危害品仓库、水暖电器材料等，可按指数法计算(m^2/人或 m^2/万元等)。

对于当地供应的大量性材料(砂、石、砖等)，正常情况下，应适当减少储备天数，以减少堆场面积。

(2)确定仓库面积。确定材料仓库面积时应充分考虑材料的需要量、储备天数和仓库的储存定额等因素，同时，还必须同时考虑有效面积和辅助面积。有效面积是指材料本身的净面积，它是根据每平方米仓库面积的储存定额来确定的，辅助面积是考虑仓库内的走道及装卸作业所必需的面积。仓库总面积一般按下式计算：

$$F = \frac{P}{q \cdot K} \tag{5-2}$$

式中　F——仓库总面积(m^2)；

　　　P——仓库材料储备量(m^3 或 t 等)；

　　　q——每仓库面积能存放的材料、半成品和制品数量；

　　　K——仓库面积有效利用系数(考虑人行道和车道所占面积)。

仓库面积还可以采用指数计算法确定，如下式：

$$F = \varphi m \tag{5-3}$$

式中　φ——计算指数(m^2/人或 m^2/万元)；

m——计算基础(生产工人数或全年计划工作量等)。

式(5-1)~式(5-3)中的相关系数部分见表 5-6 和表 5-7。

表 5-6　计算仓库面积的有关系数

序号	材料及半成品	单位	储备天数 T_c	不均衡系数 R_i	储存定额 q	有效利用系数 K	仓库类别
1	水泥	t	30~60	1.3~1.5	1.5~1.9	0.65	封闭式
2	生石灰	t	30	1.4	1.7	0.7	露天
3	砂(人工堆放)	m³	15~30	1.4	1.5	0.7	露天
4	砂(机械堆放)	m³	15~30	1.4	2.5~3	0.8	露天
5	石子(人工堆放)	m³	15~30	1.5	1.5	0.7	露天
6	石子(机械堆放)	m³	15~30	1.5	2.5~3	0.8	露天
7	钢筋(直筋)	t	30~60	1.4	2.5	0.6	露天
8	钢筋(盘条筋)	t	30~60	1.4	0.9	0.6	封闭库
9	钢筋成品	t	10~20	1.5	0.07~0.1	0.6	露天
10	型钢	t	45	1.4	1.5	0.6	露天
11	金属结构	t	30	1.4	0.2~0.3	0.6	露天
12	原木	m³	30~60	1.4	0.3~15	0.6	露天
13	废木料	m³	15~20	1.2	0.3~0.4	0.5	露天
14	木模板	m²	10~15	1.4	4~6	0.7	露天
15	砖	千块	15~30	1.2	0.7~0.8	0.6	露天
16	门窗扇	扇	30	1.2	45.0	0.6	露天
17	门窗框	樘	30	1.2	20.0	0.6	露天
18	木屋架	樘	30	1.2	0.6	0.6	露天
19	预制钢筋混凝土槽形板	m³	30~60	1.3	0.2~0.3	0.6	露天
20	梁	m³	30~60	1.3	0.8	0.6	露天
21	柱	m³	30~60	1.3	1.2	0.6	露天

表 5-7　仓库面积计算指数表

序号	名称	计算基数 m	单位	计算指数 φ
1	仓库(综合)	全员(工地)	m²/人	0.7~0.8
2	水泥库	当年水泥用量的 40%~50%	m²/t	0.7
3	其他仓库	当年工作量	m²/万元	2~3
4	五金库	年建筑安装工作量	m²/万元	0.2~0.3
		在建建筑面积	m²/百 m²	0.5~1.0
5	土建工具库	高峰年(季)平均人数	m²/人	0.1~0.2
6	水暖器材库	年在建建筑面积	m²/百 m²	0.2~0.4
7	电器器材库	年在建建筑面积	m²/百 m²	0.3~0.5
8	化工油漆危险品库	年建筑安装工作量	m²/万元	0.1~0.14
9	三大工具库(脚手架、模板、跳板)	在建建筑面积	m²/百 m²	1~2
		年建筑安装工作量	m²/万元	0.5~1

另外，设计仓库时还应合理确定仓库的长度和宽度。仓库长度应满足货物装修要求，即必须有足够的装卸前线 L：

$$L = nl + a(n+1) \tag{5-4}$$

式中　l——运输工具长度（m）；

　　　a——相邻两个运输工具之间的间距，火车运输时 $a = 1.0$ m，汽车运输端部卸货时 $a = 1.5$ m，侧面卸货时 $a = 2.5$ m；

　　　n——同时卸货的运输工具数目。

2. 临时加工厂

工地加工厂一般包括混凝土搅拌站、钢筋加工厂、钢筋混凝土预制构件加工厂、木材加工厂、粗木加工厂、细木加工厂、金属结构构件加工厂、机械修理厂等。

临时加工厂的结构形式与加工材料或构件的性质有关，还与使用期限有关。使用期限较短者可采用简易结构，使用时间较长者宜采用更为稳固的结构形式。目前，施工现场的常见做法有：混凝土（或砂浆）搅拌、钢筋加工、钢筋混凝土预制构件加工等多采用钢结构骨架、彩钢瓦顶棚的加工棚；木材加工厂、油漆工房、焊工房等多采用装拆式活动房屋。

临时加工厂的面积和尺寸与机械设备尺寸、工艺特点、安全防火要求等有关。对于钢筋混凝土构件预制厂、模板加工厂、钢筋加工厂等，其建筑面积可按下式计算：

$$F = \frac{KQ}{TS\alpha} \tag{5-5}$$

式中　F——临时加工厂所需面积（m²）；

　　　K——不均衡系数，取 $1.3 \sim 1.5$；

　　　Q——加工总量（m³ 或 t 等）；

　　　T——加工总时间（月）；

　　　S——每 m² 场地月平均加工量定额；

　　　α——场地或建筑面积利用系数，取 $0.6 \sim 0.7$。

临时加工厂的面积还可参考有关经验指标等资料确定，见表 5-8 和表 5-9。

表 5-8　临时加工厂所需面积参考指标

加工厂名称	年产量		单位产量所需建筑面积	占地面积/m²	备注
	单位	数量			
混凝土搅拌站	m³	3 200	0.022 m²/m³	按砂石堆场考虑	400 L 搅拌机 2 台
	m³	4 800	0.021 m²/m³		400 L 搅拌机 3 台
	m³	6 400	0.020 m²/m³		400 L 搅拌机 4 台
临时混凝土构件预制厂	m³	1 000	0.25 m²/m³	2 000	生产屋面板和中、小型梁柱板等，配有蒸养设施
	m³	2 000	0.20 m²/m³	3 000	
	m³	3 000	0.15 m²/m³	4 000	
	m³	5 000	0.125 m²/m³	<6 000	
半永久性混凝土构件预制厂	m³	3 000	0.6 m²/m³	9 000～12 000	
	m³	5 000	0.4 m²/m³	12 000～15 000	
	m³	10 000	0.3 m²/m³	15 000～20 000	

续表

加工厂名称	年产量		单位产量所需建筑面积	占地面积/m²	备注
	单位	数量			
木材加工厂	m³	15 000	0.024 4 m²/m³	1 800~3 600	进行原木、方木加工
	m³	24 000	0.019 9 m²/m³	2 200~4 400	
	m³	30 000	0.018 1 m²/m³	3 000~5 000	
综合木材加工厂	m³	200	0.3 m²/m³	100	加工门窗、地板、模板、屋架
	m³	500	0.25 m²/m³	200	
	m³	1 000	0.20 m²/m³	300	
	m³	2 000	0.15 m²/m³	420	
粗木加工厂	m³	5 000	0.12 m²/m³	1 350	加工屋架、模板
	m³	10 000	0.10 m²/m³	2 500	
	m³	15 000	0.09 m²/m³	3 750	
	m³	20 000	0.08 m²/m³	4 800	
细木加工厂	万 m³	5	0.014 m²/m³	7 000	加工门窗地板
	万 m³	10	0.011 4 m²/m³	10 000	
	万 m³	15	0.010 6 m²/m³	14 000	
钢筋加工厂	t	200	0.35 m²/t	280~560	加工、成型、焊接
	t	500	0.25 m²/t	380~760	
	t	1 000	0.20 m²/t	400~800	
	t	2 000	0.15 m²/t	450~900	
金属结构构件加工厂	所需场地(m²/t) 年产 500 t 为 10 年产 1 000 t 为 8 年产 2 000 t 为 6 年产 3 000 t 为 5				按一批加工数量计算
石灰消化	贮灰池 5×3＝15(m²) 淋灰池 5×3＝15(m²) 淋灰槽 5×3＝15(m²)				每两个贮灰池配一套淋灰池和淋灰槽

表 5-9 现场作业棚所需面积参考指标

序号	现场作业棚名称	单位	面积/m²	备注
1	木工作业棚	m²/人	2	占地为建筑面积的 2~3 倍
2	电锯房	m²	80	86~92 cm 圆锯 1 台
3	电锯房	m²	40	小圆锯 1 台
4	钢筋作业棚	m²/人	3	占地为建筑面积的 3~4 倍
5	搅拌棚	m²/台	10~18	
6	卷扬机棚	m²/台	6~12	
7	焊工房	m²	20~40	
8	电工房	m²	15	
9	油漆工房	m²	20	
10	机、钳工修理房	m²	20	
11	立式锅炉房	m²/台	5~10	
12	发电机房	m²/kW	0.2~0.3	
13	水泵房	m²/台	3~8	

续表

序号	现场作业棚名称	单位	面积/m²	备注
14	空压机房(移动式)	m²/台	18～30	
	空压机房(固定式)	m²/台	9～15	

3. 行政与生活临时建筑物

行政管理用房包括办公室、资料室、会议室、传达室、车库及修理车间等。

生活与文化娱乐用房包括职工单身宿舍、家属宿舍、食堂、招待所、小卖部、医务室、理发室、浴室、俱乐部、图书室、卫生间等。

行政与生活临时建筑物的计算和布置顺序:确定施工期间临时建筑物的使用人数→确定临时建筑物的内容及其面积→选择临时建筑物的结构形式→确定临时建筑物的位置、层数等。

(1)确定使用人数。施工期间临时建筑物的使用人数按图 5-2 确定。

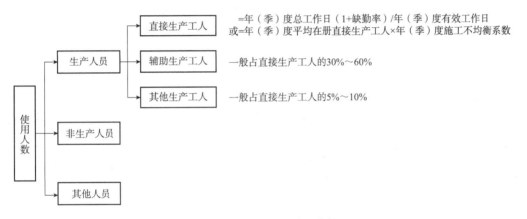

图 5-2　临时建筑物使用人数

(2)确定临时建筑物面积。临时建筑所需面积 S 按下式计算:

$$S = N \cdot P \tag{5-6}$$

式中　N——临时建筑使用人数;

　　　P——临时建筑面积指标(行政、生活临时建筑面积参考指标),见表 5-10。

表 5-10　行政、生活临时建筑面积参考指标　　　　　　　　　　　　　m²/人

序号	临时建筑物名称	使用方法	参考指标	序号	临时建筑物名称	使用方法	参考指标
1	办公室	按使用人数	3～4	5	其他		
2	宿舍			①	医务室		0.05～0.07
①	双层床	扣除不在工地住人数	2.0～2.5	②	俱乐部		0.1
②	单层床		3.5～4.0	③	小卖部	按高峰年平均人数	0.03
3	家属宿舍		16～25/户	④	招待所		0.03～0.06
4	食堂			⑤	理发室		0.01～0.03
①	普通食堂	按高峰年平均人数	0.5～0.8	⑥	浴室		0.07～0.1
②	食堂兼礼堂		0.6～0.9	⑦	厕所	按工地平均人数	0.02～0.07

(3)确定临时建筑物的位置。为方便职工使用，食堂、浴室、医务室等可设置在工地内部；办公室、传达室、车库等应设置在工地内，或者布置在与施工工地相毗邻的区域。

职工宿舍和办公用房应远离危险源和污染源，不得设置在高压线下，也不得设置在沟边、崖边、江河海岸边、泄洪道旁、强风口处、高墙下、已建斜坡和高切坡附近等影响安全的地点。有基坑开挖的工地，临时宿舍及办公用房要与基坑保持安全距离。

职工宿舍和办公用房选址应注意远近结合，应处于在建建筑物的坠落半径之外。临时宿舍应实行封闭管理，与作业区、周边居民区保持有效隔离，不得在尚未竣工的建筑物内设置临时宿舍。

当现场搭设2层及以上临时设施和办公用房时，必须经有资质的单位设计和施工，确保主体结构安全、防潮保暖、通风明亮并符合消防安全规定。当使用装配式活动房屋时，应是有法人资格和合法经营手续的厂家生产的合格产品，具有设计构造图、计算书、安装拆卸使用说明书，并符合有关节能、安全技术标准。活动房应具有能抵御10级大风以上的能力和强度，搭建不应超过2层；确需搭建3层活动房时，必须按钢结构规范进行设计和施工；禁止搭设4层及以上活动房。临时宿舍不得采用水泥膨胀珍珠岩复合板活动房。

临时宿舍应设疏散通道及2个通道门，其墙板和门等装饰材料应采用阻燃材料；宿舍高度不应低于2.4 m；不得将一间宿舍分割成若干单人小间；宿舍门窗应玻璃齐全，地面做硬化处理；宿舍应设可开启式窗户，宽度不小于0.9 m，高度不小于1.2 m；宿舍应做到一人一床，严禁打通铺；宿舍内道道宽度不得小于1.0 m；在确保人均使用面积不小于2.5 m²的前提下，每间宿舍的居住人数不得超过12人；宿舍内还应设置独立的漏电短路保护器和足够数量的安全插座。

4. 临时供水

施工现场临时用水如图5-3所示。

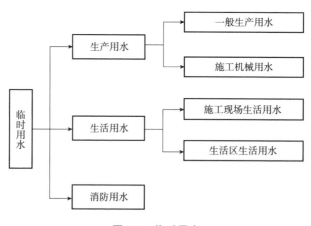

图5-3　临时用水

临时供水系统设计的内容包括计算临时用水量、选择供水水源、确定临时供水系统配置方案、设计临时供水管网、设计供水构筑物和机械设备。

(1)计算临时用水量。

1)一般生产用水。一般生产用水是指施工生产过程中的用水，如混凝土、砂浆的拌合用水，混凝土养护用水，砌筑、粉刷、铺设板材等过程中的用水，以施工高峰期用水量最大的一天计算。可按下式计算：

$$q_1 = \frac{k_1 \sum Q_1 \cdot N_1 \cdot k_2}{8 \times 3\,600 \times T_1 \cdot t} \tag{5-7}$$

式中　q_1——一般生产用水量(L/s)；

$\quad\quad Q_1$——最大年度工程量(以实物计量单位表示)；

$\quad\quad N_1$——施工用水定额，见表 5-11；

$\quad\quad T_1$——年度有效工作日；

$\quad\quad t$——每日工作班数；

$\quad\quad k_1$——未预见的施工用水系数，一般取值为 1.05~1.15；

$\quad\quad k_2$——用水不均衡系数，施工工程用水取 $k_2=1.5$，生产企业用水取 $k_2=1.25$。

表 5-11　施工用水定额 N_1

序号	用水项目	单位	耗水量	序号	用水项目	单位	耗水量
1	浇筑混凝土全部用水	m³	1 700~2 400	12	洗硅酸盐砌块	m³	300~350
2	搅拌普通混凝土	m³	250	13	人工冲洗石子	m³	1 000
3	搅拌轻质混凝土	m³	300~350	14	机械冲洗石子	m³	600
4	搅拌泡沫混凝土	m³	300~400	15	洗砂	m³	1 000
5	混凝土自然养护	m³	200~400	16	砌筑工程全部用水	m³	150~250
6	混凝土蒸汽养护	m³	500~700	17	砌石工程全部用水	m³	50~80
7	搅拌砂浆	m³	300	18	粉刷工程全部用水	m³	30
8	石灰消化	t	3 000	19	抹灰(不包括调制用水)	m²	4~6
9	冲洗模板	m²	5	20	楼地面	m²	190
10	搅拌机清洗	台班	600	21	上水管道工程	m	98
11	洗砖	千块	200~250	22	下水管道工程	m	1 130

2)施工机械用水。施工机械用水是指起重机、挖土机、打桩机、搅拌机、汽车等机械设备在施工生产中的用水。按下式计算：

$$q_2 = \frac{k_1 \sum Q_2 \cdot N_2 \cdot k_3}{8 \times 3\,600} \tag{5-8}$$

式中　q_2——施工机械用水量(L/s)；

$\quad\quad Q_2$——同种机械的台数；

$\quad\quad N_2$——施工机械的台班用水定额，见表 5-12；

$\quad\quad k_3$——施工机械用水不均衡系数，施工机械、运输机械取 $k_3=2.0$，动力设备取 $k_3=$ 1.05~1.10。

表 5-12 施工机械用水定额 N_2

序号	用水机械名称	单位	耗水量	序号	用水机械名称	单位	耗水量
1	内燃挖土机	L/台·t	200～300	12	拖拉机	L/昼夜·台	200～300
2	内燃起重机	L/台·t	15～18	13	汽车	L/昼夜·台	400～700
3	蒸汽起重机	L/台·t	300～400	14	锅驼机	L/台班·马力	80～160
4	蒸汽打桩机	L/台·t	1 000～1 200	15	锅炉(以小时蒸发量计)	L/h·t	1 000
5	内燃压路机	L/台·t	12～15	16	锅炉(以受热面积计)	L/h·t	15～30
6	蒸汽压路机	L/台·t	100～150	17	木工房	L/台班	20～25
7	冷拔机	L/h	300	18	锻工房	L/炉·台班	40～50
8	对焊机	L/h	300	19	凿岩机 01-30(CM-56)	L/min	3
9	电焊机 25 型	L/h	100	20	凿岩机 01-45(TN-4)	L/min	5
10	电焊机 50 型	L/h	150～200	21	凿岩机 YQ-100	L/min	8～12
11	电焊机 75 型	L/h	250～350	22	空气压缩机	L/台班·(m^3/min)	40～80

3)施工现场生活用水。施工现场生活用水是指施工区域职工的生活用水,包括饮用、洗漱、冲厕等。可按下式计算:

$$q_3 = \frac{P_1 \cdot N_3 \cdot k_4}{t \times 8 \times 3\ 600} \tag{5-9}$$

式中 q_3——施工现场生活用水量(L/s);

P_1——施工现场高峰人数;

N_3——施工现场生活用水定额(与气候和工种有关);

t——每日用水班数;

k_4——施工现场生活用水不均衡系数,$k_4 = 1.3～1.5$。

4)生活区生活用水。生活区生活用水是指生活区居民日常生活需用的水,包括饮用、洗涤、冲厕、洗澡等。可按下式计算:

$$q_4 = \frac{P_2 \cdot N_4 \cdot k_5}{24 \times 3\ 600} \tag{5-10}$$

式中 q_4——生活区身份或用水量(L/s);

P_2——生活区居民人数;

N_4——生活区生活用水定额,见表 5-13;

k_5——生活区生活用水不均衡系数,$k_5 = 2.0～2.5$。

5)消防用水。消防用水包括居民区消防用水和施工现场消防用水,用 q_5 表示。消防用水量与施工场地大小、居住人数等有关,可根据消防范围及发生次数查表 5-14 所得。

6)总用水量。施工现场临时总用水量 Q 分下列三种情况确定:

当 $(q_1 + q_2 + q_3 + q_4) \leqslant q_5$ 时,$Q = q_5 + \frac{1}{2}(q_1 + q_2 + q_3 + q_4)$;

当 $(q_1 + q_2 + q_3 + q_4) > q_5$ 时,$Q = q_1 + q_2 + q_3 + q_4$;

当工地面积小于 5 hm²，且 $q_1+q_2+q_3+q_4<q_5$ 时，$Q=q_5$。

最后计算出总用水量后，还应增加 10% 的漏水损失。

表 5-13 生活用水定额(N_3、N_4)

序号	用水对象	单位	耗水量
1	工地全部生活用水	L/人·日	100~120
2	生活用水(盥洗、饮用)	L/人·日	25~30
3	食堂	L/人·日	15~20
4	浴室(淋浴)	L/人·次	50
5	洗衣	L/人·日	30~35
6	理发室	L/人·次	15
7	学校	L/人·日	12~15
8	幼儿园	L/人·日	75~90
9	医院	L/病床·日	100~150

表 5-14 消防用水量(q_5)

序号	用水名称	火灾同时发生次数	单位	耗水量
1	居住区消防用水			
	5 000 人以内	1 次	L/s	10
	10 000 人以内	2 次	L/s	10~15
	25 000 人以内	3 次	L/s	15~20
2	施工现场消防用水			
	施工现场在 25 hm²(公顷)以内	1 次	L/s	10~15
	施工现场每增加 25 hm²	1 次	L/s	5

(2)选择供水水源。施工现场的临时供水水源可分为供水系统和天然水源两种。应尽可能利用现场附近已有的供水系统。当现有供水系统无法使用或不能满足施工用水需求时，可以利用一部分作为生活用水，生产用水可采用天然水源(地表水或地下水)。选择水源时应注意：

1)水量应充沛可靠；

2)生活饮用水、生产用水的水质必须符合要求；

3)取水、输水、净水设施应安全可靠，经济可行；

4)施工、运转、管理、维护方便。

(3)计算供水管径。根据计算得到的总用水量，可确定临时供水管径，如下式：

$$D=\sqrt{\frac{4Q}{1\,000\pi \cdot v}} \qquad (5-11)$$

式中 D——管径(m)；

Q——总用水量(L/s);

v——供水管网中水流速度(m/s)。见表 5-15。

表 5-15　临时供水管道水流速度

序号	管道类别及管径	流速/(L·s⁻¹)	
		正常时间	消防时间
1	支管 $D<0.10$ m	2	
2	生产消防管道 $D=0.1\sim0.3$ m	1.3	>3.0
3	生产消防管道 $D>0.3$ m	1.5~1.7	2.5
4	生产用水管道 $D>0.3$ m	1.5~2.5	3.0

(4)布置临时供水系统。临时供水管网可以环状或枝状布置。环状布置是管道干线围绕施工对象形成环形布置，其供水能力最可靠，但管网总长度较大。枝状布置是布置成一条或几条干线，管道总长度最小，但当管道某一点发生故障时，会出现断水危险。还可采用枝状布置和环状布置相结合的混合布置，即总管采用环状布置，支管采用枝状布置。

根据管道尺寸和压力大小选择临时供水管道的管材，一般干管为钢管或铸铁管，支管为钢管。

【例 5-1】　某工程总用地面积为 24 000 m²，总建筑面积为 120 000 m²。现场临时用水包括现场施工用水量、施工机械用水量、施工现场生活用水量、生活区生活用水量和消防用水量。试计算施工临时用水量。

解：(1)计算一般生产用水量：

取 $k_1=1.10$，$k_2=1.5$，则一般生产用水量计算见表 5-16。

表 5-16　一般生产用水量计算

序号	用水项目	Q_1/T_1	t	N_1	$q_1=\dfrac{k_1\sum Q_1\cdot N_1\cdot k_2}{8\times3\,600\times T_1\cdot t}$	合计
1	浇筑混凝土用水	80	2	1 700 L/m³	3.896	
2	混凝土养护用水	7	2	300 L/m³	0.060	
3	冲洗模板	150	2	5 L/m³	0.021	
4	砌体工程用水	4	2	210 L/m³	0.024	$q_1=4.108$ L/s
5	抹灰工程用水	12	2	32 L/m³	0.011	
6	浇空心砖	2.5	2	200 L/千块	0.014	
7	楼地面	12	2	190 L/m³	0.065	
8	搅拌砂浆用水	2	2	300 L/m³	0.017	

(2)计算施工机械用水量：

取 $k_1=1.10$，$k_3=2.0$，则施工机械用水量计算见表 5-17。

表 5-17　施工机械用水量计算

序号	用水机械	Q_2	N_2	$q_2 = \dfrac{k_1 \sum Q_2 \cdot N_2 \cdot k_3}{8 \times 3\,600}$	合计
1	汽车	8	450	0.275	
2	砖石锯机	1	300	0.023	$q_2 = 0.317$ L/s
3	木工房	10	25	0.019	

(3)计算现场生活用水量：

取 $k_4 = 1.4$，则施工现场生活用水量为

$$q_3 = \frac{P_1 \cdot N_3 \cdot k_4}{t \times 8 \times 3\,600} = \frac{360 \times 30 \times 1.4}{1 \times 8 \times 3\,600} = 0.525 \ (\text{L/s})$$

(4)计算生活区生活用水量：

$$q_4 = \frac{P_2 \cdot N_4 \cdot k_5}{24 \times 3\,600} = \frac{360 \times 120 \times 2.0}{24 \times 3\,600} = 1.000 \ (\text{L/s})$$

(5)计算消防用水量：取 $q_5 = 10$ L/s。

(6)计算总用水量：

因 $(q_1 + q_2 + q_3 + q_4) = 5.950 < q_5$，故 $Q = q_5 + \dfrac{1}{2}(q_1 + q_2 + q_3 + q_4) = 12.975 \ (\text{L/s})$

(7)确定管径：

$$D = \sqrt{\frac{4Q}{1\,000\pi \cdot v}} = \sqrt{\frac{4 \times 12.975}{1\,000 \times 3.14 \times 2}} = 0.091 (\text{m})$$

选取主管直径 $d = 0.1$ m，即 $DN100$ 的铸铁管或镀锌钢管。

5. 临时供电

施工现场临时供电组织包括计算现场临时总用电量、选择电源、确定变压器功率、确定导线截面面积、布置供电线路。

(1)计算现场临时总用电量。施工现场临时用电包括施工用电和照明用电。施工用电在民用建筑工程中主要是指土建用电，在工业建筑工程中包括土建用电、设备安装用电和部分设备试运转用电。照明用电是指施工现场和生活区的室内外照明用电。

施工现场的最大用电负荷量是按施工用电量和照明用电量之和计算的。当单班制工作时，不考虑照明用电，此时最大电力负荷量就等于施工用电量。总用电量可按下式计算：

$$P = (1.05 \sim 1.10) \left(K_1 \frac{\sum P_1}{\cos\varphi} + K_2 \sum P_2 + K_3 \sum P_3 + K_4 \sum P_4 \right) \tag{5-12}$$

式中　P——供电设备总需要容量(kW)；

　　　P_1——各种电动机械的总用电量(kW)；

　　　P_2——电焊机额定容量(kW)；

　　　P_3——室内照明用电量(kW)；

　　　P_4——室外照明用电量(kW)；

　　　$\cos\varphi$——电动机的平均功率系数(施工现场一般为 0.65～0.75，最高为 0.75～0.78)；

　　　K_1、K_2、K_3、K_4——同时使用系数，见表 5-18。

表 5-18　同时使用系数 K

用电项目	数量	K				备注
		K_1	K_2	K_3	K_4	
电动机械	10 台以下	0.7				如施工中需用电热时，应将其用电量计算进去。为使计算接近实际，式中各项用电根据不同性质分别计算
	11～30 台	0.6				
	30 台以上	0.5				
加工厂动力设备		0.5				
电焊机	10 台以下		0.6			
	10 台以上		0.5			
室内照明				0.8		
室外照明					1.0	

(2)选择临时电源。施工现场临时供电电源的选择通常有以下三种方案：

1)完全由工地附近电力系统供电；

2)部分由工地附近电力系统供电，不足部分由工地增加临时电站补充；

3)完全由工地临时电站供电(工地位于偏远地区，附近没有供电系统时)。

选择哪种供电方案主要取决于施工现场的实际情况，但也需要对各方案进行技术经济比较。比较经济的方案是将附近的高压电通过设在工地的临时变电站引入工地，但事先须向当地供电部门申请批准。

(3)确定变压器。选择变压器时应以变压器整体的可靠性为基础，综合考虑其技术参数的经济性和合理性。变压器功率可按下式计算：

$$W = \left(K \frac{\sum P_{\max}}{\cos\varphi} \right) \qquad (5\text{-}13)$$

式中　W——变压器输出功率(kV·A)；

　　　K——功率损失系数，可取 1.05；

　　　$P_{\max}$——变压器服务范围内的最大计算负荷(kW)；

　　　$\cos\varphi$——功率因数，一般取 0.75。

根据计算所得变压器容值，从变压器产品目录中选用略大于该功率的变压器即可。一般工地常用电源多采用三相四线制，380/220 V。

(4)确定导线截面面积。选择配电导线截面时，必须满足以下要求：

1)按机械强度选择。导线必须具有足够的机械强度，以防止受拉或

导线按机械强度所允许的最小截面

机械损伤时折断。在不同敷设方式下，导线按机械强度要求所必需的最小截面可参考有关资料。

2)按允许电流强度选择。导线必须能耐受负荷电流长时间通过所引起的温升。导线生产厂家根据导线容许温升，制定了各类导线在不同敷设条件下的持续容许电流值，选择导线时，导线中的电流不能超过该容许值。

三相四线制线路上的电流强度按下式计算：

$$I = \frac{KP}{\sqrt{3} V \cos\varphi} \qquad (5\text{-}14)$$

二线制线路上的电流强度按下式计算：

$$I = \frac{KP}{V\cos\varphi}$$ (5-15)

式中　I——电流强度（kV·A）；

　　　P——功率（W）；

　　　V——电压（V）；

　　　$\cos\varphi$——功率因数，临时管网取 0.70～0.75。

各类导线在不同敷设条件下的持续容许电流值

3）按允许电压降选择。导线应能满足所需要的允许电压，导线的电压损失必须限制在允许范围内。

$$S = \frac{\sum PL}{C\varepsilon}$$ (5-16)

式中　S——导线截面面积（mm²）。

　　　P——符合电功率或线路输送的电功率（kW）。

　　　L——输送电线路的距离（m）。

　　　ε——允许的相对电压降（即线路电压损失）（%），照明允许电压降为 2.5～5.0%，电动机允许电压降不超过±5%。

　　　C——计算系数，视导线材料、送电电压及调配方式而定，三相四线铜线取 77.0，三相四线铝线取 46.3；单相 220 V 供电时，铜线的计算系数为 12.8，铝线的计算系数为 7.75。

最终选取的导线截面必须同时满足以上三项要求，即以求得的三个截面中最大值为准，从电线产品目录中选择线芯截面。一般在道路工程和给水排水工程工地作业线比较长，导线截面按电压降选定；在建筑工地配电线路比较短，导线截面按容许电流选定；在小负荷的架空线路中往往按机械强度选定。

（5）布置供电线路。现场临时用电线路为：3～10 kV 高压输电线路→变压器→总配电箱→分配电箱→开关箱→插头→用电设备。

临时供电线路的布置可以采用环状、枝状或混合式三种。一般 3～10 kV 的高压线路采用环状，380/220 V 的低压线采用枝状。施工现场配电应严格遵照《施工现场临时用电安全技术规范》（JGJ 46—2005）进行布置，临时用电工程专用的电源中性点直接接地的 380/220 V 三相四线制低压电力系统，必须采用 TN-S 接零保护系统，采用三级配电、二级漏电保护系统。

各用电点应设有二级配电箱，并在办公区和各施工用电接口设分配电箱，每台用电设备应配备一台配电箱，做到"一机一闸一漏一箱"，做好配电箱的防水、防潮、防火和通风，还应备有匹配的电气灭火消防器材、应急照明等安全用具。

《施工现场临时用电安全技术规范》（JGJ 46—2005）

临时供电线路应沿外围墙内侧或施工道路边侧埋地敷设，埋设深度要防止冬季受冻和机械或人为损坏。敷设时电缆不能绷得太直，应预留 S 形弯，并应在电缆紧邻上、下、左、右侧均匀铺设一定厚度（50 mm）的细砂，然后覆盖砖或混凝土板等硬质保护层。电缆穿越建（构）筑物、道路、受介质侵蚀场所及引出地面时，应加设防护套管（套管内径一般不小于电缆外径的 1.5 倍）。

供电线路与建筑物、塔式起重机需保持安全距离。

临时用电应由项目工程师单独编制施工组织设计，并定期对临时用电工程进行检测。

6. 现场运输业务

施工现场运输业务组织包括确定运输量、选择运输方式、计算运输工具数量。

(1)确定运输量。运输总量按工程实际需要量确定，同时考虑每日最大运输量和运输工具的最大运输密度。每日货运量可按下式计算：

$$q = \frac{\sum QL \cdot K}{T} \tag{5-17}$$

式中　q——每日货运量；

　　　Q——每种货物的需要量；

　　　L——每种货物从发货地点到储存地点的距离；

　　　T——有关施工项目的施工总工日；

　　　K——运输工作不均衡系数。铁路运输可取 1.5，汽车运输可取 1.2，拖拉机运输可取 1.1，设备搬运可取 1.5~1.8。

(2)选择运输方式。一般运输方式有铁路运输、公路运输、水路运输、航空运输。

1)铁路运输的优点是运量大、速度快、运费较低、连续性好、受自然因素影响小；缺点是造价高、消费金属材料多、短途运输成本高、占地面积大。

2)公路运输的优点是机动灵活、周转快、适应性强；缺点是运量小、耗能多、成本高和运费较贵。

3)水路运输优点是运量大、投资少、运费低；缺点是速度慢、灵活性和连续性差。

4)航空运输优点是速度快、效率高；缺点是运量小、能耗大、运费高、设备投资大。

运输方式的选择需充分考虑各种影响因素，如运输量、运输距离、运输期限、运输材料的性质、质量与体积、运输设备的高度、宽度和形状等，以及现有运输设备、可利用的永久性道路，场内场外道路的地形、地质和沿线水文自然条件等。往往需要对几种运输方案进行技术经济比较后，才能确定拟建项目最合适的运输方式。

(3)计算运输工具数量。运输方式确定后，可按下式计算运输工具的数量：

$$n = \frac{q}{cbK_1} \tag{5-18}$$

式中　n——运输工具数量；

　　　q——每日货运量；

　　　c——运输工具的台班产量；

　　　b——每日工作班数；

　　　K_1——运输工具使用不均衡系数；1.5~2 t 的汽车可取 0.6~0.65，3~5 t 的汽车可取 0.7~0.8。

5.7.6　施工总平面布置图示例

图 5-4 所示为某道路工程施工总平面布置图。

图 5-5 所示为某酒店工程施工总平面布置图。

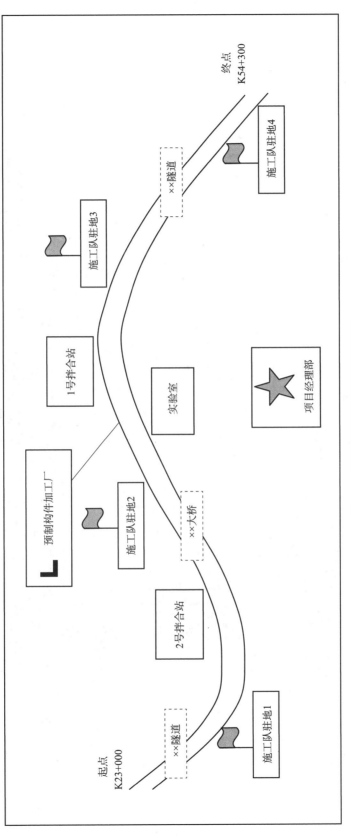

图 5-4 某道路工程施工总平面布置图

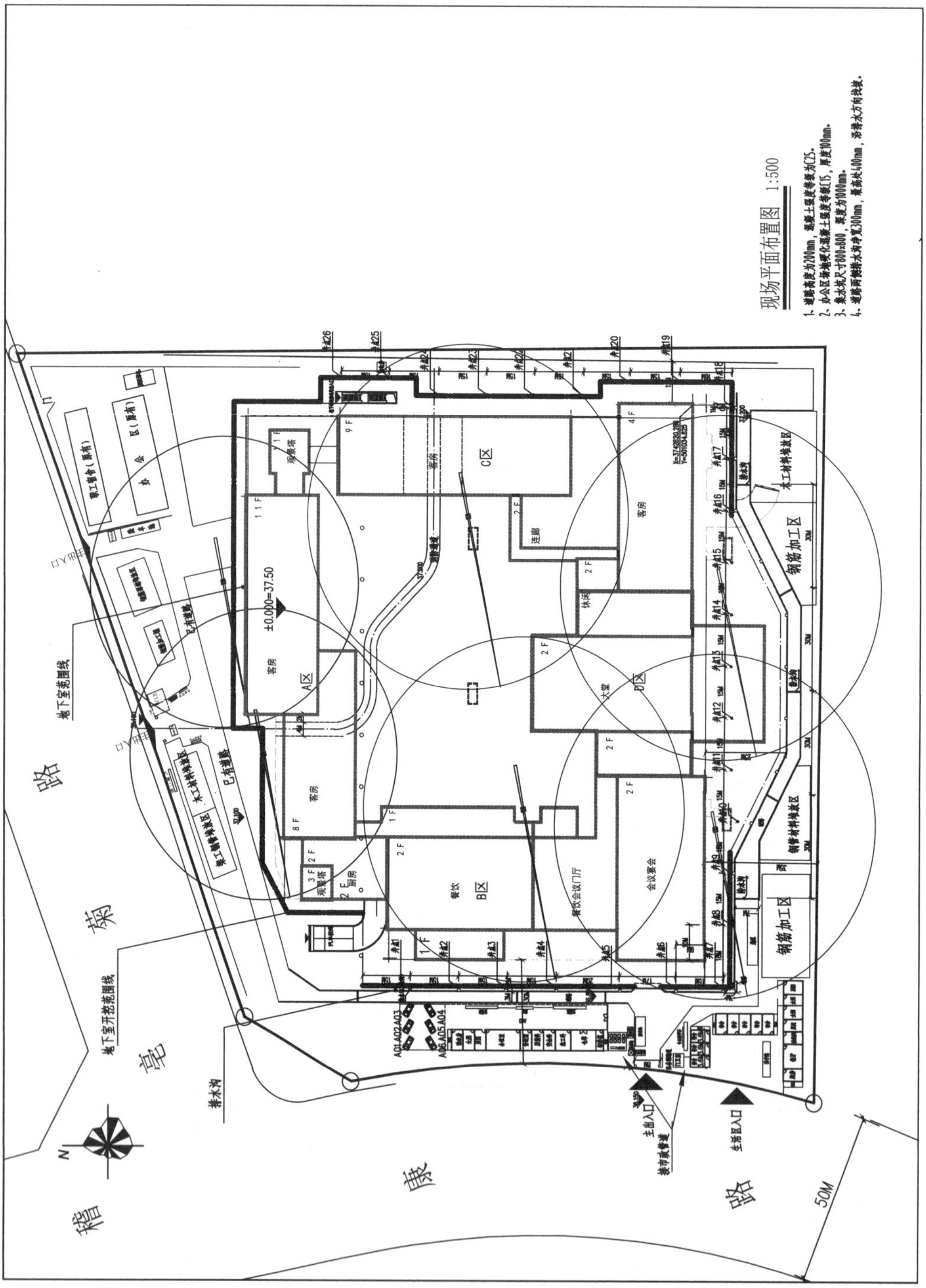

图 5-5　某酒店施工总平面布置图

5.8 技术经济分析

技术经济分析是施工组织总设计的重要内容，也是必要的设计手段，其目的是论证施工组织总设计在技术上是否可行，在经济上是否合理。通过科学的计算和分析比较，选择技术、经济最佳的方案，为不断改进和提高施工组织设计水平、寻求增产节约的途径和提高经济效益提供依据。

技术经济分析要对施工技术方法、组织方法和经济效果进行全面分析，对需要与可能进行分析，对施工的具体环节和全过程进行分析；技术经济分析应重点关注施工方案、施工进度计划和施工平面图，并据此建立技术经济分析指标体系；技术经济分析要以设计方案要求、国家规定和工程实际需要为依据；要灵活运用定性与定量相结合的方法，对主要指标、辅助指标和综合指标区别对待。

通常采用以下技术经济指标进行方案评价：

(1)建设项目工期指标。包括施工总工期、施工准备期和部分投产期。

(2)建设项目质量指标。包括建设项目质量优良率和合格率。

(3)建设项目成本和利润指标。包括建设项目施工总成本降低额和总成本降低率、施工总利润和产值利润率。

(4)建设项目安全指标。包括建设项目施工人员伤亡率、重伤率、轻伤率和经济损失率。

(5)建设项目施工效率指标。包括全员劳动生产率、单位竣工面积用工率、劳动力不均衡系数，它们的计算公式如下：

$$劳动生产率 = \frac{总工作量}{总工数量}(元/工日)$$

$$单位竣工面积用工率 = \frac{总工数}{竣工面积} \times 100\%$$

$$劳动力不均衡系数 = \frac{施工期高峰人数}{施工期平均人数} \times 100\%$$

(6)建设项目材料使用指标。包括主要材料节约量、主要材料节约额、主要材料节约率，它们的计算公式如下：

$$主要材料节约量 = 预算用量 - 施工组织设计计划用量$$

$$主要材料节约额 = 预算支出额 - 施工组织设计计划支出额$$

$$主要材料节约率 = \frac{主要材料节约量}{主要材料预算用量} \times 100\%$$

(7)建设项目机械化、工厂化指标。包括机械化程度、工厂化程度、装配化程度，它们的计算公式如下：

$$机械化程度 = \frac{机械化施工完成的工作量}{总工作量} \times 100\%$$

$$工厂化程度 = \frac{预制构件厂完成的工作量}{总工作量} \times 100\%$$

$$\text{装配化程度} = \frac{\text{现场进行装配作业完成的工作量}}{\text{总工作量}} \times 100\%$$

(8)建设项目其他指标。包括流水施工系数、施工现场利用系数、临时工程投资比例。

扩展阅读

[1] 吴畅，彭飞．公路总体施工组织设计研究[J]．交通科技与管理，2021(09)：85-86.

[2] 李瑞昌．公路桥梁施工组织设计及其施工管控[J]．交通科技与管理，2021(19)：191-192.

[3] 王鹏．基于类比分析法的复杂艰险高原山区铁路施工组织工期指标关键参数研究[J]．铁道建筑，2021，61(09)：155-160.

[4] 曹政国，吴刘忠球，李致，邵国霞．BIM在铁路施工组织设计中的应用探讨[J]．铁道工程学报，2018，35(12)：99-103.

[5] 张水波，康飞．DBB与DB/EPC工程建设模式下项目经理胜任特征差异性分析[J]．土木工程学报，2014，47(02)：129-135.

[6] 章勇武，马国丰，尤建新．基于PDCA的隧道施工进度柔性控制[J]．地下空间与工程学报，2005(05)：733-736.

[7] 王剑锋，吴保全．浅议施工现场平面布置图对工程成本的影响[C]．河南省土木建筑学会2009年学术大会论文集．[出版者不详]，2009：50-51.

[8] 李睿．基于关键路径法的新建500千伏变电站工程进度管理研究[D]．山东大学，2019.

[9] 管祖金，赵均法．海外EPC项目的工期保证策略[J]．施工企业管理，2020(10)：98-100.

[10] 谢存仁，徐峰，阮敏浩．基于BIM与遗传算法的建筑工程施工进度多目标优化研究[J]．工程管理学报，2021，35(03)：117-122.

思考题与习题

1. 简述施工组织总设计的内容和编制依据。

2. 简述施工组织总设计的编制程序。

3. 简述施工总进度计划的编制步骤。

4. 简述施工总平面布置图设计的原则和步骤。

5. 简述施工总平面图的主要内容。

6. 评价施工组织总设计的技术经济指标有哪些？

7. 图5-6所示为某建筑群体工程的现场平面布置图，试分析该布置图的优点与不足。

8. 某建设项目的施工包含1号、2号两栋16层框架结构房屋的施工，施工区域如图5-7所示。场内道路已经布置，试完成施工现场其他暂设设施的布置(包括水电管网布置)。

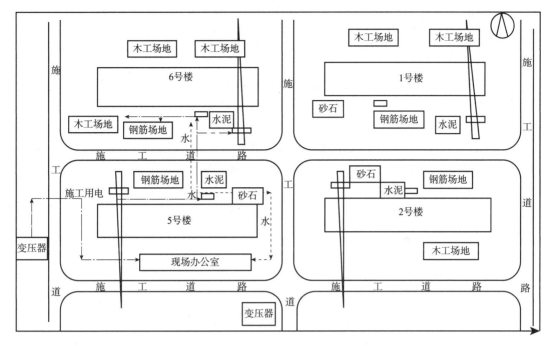

图 5-6　某建筑群体工程现场平面布置图

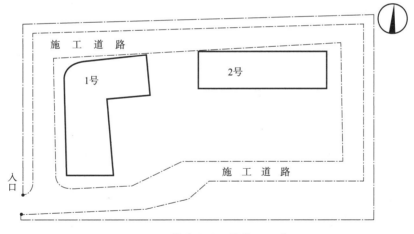

图 5-7　某建设项目的施工区域

拓展训练

1. 关于建设工程现场文明施工措施的说法，下列正确的是（　　）。

A. 施工现场应设置排水系统，直接排入市政管网

B. 一般工地围挡高度不得低于 1.6 m

C. 施工现场严禁设置吸烟处，应设置在生活区

D. 施工总平面图应随工程实施的不同阶段进行调整

2. 施工现场文明施工管理的第一责任人是(　　　)。

　　A. 项目经理　　　　　　　　　　　　B. 建设单位负责人

　　C. 施工单位负责人　　　　　　　　　D. 项目专职安全员

3. 施工顺序的安排属于工程项目施工组织设计基本内容中的(　　　)。

　　A. 施工进度计划　　　　　　　　　　B. 施工平面图

　　C. 施工部署和施工方案　　　　　　　D. 工程概况

4. 编制施工组织总设计时,编制资源需求量计划的紧前工作是(　　　)。

　　A. 拟定施工方案　　　　　　　　　　B. 编制施工总进度计划

　　C. 施工总平面设计图　　　　　　　　D. 编制施工准备工作计划

5. 关于建设工程现场宿舍管理的说法,下列正确的是(　　　)。

　　A. 每间宿舍居住人员不得超过 16 人

　　B. 室内净高不得小于 2.2 m

　　C. 通道宽度不得小于 0.8 m

　　D. 不宜使用通铺

6. 根据《建筑施工组织设计规范》(GB/T 50502—2009)的规定,"合理安排施工顺序"属于施工组织设计中(　　　)的内容。

　　A. 施工部署和施工方案　　　　　　　B. 施工进度计划

　　C. 施工平面图　　　　　　　　　　　D. 施工准备工作计划

7. 关于施工现场职业健康安全卫生要求的说法,下列错误的是(　　　)。

　　A. 生活区可以设置敞开式垃圾容器

　　B. 施工现场宿舍严禁使用通铺

　　C. 施工现场水冲式厕所地面必须硬化

　　D. 现场食堂必须设置独立制作间

8. 编制施工组织总设计涉及下列工作:①施工:总平面图设计;②拟定施工方案;③编制施工总进度计划;④编制资源需求计划;⑤计算主要工种的工程量。其正确的编制程序是(　　　)。

　　A.⑤—①—②—③—④　　　　　　　B.①—⑤—②—③—④

　　C.①—②—③—④—⑤　　　　　　　D.⑤—②—③—④—①

9. 根据施工组织总设计编制程序,编制施工总进度计划前需收集相关资料和图纸。计算主要工程量、确定施工的总体部署和(　　　)。

　　A. 编制资源需求计划

　　B. 编制施工准备工作计划

　　C. 拟定施工方案

　　D. 计算主要技术经济指标

10. 下列施工组织设计的内容中,属于施工部署及施工方案的是(　　　)。

　　A. 施工资源的需求计划

　　B. 施工资源的优化配置

　　C. 投入材料的堆场设计

　　D. 施工机械的分析选择

11. 下列现场文明施工的管理措施中，属于现场消防、防火管理措施的有（　　）。

　　A. 建立门卫值班管理制度

　　B. 建立消防管理制度及消防领导小组

　　C. 作业区与生活区必须明显划分

　　D. 现场必须有消防平面布置图

　　E. 对违反消防条例的有关人员进行严肃处理

12. 根据《建筑施工组织设计规范》（GB/T 50502—2009），施工方案的主要内容包括（　　）。

　　A. 工程概况　　　　　　　　　　B. 施工方法及工艺要求

　　C. 施工部署　　　　　　　　　　D. 施工现场平面布置

　　E. 施工准备与资源配置计划

13. 施工组织总设计的编制程序中，先后顺序不能改变的有（　　）。

　　A. 先拟定施工方案，再编制施工总进度计划

　　B. 先编制施工总进度计划，再编制资源需求量

　　C. 先确定施工总体部署，再拟订施工方案

　　D. 先计算主要工种工程的工程量，再拟订施工方案

　　E. 先计算主要工种工程的工程量，再确定施工总体部署

14. 关于施工过程水污染预防措施的说法，下列正确的是（　　）。

　　A. 禁止将有毒有害废弃物作土方回填

　　B. 施工现场搅拌站废水经沉淀池沉淀合格后也不能用于工地洒水降尘

　　C. 现制水磨石的污水必须经沉淀池沉淀合格后再排放

　　D. 现场存放油料，必须对库房地面进行防渗处理

　　E. 化学用品、外加剂等要妥善保管，库内存放

15. 建设工程施工组织总设计的编制依据有（　　）。

　　A. 相关规范、法律　　　　　　　B. 合同文件

　　C. 施工企业资源配置情况　　　　D. 建设地区基础资料

　　E. 工程施工图纸及标准图

第 6 章

单位工程施工组织设计

　　本章主要包括单位工程施工组织设计概述、工程概况、施工部署、主要施工方案、单位工程施工进度计划、施工准备与资源配置计划、施工现场平面布置、主要管理计划与措施、技术经济分析等内容。主要介绍了单位工程施工组织设计的编制内容与编制方法,重点介绍了施工方案的选择、施工进度计划的编制及施工现场平面图的设计。

　　1. 了解单位工程施工进度计划的编制依据与程序;
　　2. 了解单位工程施工组织设计的编制内容;
　　3. 掌握施工流向、施工顺序、施工方法的确定方法;
　　4. 掌握单位工程施工进度计划的编制,能够编制简单单位工程的进度计划;
　　5. 掌握单位工程施工现场平面布置图内容,能够设计简单单位工程的现场平面布置图。

6.1　单位工程施工组织设计概述

　　单位工程施工组织设计是以单位(子单位)工程为主要对象编制的施工组织设计,对单位(子单位)工程的施工过程起指导和制约作用。单位工程施工组织设计是一个工程的战略部署,是宏观定性的,体现指导性和原则性,是用来规划和指导单位(子单位)工程从施工准备到竣工验收全部施工活动的技术经济文件。单位工程施工组织设计也是编制季、月、旬施工计划和编制劳动力、材料、机械设备计划的主要依据。

　　单位工程施工组织设计是组织单位工程施工的纲领性文件,是施工现场的核心文件。单位工程施工现场布置、人员配备、机械设备安排、材料组织、文明施工与环境保护、关键工序施工方法等，都需单位工程施工组织设计文件的指导。通过单位工程施工组织设计的编制，可以全面考虑拟建单位工程的各种具体施工条件，扬长避短地制定合理的施工方案，确定施工顺序及施工方法和机械、劳动力组织，合理统筹安排施工进度计划，调节施工中人员、机械、材料、环境、方法及土建、安装、管理、生产等矛盾，为拟建工程的设计方案在经济上的合理性、技术上的科学性和实施上的可行性论证提供依据，同时，也为建设单位编制项目建设计划和施工企业编制施工工作计划及实施施工准备工作计划提供依据。

单位工程施工组织设计一般是在施工图完成并进行会审后，由施工单位项目负责人组织有关施工技术人员编制，由总承包单位技术负责人或技术负责人授权的技术人员审核、审批。单位工程施工组织设计在施工前经总监理工程师审查后方可实施。

6.1.1　单位工程施工组织设计的编制内容

单位工程施工组织设计应根据拟建工程的性质、特点与规模，同时考虑施工要求及条件进行编制。一般包括下列内容：

(1)工程概况：工程概况主要包括工程主要情况、各专业设计简介和工程施工条件。

(2)施工方案：施工方案包括确定总的施工顺序及施工流向，主要分部分项工程的划分及其施工方法的选择、施工段的划分、施工机械的选择、技术组织措施的拟定等。

(3)施工进度计划：施工进度计划主要包括划分施工过程和计算工程量、劳动量、机械台班量、施工班组人数、每天工作班次、工作持续时间，以及确定分部分项工程(施工过程)的施工顺序与搭接关系、绘制进度计划表等。

(4)施工准备工作与资源需要量计划：施工准备工作计划主要包括施工前的技术准备、现场准备、机械设备、工具、材料、构件和半成品的准备，并编制施工准备工作计划表。资源需要量计划包括材料需要量计划、劳动力需要量计划、构件及半成品需要量计划、机械需要量计划、运输量计划等。

(5)施工现场平面布置图：施工现场平面布置图主要包括施工所需机械、临时加工场地、材料、构件仓库与堆场的布置及临时水网电网、临时道路、临时设施用房的布置等。

(6)主要技术组织措施：主要技术组织措施包括质量保证措施、安全保证措施、进度控制措施、降低成本措施、文明施工与环境保护措施等。

6.1.2　单位工程施工组织设计的编制依据

(1)与工程建设有关的法律、法规和地方性规定文件；

(2)现行与建设项目有关的国家、行业、地方标准和国家规范，有关质量验收的规范和定额、施工操作规程等；

(3)工程所在地行政主管部门的批示文件、工程施工合同和招标投标文件、建设单位对工程的要求；

(4)工程设计文件，包括施工图纸、有关标准图集、设计单位对施工提出的要求；

(5)施工现场条件和勘察资料，如地形地貌、工程地质、水文地质、气象条件、水准点、水电气供应等；

（6）建设单位可提供的条件和水电供应情况；

（7）施工企业自身条件，如生产能力、机具设备、技术水平等；

（8）施工组织总设计的要求。当单位工程是建设项目的组成部分时，必须按照施工组织总设计的要求来编制单位工程施工组织设计。

6.1.3　单位工程施工组织设计的编制程序

单位工程施工组织设计的编制程序如图 6-1 所示。

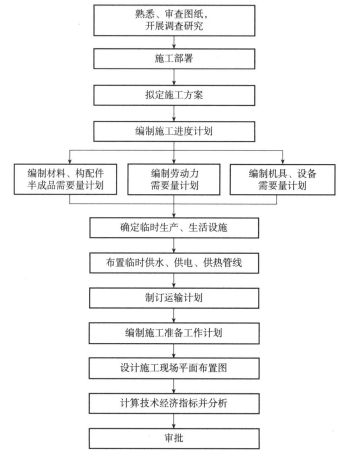

图 6-1　单位工程施工组织设计的编制程序

6.2　工程概况

工程概况主要包括工程主要情况、各专业设计简介和工程施工条件。

6.2.1　工程主要情况

（1）工程名称、性质和地理位置；

(2)工程的建设、勘察、设计、监理和总承包等相关单位的情况；

(3)工程承包范围和分包工程范围；

(4)施工合同、招标文件或总承包单位对工程施工的重点要求；

(5)其他应说明的情况。

6.2.2　各专业设计简介

(1)建筑设计简介。建筑设计简介应依据建设单位提供的建筑设计文件进行描述，包括建筑规模(建筑面积、层数、层高、总高度、平面尺寸)、建筑功能、建筑特点、建筑耐火、防水及节能要求等，并应简单描述工程的主要装修做法。

(2)结构设计简介。结构设计简介应依据建设单位提供的结构设计文件进行描述，包括结构形式、地基基础形式、结构安全等级、抗震设防类别、主要结构构件类型及要求等。

(3)机电及设备安装设计简介。机电及设备安装设计简介应依据建设单位提供的各相关专业设计文件进行描述，包括给水排水及采暖系统、通风与空调系统、电气系统、智能化系统、电梯等各个专业系统的做法与要求等。

6.2.3　工程施工条件

(1)项目施工区域地形及周边环境：包括工程地形、场地类别、工程地质(土层分布及技术参数)、水文地质(地下水的深度、水质、流向)、土壤冻结深度；施工区域地上、地下管线及相邻的地上、地下建(构)筑物情况；与项目施工有关的道路、沟道、河流情况等。这些因素能为开展"三通一平"、制定施工方案、布置临时设施等提供依据。

(2)项目建设地点气象条件：包括当地最高、最低气温及对应时间，冬、雨期的起止时间，主导风向和风力，最大降雨量等。这些因素能为制定施工方案、安排施工进度和做好季节性施工准备提供依据。

(3)当地供水、供电、供热和通信能力情况：为做好"三通一平"，布置临时设施，设计临时供水、供电、供气系统等提供依据。

(4)当地建筑材料、设备供应和交通运输服务能力：包括水泥、砂、石、钢筋、木材等材料供应情况，搅拌机、挖掘机、起重机等机械设备的供应情况。这些因素能为堆场、仓库、车库等临时设施的布置，选择运输方式和组织物资进场，以及制订施工准备工作计划提供依据。

(5)其他与项目施工有关的主要因素：着重阐述影响较大的关键内容，目的是加强针对性，明确施工任务的大小和难易程度，以便合理制定施工方案、安排施工进度和设计施工现场平面图。

6.3　施工部署

施工部署是对单位工程实施过程做出的统筹规划和总体安排，包括项目施工主要目标、进度安排和空间组织、施工组织安排等。

(1)工程施工目标。工程施工目标应根据施工合同、招标文件及本单位对工程管理目标的要求确定,具体包括质量目标、进度目标、安全目标、成本目标、文明施工目标与环境保护目标等。各项目标的确定应满足施工组织总设计中确定的总体目标。

(2)进度安排和空间组织。进度安排和空间组织应符合下列要求:

1)工程主要施工内容及其进度安排应明确说明,施工顺序应符合工序逻辑关系。

2)施工流水段应结合工程具体情况分阶段进行划分;单位工程施工阶段的划分一般包括地基基础、主体结构、装饰装修和机电设备安装四个阶段,应尽量组织流水施工,保证单位工程施工连续、均衡进行。

(3)工程的重点与难点。根据单位工程项目的特点和地理位置,分析并说明单位工程的重点和难点,并提出针对重点和难点的施工要求。选择施工方法时应重点考虑对整个单位工程质量起关键作用的、工程量大、施工技术复杂、工期相对较长的分部分项工程。

(4)工程管理组织机构。根据工程规模、专业特点、复杂程度及施工企业的管理模式确定项目管理组织结构形式,并确定项目经理部的工作岗位设置。按照岗位职责需要组建高效精炼的项目管理班子。制定项目管理工作程序、制度和相应的考核标准,提高项目管理工作效率,激发项目管理班子工作积极性和创造性。

另外,施工部署还应对单位工程施工中开发和使用的新技术、新材料、新工艺、新方法等做出部署,对主要分包工程施工单位的选择要求及管理方式进行简要说明,明确工程验收的程序和要求。对基坑工程、模板工程、脚手架工程、起重吊装工程等专项施工采取的施工方案进行部署。对土方开挖与基坑支护工程、高支模工程、拆除与爆破工程等危险性较大的分部分项工程,以及超过一定规模的危险性较大的分部分项工程的专项施工方案提出明确要求。

6.4 主要施工方案

施工方案是单位工程施工组织设计的核心内容,是决定单位工程施工质量的关键。施工方案是否合理,直接影响工程质量、施工进度、安全生产和工程成本。

施工方案的主要内容包括确定施工流向,安排施工顺序,确定主要分部分项工程的施工方法,选择施工机械。

公路工程的单位、
分部分项工程划分

分部分项工程的划分要遵照《建筑工程施工质量验收统一标准》(GB 50300—2013)、《城镇道路工程施工与质量验收规范》(CJJ 1—2008)中分部分项工程的划分原则,对主要分部分项工程制定施工方案。同时,还应对脚手架工程、起重吊装工程、临时用水用电工程、季节性施工等专项工程所采用的施工方案进行必要的验算和说明。

6.4.1 确定施工流向

施工流向是指单位工程在平面或空间上开始施工的部位及其进展方向,主要解决建(构)筑物在空间上的合理施工顺序问题。对单层建筑物来说,仅需确定其在平面上的起点和施工流向即可;对多、高层建筑物来说,既要确定平面上施工的起点和流向,还需确定竖向上施工的起点和流向。

确定单位工程施工流向时，需考虑以下因素：

(1)车间的生产工艺流程和使用要求。生产工艺流程往往是确定施工流向的最关键因素。如按照生产工艺顺序安排工业厂房的施工，不仅可以保证设备安装分期进行，还能尽早投产并实现经济效益。影响其他工段试车投产的工段也应先行施工。

(2)建设单位对生产和使用的需要。根据建设单位的要求，对急需生产和使用的施工段先行施工。如高层宾馆、饭店等，可在主体施工到一定层数后，开始下面若干层的设备安装和室内外装修工程施工。

(3)工程的繁简程度和施工过程之间的相互关系。技术复杂、施工速度慢、工期长的区段和部位可先行施工，如高层建筑的主楼部分先施工，裙楼部分后施工。另外，关系密切的分部分项工程的流水施工，如果紧前工作的起点流向已经确定，则后续施工过程的起点流向应与其一致。如单层工业厂房的土方工程施工起点和流向就决定了柱基础、某些构件预制与吊装施工的起点和流向。

(4)房屋高低层和高低跨。当房屋有高低层或高低跨时，应从高低层或高低跨并列处开始。如柱的吊装应从高低跨并列处开始，屋面防水层施工应遵照先低后高的施工流向，基础施工应遵循先深后浅的施工顺序。

(5)工程现场条件和施工方案。施工场地大小、道路布置和施工方案中采用的施工机械等也都会影响施工流向的确定。例如，当选定挖土机械(正铲、反铲、拉铲等)和垂直运输设备(履带式起重机、汽车式起重机、塔式起重机等)后，这些机械设备的开行路线和布置位置就决定了基础挖土和结构吊装的施工起点流向。当土方工程边开挖边外运余土时，应按从远而近的流向进行施工，即施工起点选在离道路远的位置。

(6)施工方法的要求。施工流向应该根据施工方法及其施工组织要求进行安排和调整。例如，在结构吊装工程中，采用分件吊装法和采用综合吊装法的施工流向有所不同。又如，高层建筑地上、地下结构采用顺作法施工的施工流向不同于逆作法施工流向。

(7)施工组织的分层分段。划分施工层、施工段的部位，如伸缩缝、沉降缝、施工缝，也是决定其施工流向应考虑的因素。

(8)分部分项工程的特点及其相互关系。分部分项工程的特点和相互关系决定其施工流向。特别是在确定竖向和平面组合的施工流向时，尤其显得重要。例如，在多高层建筑室内装饰中，根据装饰工程的工期、质量、安全要求及现场施工条件，一般有自上而下、自下而上、自中而下再自上而中三种施工流向。

1)室内装饰自上而下的施工流向。室内装饰自上而下的施工流向是指在主体结构封顶、屋面防水工程完成后，从顶层开始逐层向下进行室内装饰工程施工，其施工流向如图 6-2 所示，可分为水平向下和垂直向下两种，水平向下的方式采用较多。

自上而下施工流向的优点：主体结构完工后有一定的沉降时间，能更好地保证装饰工程的质量；屋面防水施工已经完成，可防止雨水或施工用水渗漏对装饰工程质量的影响；各工序之间干扰少，便于组织施工和垃圾清理。

缺点：不能与主体结构施工充分搭接，工期较长。

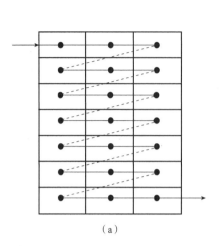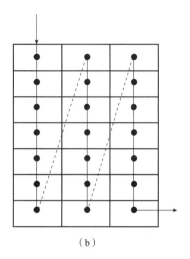

图 6-2　室内装饰工程自上而下的施工流向

(a)水平向下；(b)垂直向下

2)室内装饰自下而上的施工流向。室内装饰自下而上的施工流向是指当主体结构施工到一定层数(一般三、四层以上)后，可从第一层开始并逐层向上开展室内装饰工程施工，其施工流向如图 6-3 所示，有水平向上和垂直向上两种，水平向上的方式采用较多。

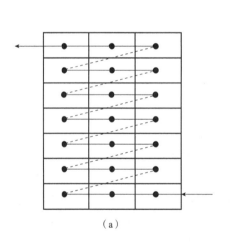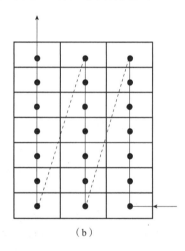

图 6-3　室内装饰工程自下而上的施工流向

(a)水平向上；(b)垂直向上

自下而上施工流向的优点：室内装饰可以与主体结构平行搭接施工，有利于缩短工期。

缺点：工序之间交叉较多，材料与机械供应较集中，施工组织较复杂，工程质量与安全不易保证。例如，当采用预制楼板时，板缝浇灌不严密易造成墙边处漏水，严重影响装饰工程质量；为防止雨水下渗对装饰工程造成影响，还应先做好上层地面再做下层顶棚抹灰。

3)室内装饰自中而下再自上而中的施工流向。这种施工流向综合了前两种施工流向的优点，适用于高层建筑的室内装修工程。其施工流向如图 6-4 所示，可分为水平向下和垂直向下两种。

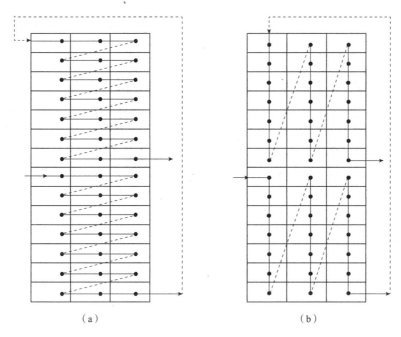

图 6-4　室内装饰工程自中而下再自上而中的施工流向

(a)水平向下；(b)垂直向下

6.4.2　安排施工顺序

施工顺序是指单位工程中各分部分项工程或施工阶段的先后次序及其制约关系。合理的施工顺序不仅应符合施工的客观规律，还应解决好各工种之间的搭接问题。在组织具体施工时，应根据工程特点、施工条件、使用要求等，确定不同阶段、不同施工内容的先后次序。

1. 确定施工顺序的一般原则

施工顺序应遵守"先地下后地上，先土建后设备，先主体后围护，先结构后装修"的原则，上道工序积极地为下道工序创造条件，下道工序施工应保证上道工序的成品不受损坏。土建与水电、设备安装相互配合，合理穿插，积极为对方创造施工条件。

(1)"先地下后地上"是指在地上工程开始之前，尽量把管道、线路等地下设施、土方及基础工程做好或基本完成，以免对地上部分施工产生干扰。

(2)"先土建后设备"是指无论工业建筑还是民用建筑，土建施工应先于水、暖、电、卫、通信等设备的施工与安装。但土建与设备更多的是穿插配合的关系，一般在土建施工的同时就应做好与建筑设备安装有关的预埋件和预留孔洞等。对于大型工业厂房，土建施工与设备安装可以采取"封闭式"(土建施工完成后再设备安装)、"敞开式"(大型设备安装后再土建施工)及土建施工与设备安装同时进行三种方法。具体采用哪种施工顺序，则与设备基础的大小与埋深、各类管道埋深等有关。

(3)"先主体后围护"是指先进行主体结构施工，再进行围护结构施工，主要针对的是框架结构建筑。当然，为缩短工期，多、高层建筑的主体结构与围护结构也可采用搭接施工方式。

(4)"先结构后装修"是指先进行主体结构施工，后进行装饰装修工程施工。但有时为了缩短工期，也可采用部分搭接的方式进行施工。

由于影响工程施工的因素很多，故上述施工顺序只是一般情况下的施工顺序，并非一成不变。特别是随着建筑工业化的不断发展，新的施工技术不断涌现，施工顺序也必然发生一定的改变。例如，在高层建筑施工时，可采用地下与地上同时进行施工的"逆作法"；再如大板结构房屋中的大板施工，已实现工厂化生产，结构与装饰均可在工厂同时完成。无论如何，安排施工顺序时要做到施工流向合理，确保施工质量，利于成品保护，减少工料消耗，利于成本降低，尽量连续、均衡施工。

2. 确定施工顺序应考虑的因素

(1)符合施工工艺要求。各施工过程之间在客观上存在着一定的工艺顺序关系，即它们之间相互依赖和相互制约的关系，一般是不能违背的。这种顺序关系随着施工对象和使用功能的不同而变化。例如，现浇钢筋混凝土楼板的施工顺序为：支模板→绑扎钢筋→浇筑混凝土→混凝土养护→拆模板，而现浇钢筋混凝土柱的施工顺序为：绑扎钢筋→支模板→浇筑混凝土→混凝土养护→拆模板。

(2)考虑施工方法和施工机械要求。对同一施工项目，当选用不同的施工方法和施工机械时，施工过程的先后顺序往往是不相同的。例如，在进行装配式单层厂房施工时，当采用分件吊装法，施工顺序为：柱→起重机梁→屋架和屋面板；当采用综合吊装时，施工顺序为：第一节间的柱、起重机梁、屋架和屋面板→下一节间的柱、起重机梁、屋架和屋面板→…。又如，在进行装配式多层多跨厂房施工时，当采用塔式起重机时，可自下向上逐层吊装；当采用桅杆式起重机时，则应分单元完成吊装任务，即自下向上完成第一个单元后，再自下向上开始下一个单元的构件吊装任务。

在道路桥梁工程施工中，现浇钢筋混凝土上部构造的施工顺序与采用架桥机进行装配化施工的顺序明显不同。

(3)考虑施工组织的要求。当有多种可能的施工顺序时，就应从施工组织的角度进行分析、比较，选择更经济合理并能为后续施工过程创造良好施工条件的施工顺序。例如，有地下室的高层建筑，地下室地面工程既可以安排在地下室顶板施工前进行，又可以在顶板施工后开始。很明显，前者施工空间宽敞，便于吊装机械将地面施工所需材料吊至地下室，更有利于施工组织。后者虽然不利于地面的施工和材料运输，但可实现地上地下同时施工，有利于缩短工期。

(4)有利于保证施工质量。确定施工顺序时，必须以保证施工质量为前提。例如：水磨石地面，只能在上一层水磨石地面完工后才能进行下一层的顶棚抹灰，否则易造成质量缺陷；屋面防水施工前必须把屋面以上结构(如水箱、天窗等)全部完成，否则防水层会因后续作业而损坏；屋面防水施工时，只能待找平层干燥后才能进行防水层施工，否则影响防水效果。

(5)考虑当地气候条件和地质条件的影响。安排施工顺序时，应充分考虑洪水、雨季、冬季、季风、夏季高温、不良地质的影响。如东北、西北、华北地区应多考虑寒冷气候对施工的影响，华南和华东地区则主要考虑雨水和台风的影响。土方开挖、混凝土浇筑、屋面防水、室外装饰等工程应尽可能避开不利天气，安排在雨季到来之前进行，并为雨季进行室内作业创造条件；桥梁下部工程应安排在汛期之前或之后进行。

（6）考虑施工安全要求。确定施工顺序时，必须要求各施工过程的搭接不致产生不安全因素和引发安全事故。例如，预制混凝土装配整体式结构施工时，后续构件的安装应在前期构件的临时固定或最后固定的基础上进行；不能在同一个施工段上一边进行楼板施工，一边又进行其他作业；脚手架应在每层结构施工之前完成等。

3. 多层砖混结构房屋的施工顺序

多层砖混结构房屋的施工具有砌筑工程量大、装饰工程量大、材料运输量大的特点，一般可分为基础工程、主体结构工程、屋面和装饰装修工程三个施工阶段。其施工顺序如图 6-5 所示。

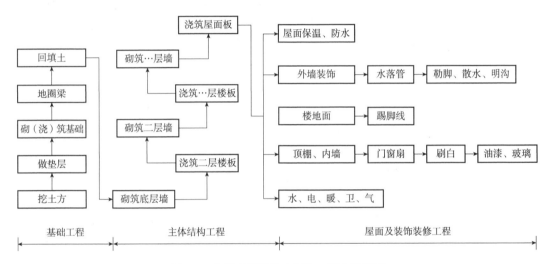

图 6-5　多层砖混结构房屋施工顺序示意图

（1）基础工程施工顺序。基础工程一般是指房屋室内地坪（±0.000）标高以下的工程。其施工顺序：定位放线→基坑降水→土方开挖、基坑支护→基槽清理→验槽→（地基处理）→垫层→基础钢筋绑扎→基础支模→基础混凝土浇筑→防水（潮）层→保护层→土方回填。

当采用桩基础时，灌注桩基础的施工顺序：清理场地→放桩位→钢筋笼制作→护筒埋设→成孔并清孔→钢筋笼吊装→安装导管→二次清孔→测泥浆相对密度和沉渣厚度→混凝土浇灌→外排泥浆→清理泥浆池。预制桩基础的施工顺序：桩机就位→起吊预制桩→稳桩→打桩→接桩→送桩→检查验收→移桩机至下一个桩位。

地面以下各种上下水管道、暖气管道、煤气管道等工程应与基础工程施工紧密配合，合理安排施工顺序，尽量避免二次开挖而造成浪费或影响工程质量。另外需要强调的是，土方开挖与垫层施工的间隔时间不宜过长，以免不利气候对地基造成影响；基础混凝土达到拆模要求后应及时拆模，土方回填应一次分层填筑完成，以便及早为后续施工提供工作面。

（2）主体结构工程施工顺序。主体结构工程施工阶段的工作内容有：搭设脚手架、砌筑墙体和浇筑圈梁、构造柱、楼板、楼梯、雨篷、阳台等。当采用现浇钢筋混凝土楼板时，施工顺序：绑扎构造柱、圈梁钢筋→砌筑墙体→支构造柱模板→浇筑构造柱混凝土→支圈梁、楼板、楼梯模板→绑扎楼板、楼梯钢筋→浇筑圈梁、楼板、楼梯混凝土。当采用预制钢筋混凝土楼板时，施工顺序：绑扎构造柱、圈梁钢筋→砌筑墙体→支构造柱模板→浇筑构造柱混凝土→楼板、梯段板吊装→灌缝。

在主体结构工程施工中，砌筑墙体为主导施工过程，要尽量组织流水施工，其他施工过程应配合主导施工过程搭接进行。例如，脚手架搭设应配合砌墙进度逐段逐层进行，现浇构件的支模、扎筋可安排在墙体砌筑的最后一步插入，预制梯段的安装应与墙体砌筑和楼板安装紧密结合。

（3）屋面和装饰装修工程施工顺序。屋面与装饰装修工程施工阶段的内容包括屋面防水、内外墙和顶棚抹灰与饰面、地面工程、门窗扇安装、油漆与玻璃等。该阶段工程量大、工序繁多、湿作业多、涉及工种多、占用工期较长。

屋面防水应在主体结构完工后尽快完成，其施工顺序与屋面防水采用的材料、做法和屋面防水等级有关。卷材防水屋面的施工顺序：基层清理→找平层→隔汽层→保温层→找平层→冷底子油结合层→卷材防水层→保护层或面层。涂膜防水屋面的施工顺序：基层清理→找平层→刷层处理剂→涂膜防水层→保温层→保护层。刚性防水屋面的施工顺序一般为：基层清理→保温层和隔离层→弹分割线并安装分隔条→支边模板→做灰饼→绑扎钢筋网片→浇筑混凝土→混凝土养护→分隔缝灌油膏。

装饰工程按装饰部位分为内装饰和外装饰，根据项目施工条件、当地气候和工期要求等可以采用先内后外、先外后内和内外同时进行三种施工顺序。

室外装饰工程施工顺序：外墙抹灰（或饰面）→水落管→勒脚→散水（或明沟）。

室内装饰工程的施工顺序有两种：安装门窗框→楼地面→顶棚→墙面→安装门窗扇→油漆、玻璃；安装门窗框→顶棚→墙面→楼地面→安装门窗扇→油漆、玻璃。前一种施工顺序的优点是便于室内清理，使地面施工质量容易得到保证，还可保护下一层顶棚和墙面不受渗水污染，但顶棚和墙面装饰施工时搭设的内脚手架可能会影响地面，需要做好保护。另外，地面完成后需要养护，故工期相对较长；后一种施工顺序有利于缩短工期，但在进行地面施工时必须将楼面上的落地灰和渣屑等清理干净，否则会引起基层与抹灰层的黏结而产生起壳现象。

楼梯间、走道和踏步的抹灰一般安排在各层装修基本完成后自上而下逐层进行，以免施工期间受到损坏。

水、电、暖、卫等设备的安装必须与土建施工密切配合，尽可能进行交叉作业。例如，在基础施工阶段，应先将管沟埋设好再回填土；在主体结构施工阶段，在墙体砌筑和楼板浇筑的同时，应做好预留孔洞、暗管敷设、预埋件埋设等；在装饰装修阶段，应及时安装好室内管网和附墙设备，并做好各类管线穿墙、穿楼板处及预留管的封堵。

4. 多、高层钢筋混凝土框架结构房屋的施工顺序

多、高层钢筋混凝土框架结构房屋一般分为基础工程、主体结构工程、屋面与围护工程、装饰装修工程四个施工阶段，其施工顺序如图6-6所示。其中，主体结构施工阶段与多层砖混结构房屋施工完全不同。

（1）基础工程施工顺序。多、高层现浇钢筋混凝土框架结构的基础工程（±0.000以下）可分为有地下室和无地下室两种情况。当有地下室时，施工顺序为：桩基施工→基坑支护与降水→土方开挖→破桩头、铺垫层→基础地下室底板施工→地下室墙、柱施工（包括防水）→

地下室顶板施工→回填土。当无地下室时，施工顺序为：桩基施工→基坑支护与降水→土方开挖→破桩头、铺垫层→钢筋混凝土基础施工→回填土。

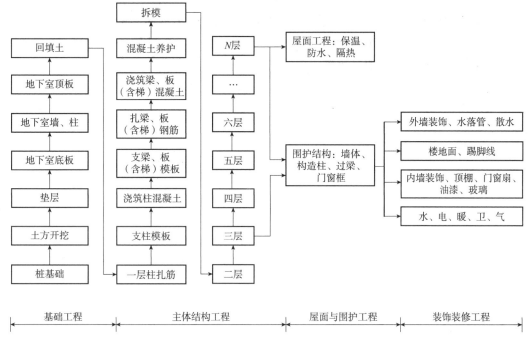

图 6-6　多、高层钢筋混凝土框架结构房屋施工顺序示意图

土方开挖时要做好降排水和基坑支护。混凝土浇筑完成后要做好养护工作，待达到拆模条件时应及时拆模并及时回填土，为上部结构施工创造有利条件。

（2）主体结构工程施工顺序。主体结构工程的施工主要是指梁、板、柱的施工，该阶段工程量大，所需材料和劳动力多，对工程质量、工期、成本起着关键作用。主体结构施工流向在竖向上按照柱、剪力墙→梁、板的顺序施工。现浇钢筋混凝土主体结构的施工顺序一般有两种：绑扎柱钢筋→支柱模板→浇筑柱混凝土→支梁、板模板（含梯）→绑扎梁、板钢筋（含梯）→浇筑梁、板（含梯）混凝土→养护→拆模；绑扎柱钢筋→支柱、梁、板（含梯）模板→浇筑柱混凝土→绑扎梁、板（含梯）钢筋→浇筑梁、板（含梯）混凝土→养护→拆模。

在现浇混凝土主体工程施工过程中，还需注意以下几点：

1）模板工程对保证钢筋混凝土构件的外观质量以及结构的强度、刚度都起着重要的作用，模板工程完工后必须严格按规范进行检验验收，避免出现模板未清理干净、接缝不严、炸模、偏斜、轴线或标高偏差过大、起拱高度不够等问题。同时，还应严格限定模板的拆除时间。

2）钢筋工程属于隐蔽工程，必须在混凝土浇筑前严格按规范进行检查验收。对钢筋外观质量与力学性能，钢筋连接方式、结构布置和接头试验报告，钢筋数量、品种、规格、数量和安装位置，钢筋搭接锚固、钢筋保护层厚度等进行验收，避免出现钢筋锈蚀、受力筋错位与偏移、接头百分率超标、锚固长度不足、露筋等质量缺陷。

3）对于混凝土分项工程，不仅要对原材料与配合比设计进行检查验收，还应根据设计要求对强度等级和抗渗等级、初凝时间、施工缝位置与处理、后浇带位置与浇筑、养护等进行验收，规范混凝土浇筑过程，确保混凝土施工质量。

（3）屋面与围护工程施工顺序。围护工程施工包括内外墙砌筑、构造柱和过梁、门窗框安装等，根据现场实际情况可以组织平行搭接和流水施工。内墙砌筑有些需要与外墙砌筑同时进行，另一些则需要在地面工程完工后进行。

屋面工程施工顺序与多层砖混结构屋面工程的施工顺序相同。

（4）装饰装修工程施工顺序。多、高层钢筋混凝土框架结构装饰装修工程的施工顺序与多层砖混结构相同，同样分为室内装饰与室外装饰，包括墙面、楼地面、顶棚、门窗扇和玻璃安装、油漆、勒脚、散水、明沟、落水管等，以及水、电、暖、卫设备的安装。

5. 装配式单层工业厂房的施工顺序

装配式工业厂房的施工具有基础施工复杂、构件预制量大、土建与设备配合密切等特点，一般可分为基础工程、预制工程、结构安装工程、屋面与围护工程、装饰装修工程五个施工阶段。预制装配式单层工业厂房的施工顺序如图 6-7 所示。

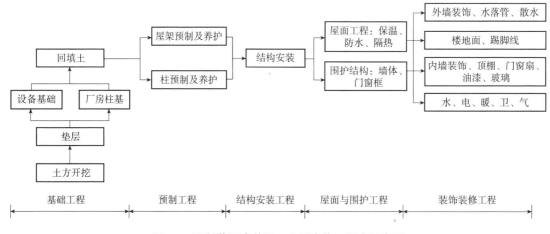

图 6-7　预制装配式单层工业厂房施工顺序示意图

（1）基础工程施工顺序。基础工程包括厂柱基础和设备基础。施工顺序为：土方开挖→垫层铺设→厂柱基础和设备基础(扎钢筋→支模板→浇筑混凝土)→养护→拆模→回填土。厂柱基础的施工应按确定的施工流向组织分段流水施工，并应与后续结构安装工程的施工流向和分段相结合。

厂柱基础和设备基础的施工顺序一般有以下两种：

1)封闭式施工：封闭式施工是指先完成厂房主体结构施工，再进行设备基础的施工。其优点是厂房吊装可按常规方法进行，施工方便安全，设备基础在室内施工，不受气候条件影响，还可利用厂房内的起重机为设备基础施工服务，减轻劳动强度和提高工效。缺点是会出现部分土方重复挖填，且设备基础施工场地较拥挤，开挖土方和浇筑混凝土的施工条件较差，工期一般较长。这种施工顺序适用于设备基础不大、厂柱基础埋深大于设备基础埋深，或冬、雨期施工的情况。

2)开敞式施工：开敞式施工是指厂柱基础和设备基础同时施工，完成后再进行厂房主体结构施工。其优点是施工场地开阔，可减少土方的二次挖填。当地下水水位较高时，还可缩短降水时间，节省排水费用，同时为设备提前安装创造条件。缺点是大型设备基础施工完后再吊装厂房主体结构，给柱、屋架等预制构件的布置和吊装带来不便和困难。这种施工顺序适用于设备基础较大较深、分布密度较大、厂柱基础埋深小于设备基础埋深，或厂房地区土质不好的情况。

（2）预制工程施工顺序。构件的预制分为在施工现场预制和在加工厂预制两种情况。一般将柱、屋架等质量大、运输不便的大型构件安排在施工现场预制，而起重机梁、屋面板、基础梁等中、小型构件安排在加工厂预制。

现场预制钢筋混凝土构件的施工顺序为：场地平整→支模板→扎钢筋→埋设预埋件→浇筑混凝土→养护→拆模板。当采用预应力构件时，先张法的施工顺序为：场地平整→张拉钢筋→支模板→扎钢筋→浇筑混凝土→养护→拆模板。后张法的施工顺序为：场地平整→支模板→浇筑混凝土并预留孔道→养护→拆模板→穿钢筋、张拉并锚固→孔道灌浆。目前，多采用后张法施工。

当在施工现场预制构件时，预制构件制作的日期、位置、流向和顺序，取决于工作面的准备情况及后续工作（结构安装工程）的要求。通常只要基础回填、场地平整工作完成，结构安装方案确定后即可开始预制构件的制作。构件预制的流向应与基础工程的施工流向保持一致，以便尽早开始构件制作，并尽早为结构安装创造条件。

（3）结构安装工程施工顺序。结构安装工程是装配式单层厂房施工的主导工程，包括柱、柱间支撑、起重机梁、连系梁、屋架、屋面板、屋架支撑体系，以及天窗的吊装、校正与固定。结构安装开始时间取决于构件混凝土的强度，也受制于基地找平、弹线、吊装机械进场、吊装方案制定等准备工作的完成情况。

在这一阶段，结构吊装方法决定了结构安装工程的施工顺序。当采用分件吊装法时，先按施工流向逐间完成柱的吊装、校正和固定，然后逐间完成梁的吊装、校正和固定，最后逐间完成屋架及屋面板的吊装、校正和固定。当采用综合吊装法时，先依次完成第一节间柱、梁、屋架及屋面板的吊装、校正和固定，再按照确定的施工流向，依次完成第二、第三…节间柱、梁、屋架及屋面板的吊装、校正和固定。如此按施工段进行吊装，直到厂房的全部结构构件吊装完毕。

结构安装施工流向应与预制工程的施工流向一致。当车间为多跨并存在高低跨时，结构安装应从高低跨并列处开始，以满足安装工艺的要求。

（4）围护与屋面工程施工顺序。围护工程施工主要包括墙体砌筑和门窗框安装，施工顺序与砖混结构、钢筋混凝土框架结构相同。

屋面工程施工包括屋面的防水、保温、隔热等，施工顺序也与砖混结构、钢筋混凝土框架结构相同。

（5）装饰装修工程施工顺序。装饰装修工程分为室内装饰和室外装饰。室内装饰施工包括内墙、地面、顶棚、门窗扇、油漆和玻璃。室外装饰施工包括外墙、勒脚、散水和台阶。

6. 道路桥梁工程的施工顺序

（1）路基工程施工顺序。路基工程包括路基土石方工程，排水工程，小桥及符合小桥标准的通道、人行道、渡槽，涵洞通道工程，砌筑防护工程，大型挡土墙、组合式挡土墙。

路基土石方工程分为路基填方和路基挖方。排水工程包括基边沟、侧沟、截水沟、天沟及排水沟、坡面排水槽、暗沟等地表和排水设施的施工，通常与路基土石方工程同时施工。施工顺序如图 6-8 所示。

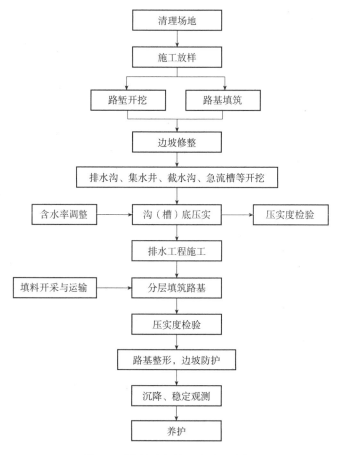

图 6-8 路基工程施工顺序示意图

防护工程施工顺序因施工方法和所用材料不同而有很大差异。例如，浆砌片石挡土墙施工顺序为：测量放样→挖基坑(人工或机械)→整修基底并夯实→检测基底承载力→砌筑垫层→砌筑片石→勾缝→处理伸缩缝→防水处理及台背土回填。片石混凝土挡土墙施工顺序为：测量放样→挖基坑(人工或机械)→整修基底并夯实→检测基底承载力→砌筑垫层→支模板→浇筑混凝土并加片石→养护→防水处理及台背土回填。坡面植物防护的施工顺序为：平整坡面→安装挂钉及竹竿碎落台种植槽培土→种植灌木和垂悬植物→浇水养护。拱形骨架护坡的施工顺序为：边坡处理→挂线开挖沟槽和基础→预制骨架→砌筑骨架(含碎石反滤层)→勾缝(铺立体植被网＋喷播植草)→养护。

组合式挡土墙施工顺序为：桩基施工→承台施工→基坑开挖→挡土墙基础施工→挡土墙墙身施工→墙背填土。

（2）路面工程施工顺序。路面工程施工包括底基层、基层、面层、垫层、联结层、路缘石、人行道、路肩、路面边缘排水系统等施工过程。

混凝土路面施工顺序为：场地平整→定位放线→支侧模→混凝土摊铺→振捣、刮平、整平→抹光机提浆抹光→平整度复核→面层施工→养护割缝→成品保护。

沥青混凝土路面施工顺序为：定位放线→路基挖填→管道施工→土方回填→稳定碎石层→侧平石安砌→沥青路面施工→人行道施工→其他附属工程→施工扫尾。

路缘石施工顺序为：施工放样→基层拆除及清理→素土夯实→垫层→混凝土结构层→安装路缘石→勾缝→养护。

人行道施工顺序为：测量放样→人行道路基土方→安放路缘石、侧边石→水泥混凝土垫层→步道板铺砌→养护。

路面排水系统是排水的收集、输送，以及水质的处理和排放等设施以一定方式组成的总体，是用以除涝、防渍、防盐的各级排水沟（管）道及建筑物的总称，是由沿路面结构的端部边缘设置的集水沟、横向排水管、纵向排水管、过滤织物（土工布）、边沟、截水沟、急流槽、散水、盲沟、排水沟、涵洞组成的边缘排水系统。

道路工程路面边缘部分排水设施的施工顺序

（3）桥梁工程施工顺序。桥梁工程包括基础和下部构造、上部构造预制与安装、上部构造现场浇筑、桥面系和附属工程、防护工程、引道工程等施工项目。总体施工顺序为：基础工程→下部结构施工→上部结构施工→桥面铺装→附属设施施工。

下面列举某桥梁工程各分项工程的施工顺序：

桥梁桩基施工顺序为：测量放样→便道填筑→施工平台填筑→护筒埋设→安设钻机（挖孔设备）→钻进成孔→初验→基底清洗→中间验收→制作、安放钢筋笼检测管→浇筑桩基混凝土→养护、待强→清凿桩头→验收。

承台、系梁施工顺序为：桩头清凿、清洗→振打钢板桩围堰→开挖基坑→切割钢护筒→浇筑封底混凝土→混凝土养护、待强→抽水、测量放样→绑扎钢筋、预埋钢筋→装外侧模→测量调校→浇筑混凝土→养护→验收。

系（盖）梁施工顺序为：施工准备→墩柱顶或桩顶工作缝处理（凿毛清洗）→测量放样→安装支架基础及铺设系（盖）梁模板→墩柱及系（盖）梁钢筋加工、安装→侧模板安装、测量调位→混凝土拌和、浇筑→系（盖）梁混凝土养护→拆模。

系梁施工顺序（水中）为：施工准备→围堰抽水→安装底模和侧模→钢筋绑扎→浇筑混凝土→养护。

墩身施工顺序为：墩身与承台接触面凿毛、清洗→测量放样→搭设操作平台脚手架→钢筋安装、接长→外侧模安装→测量、调校几何尺寸、缆风固定→浇筑混凝土→混凝土养护、待强→拆模、拆支架→验收。

预应力混凝土箱梁施工顺序为：地基处理→浇筑台座→安装板梁、放波纹管大样→绑扎底层、侧面钢筋→安装波纹管→浇筑底板混凝土→绑扎翼缘、顶板钢筋→放内芯模板→浇筑腹板、顶板混凝土→取模芯→清孔并养护→拆模→穿预应力钢绞线→张拉→切割钢绞线→灌浆封锚。

隧道洞口开挖施工顺序

洞口管棚施工顺序

桥面系施工顺序为：人行道板安装→路缘石砌筑→金属护栏→桥面铺装水泥混凝土→伸

缩缝安装→路灯→泄水孔→画线→交通工程等。

防护工程施工顺序为：施工放样→开挖基坑→检平基底→夯实基底→浆砌基础→浆砌墙身、预留泄水孔→墙背铺碎石砾石反滤层→墙背回填夯实→勾缝、抹面→场地清理、疏通排水系统。

引道工程施工顺序为：施工准备→引道路基土石方施工→排水管敷设、窨井施工→机动车道、非机动车道、人行道垫层及面层施工→附属工程施工。

围岩施工顺序　　　光面爆破施工顺序

（4）隧道工程施工顺序。隧道工程施工的一般顺序为：测量放样→土方开挖→初期支护→隧道防水→二次衬砌→隧道排水→隧道路面→隧道装饰。当采用新奥法进行施工时，其施工顺序为：测量放样→洞口防排水系统施工→洞口段施工→洞身开挖及支护→监控量测→二次衬砌→水沟工程→洞内路面。

6.4.3　确定施工方法和选择施工机械

施工方法和施工机械的确定是施工方案的关键，直接影响着工程质量、安全和施工进度。

1. 确定施工方法

施工方法是工程施工所采用的技术方案、工艺流程、组织措施、检验手段等，它是施工方案的核心内容。一般各个施工过程均可采用多种施工方法进行施工，而每一种施工方法都有其各自的优势和使用的局限性。因此，确定施工方法时，应充分考虑工程特点、工期要求和施工条件等因素，选择适于建设项目的最先进、最合理、最经济的施工方法。

例如，基坑开挖可以采用分层开挖（有支撑、无支撑）、盆式开挖、中心岛式开挖等，具体应根据基坑面积大小、开挖深度、支护结构形式、环境条件等因素来选用。当基坑四周空旷、有足够放坡场地、周围没有建筑设施或地下管线时，宜采用放坡分层开挖；当施工区域土质较差、基坑四周场地狭窄时，可采用有支撑分层挖土；当基坑面积较大、支撑或拉锚作业困难且无法放坡时，可采用盆式

常见基坑开挖方式

开挖；当基坑面积不大、周围环境和土质可以进行拉锚或采用支撑时，可考虑采用中心岛式开挖。

再如，桥梁工程的水中围堰施工，有土袋围堰、钢丝笼围堰、钢板桩围堰三种可能的施工方法，具体施工时需要结合现场的水文地质条件及工程造价等进行选择。若水流较缓、河床开阔且地质条件良好，可选择造价最低的土袋围堰；若水文地质条件一般，可选择钢丝笼围堰；若水流湍急、河床狭窄、地质条件恶劣，则只能选择造价最高的钢板桩围堰，以保证工程质量和安全。

（1）确定施工方法的基本要求。

1）满足主导施工过程的施工方法要求；

2）符合技术先进、经济适用、操作方便、安全可靠的要求；

3)符合机械化程度的要求,兼顾施工机械的适用性和多用性,充分发挥施工机械的使用效率;

4)充分考虑施工企业的技术能力、劳动组织形式、施工管理水平、机械配套能力及可利用的现有条件。

(2)确定施工方法的重点。确定施工方法主要针对主导施工过程。对于常见的一般结构形式、生产人员已熟练掌握的常规做法,施工方法可相对简化,只需提出应该注意的特殊要点和解决措施即可。但对于下列施工项目,应详细说明施工方法和技术措施,必要时还应编制专项施工方案。

1)工程量大、工程质量起关键作用、在单位工程中占据重要地位的分部分项工程,如基础工程、钢筋混凝土工程等隐蔽工程。

2)技术复杂、施工难度大,或采用"四新"技术的分部分项工程,如泵送混凝土、预应力施工、滑模(爬模、飞模等)、异形脚手架等。

3)易发生质量通病、易出现安全问题、技术难度大的分项工程或工序等,如防水工程、悬挑脚手架、爆破拆除工程、大体积混凝土裂缝控制。

4)施工人员不太熟悉且缺乏施工经验的结构,或专业性很强的特殊专业工程。如仿古建筑、索膜结构安装、大型结构整体提升等。

(3)主要分部分项工程施工方法的确定。

1)土方工程。明确土方开挖方法、施工流向、放坡坡度、基坑支护方法、土方回填方法及所使用的施工机械,明确降低地下水水位的方法、地表水和地下水的排水方法及有关配套设备,现场土方的平衡与调配。如有石方时,还需要确定爆破方法和所用机械设备、材料以及在施工过程中采取的安全措施。在确定施工方法时,应提高机械化程度和机械使用效率,机械设备尽量选择系列产品。

2)钢筋混凝土工程。明确选用的模板类型和支模方法,确定所需的模板规格及其数量(必要时还应绘制模板放样图),明确模板的拆除顺序与拆除时间。选择钢筋的加工、连接(绑扎、焊接、机械连接)和安装方法,以及保护层厚度的控制方法。当有预应力工程时,应明确预应力筋的张拉力、张拉程序、张拉顺序、灌浆方法与要求,以及张拉设备与锚具的选择。选择混凝土的搅拌和输运方式,明确混凝土的浇筑顺序、振捣方法、施工缝的留置位置和处理方法、后浇带的留置位置和处理方法,明确混凝土的养护方法、养护时间及混凝土的质量验收。

在确定施工方法时,应加强模板工具化、早拆化及钢筋、混凝土施工机械化的推广应用。应特别注意高大模板体系的安全验收问题,梁柱节点等钢筋密集处的处理方法,混凝土(尤其是大体积混凝土、防水混凝土、清水混凝土)的冬期施工问题。

3)结构安装工程。确定结构构件的安装方法、吊装顺序及使用的吊装机械、机械开行路线、停机位置。绘制构件堆放平面图,确定构件的运输方法和堆放要求。若为现场预制构件,还需确定预制构件加工厂的位置、大小,预制构件的翻身就位、堆放和固定支撑件的制作与安装。明确构件吊装前的各项准备工作、吊装工程量和吊装进度安排。

4)屋面工程。确定屋面保温层、防水层、隔汽层、保护层施工方法与操作要求,屋面工程材料的运输方式,屋面工程施工所用的机械设备。

5)装饰工程。确定室内装饰和室外装饰所采用的施工方法，各种装饰材料类型、堆放位置、进场时间和数量，明确装饰工程所用设备的型号与数量，确定室内、室外装饰的工艺流程和劳动组织。

6)垂直与水平运输。选择垂直运输方式及运输设备的型号、数量和停机位置，确定脚手架的搭设方式。确定水平运输方式及所用设备的型号、数量、开行路线，以及配套使用的设备。

2. 选择施工机械

(1)选择施工机械的基本要求。施工机械的选择应以满足施工工艺和施工方法的需求为前提。选择施工机械时，应注意以下几点：

1)优先确定主导施工过程的施工机械。根据工程特点确定最适合的主要施工机械类型。例如，基础工程的挖土机械，可根据开挖深度、土方量、运距、现场条件等，选择挖掘机、铲运机、推土机等；主体结构的垂直和水平运输机械，可根据运输量大小、建筑物高度与平面形状、现场施工条件等，选择塔式起重机、龙门架、井架以及施工电梯等。

2)充分利用企业现有的施工机械。选择施工机械时只能在现有的或可能获得的机械中选择，并尽可能做到一机多用。例如，在大型土方施工中，施工单位已拥有推土机、铲运机等十多台设备，已能基本满足土方工程施工需要。若确定施工方法时执意选择挖土机配合运土汽车的方案，则是没有充分利用既有机械，在施工单位资金不足的情况下，购买或租赁机械的方案显然就行不通了。

3)辅助机具应与主导施工机械的生产能力相协调。为充分发挥主导施工机械的生产效率，在选择与主导施工机械配套使用的其他各种设备时，应使它们的生产能力相协调。例如，在土方施工中，运土汽车的型号和数量应保证挖土机械连续工作；在结构吊装中，构件运输机械的选择应保证起重设备连续作业。

4)尽量减少施工机械的种类和型号。在满足工程需要的前提下，应力求施工机械的种类和型号少一些，以便充分发挥机械使用效率，同时也便于机械管理。当工程量大且分散时，宜采用多用途机械施工。例如，挖土机既可用于挖土，又能用于装卸和起重。

5)尽可能提高机械化和自动化程度。机械化是实现建筑工业化的重要环节。尽量减少手工操作，提高作业的机械化、自动化程度是减轻疲劳、提高劳动生产率、提高生产安全水平的有力措施。如混凝土尽可能采用商品混凝土，土方工程中尽量减少人工开挖。

(2)主要分部分项工程施工机械的选择。

1)基础工程施工主要机械设备。土石方工程所需的机械设备主要包括挖掘机、推土机、装载机、自卸汽车、平地机、洒水车、凿岩机、破碎机、摊铺机、压路机等。

基础类型与施工方法不同，使用的施工机械也不同。预制桩施工机械有蒸汽锤、液压锤、落锤、振动锤、静力压桩机、拔桩机等；灌注桩施工机械有振动锤、钻孔机(冲抓式、螺旋式、潜水式、回转式等)、挖槽机、混凝土搅拌楼、混凝土搅拌运输车、履带式桩架或万能式桩架等。

2)主体工程施工主要机械设备。主体工程施工使用的机械设备主要有塔式起重机、施工电梯、井架、龙门架等垂直运输机械；混凝土泵、混凝土布料杆、混凝土输送管、混凝土振动器等混凝土浇筑设备；钢筋弯曲机、钢筋切断机、钢筋调直机、电焊机、挤压机等钢筋加工与连接设备；切割机、抛光机、角磨机、压刨机、气泵、冲击钻、台钻、风钻、喷枪、钢钉枪等装饰装修工程常用机具设备。

3）路基工程施工主要机械设备。路基工程施工主要机械设备包括挖掘机、铲运机、推土机、装载机、平地机、凿岩机和石料破碎、筛分设备。

应根据工程作业要求、作业内容选择适宜的施工机械。例如，土方开挖工程可选择推土机、挖掘机、装载机和自卸汽车等机械与设备；石方开挖可选择清基和料场推土机、挖掘机、凿岩机、爆破设备及移动式空气压缩机等机械与设备；路基整型可选择平地机、推土机、挖掘机等机械设备。

4）桥梁工程施工主要机械设备。桥梁工程施工中通用的机械设备主要有各类起重机、各类运输车辆和自卸汽车等。混凝土生产与运输机械有混凝土搅拌站、混凝土运输车和混凝土泵车；下部结构施工机械包括预制桩施工机械和灌注桩施工机械，预制桩施工机械有液压打桩机、蒸汽打桩机、振动拔桩机、静力压桩机等；灌注桩施工机械有钻机、空压机、泥浆泵、导管、龙门起重机、桅杆起重机、发电机等；具体应根据施工方法配置不同的施工机械。上部结构施工机械取决于所采用的施工方法。顶锥法施工机械有油泵车、穿心式千斤顶、大吨千斤顶、导向装置等；悬臂施工机械有起重机和挂篮设备；滑模施工机械有支架、卷扬机、油泵、油缸、钢模板等。

5）隧道工程施工主要机械设备。隧道类型不同，使用的施工机械相差很大。有些隧道用一般的土石方机械即可施工，有些隧道则需专用的施工机械。一般隧道开挖与出渣机械有凿岩机械，装药、找顶及清底机械，单臂掘进机、盾构机（隧道盾构掘进机），全断面挖掘机（TMB），装渣机械，运输机械；隧道支护机械有混凝土喷射机械，锚杆机械，注浆泵，混凝土二次模注衬砌机械。因此，应根据隧道工程使用的施工方法配置不同的机械设备。

6.4.4　制定技术组织措施

技术组织措施是指在技术和组织方面为保证工程质量、安全、降低成本和文明施工所采用的措施与方法。确定的施工方案能否得到很好的实施，技术组织措施起着关键性的作用。

（1）保证工程质量措施。保证工程质量的关键是对施工组织设计的工程对象经常发生的质量通病制定防治措施，可以按照各主要分部分项工程提出质量要求，也可以按照各工种提出质量要求。可从以下几个方面考虑：

1）确保拟建工程定位、放线、轴线尺寸、规定标高测量等准确无误的措施；

2）确保地基土承载能力符合设计规定而采取的有关技术组织措施；

3）确保各种基础、地下结构、地下防水工程质量的措施；

4）确保主体承重结构各主要施工过程质量的措施；各种预制承重构件检查验收的措施；各种材料、半成品、预制构件、混凝土等检验及使用要求；

5）对新结构、新工艺、新材料、新技术的施工操作提出质量措施或要求；

6）确保冬、雨期施工质量的措施；

7）在屋面防水施工、各种抹灰及装饰操作中，确保施工质量的技术措施；

8）解决质量通病的措施；

9）执行施工质量检验、验收制度；

10）提出各分部工程质量评定的目标计划。

（2）保证施工安全措施。安全施工措施应贯彻安全操作规程，对施工中可能发生的安全问题进行预测，有针对性地提出预防措施，以杜绝施工中伤亡事故的发生。可从以下几个方面考虑：

1）提出安全施工宣传、教育与培训的具体措施；

2）针对拟建工程地形、环境、气象、自然气候等情况，提出可能突然发生自然灾害时有关施工安全方面的若干措施及具体办法；

3）提出易燃、易爆品管理制度及使用的安全技术措施；

4）制定防火、消防措施；制定高温、有毒、有尘、有害气体环境下操作人员的安全要求和措施；

5）制定土方、深坑施工，高空、高架操作，结构吊装、上下垂直平行施工时的安全要求和措施；

6）制定各种机械、机具安全操作要求，以及车辆的安全管理；

7）各处电气设备的安全管理及安全使用措施；

8）狂风、暴雨、雷电等特殊天气发生前后的安全检查措施和安全维护制度。

（3）降低成本措施。以施工预算为尺度，以企业年度、季度降低成本计划和技术组织措施计划为依据编制拟建项目的降低成本措施。

要针对工程施工中降低成本潜力大的项目（工程量大、有降低成本可能性和有利条件的），提出可行的降低成本措施，并计算出经济效益和相应指标。降低成本措施应包括降低劳动力、材料、机具设备方面的支出，以及间接费、临时设施费等方面的措施。需要注意的是，一定要正确处理降低成本、保证质量和安全、缩短工期几方面的关系，降低成本措施必须是以不影响施工质量和安全为前提的，可以从以下几个方面考虑：

1）有精干、高效的领导班子来合理组织施工生产活动；

2）有合理的劳动组织，以保证劳动生产率的提高，减少总用工数；

3）物资管理要有计划，从采购、运输、现场管理及竣工材料回收等方面，最大限度降低原材料、半成品和成品的成本；

4）采用新技术、新工艺以提高功效，降低材料耗用量，节约施工总费用；

5）保证工程质量，减少返工造成的损失和成本增加；

6）保证安全生产，降低事故频率，避免意外工伤事故带来的损失；

7）提高机械利用率，降低机械费用；

8）增收节支，减少施工管理费的支出；

9）尽可能提前完工，以节省各项费用开支。

（4）现场文明施工措施。文明施工是指保持施工场地整洁、卫生，施工组织科学、施工程序合理的一种施工活动。实现文明施工，不仅要着重做好现场的场容管理工作，还要做好现场材料、设备、技术、保卫、消防和生活卫生等方面的管理工作。一个工地的文明施工水平是该工地乃至所在企业各项管理工作水平的综合体现。施工现场的文明施工可从以下几个方面考虑：

1）施工现场的围挡与标牌，出入口与交通安全，道路畅通，场地平整。

2）暂设工程的规划与搭设，办公室、更衣室、宿舍、食堂、厕所的安排与环境卫生。

3）各种材料、半成品、构件的堆放与管理。

4）散碎材料、施工垃圾运输，以及其他各种环境污染，如搅拌机冲洗废水、油漆废液、灰浆水等施工废水污染；运输土方与垃圾、白灰堆放、散装材料运输等粉尘污染；熬制沥青、熟化石灰等废气污染；打桩、搅拌混凝土、振捣混凝土等噪声污染；夜间施工的光污染等。

5）成品保护。包括工程一切材料、设备、成品、半成品的保护。例如，高低压配电柜、电梯、通风机、水泵、强弱电配套设施；墙面、顶棚、楼地面、地毯，石材、门窗、楼梯饰面及扶手、卫生淋浴间及防水工程等装饰过程中的工序产品；消防箱、配电箱、插座、开关、空调风口、灯具、卫生洁具、阀门、水箱等安装过程中的工序产品。

6）施工机械保养与安全使用。

7）安全与消防。

（5）季节性施工措施。

1）冬期施工措施；

2）雨期施工措施；

3）高温季节施工措施；

4）台风季节施工措施。

6.4.5 施工方案的技术经济评价

在实际施工中，应对若干个可行的施工方案进行技术经济评价后确定最终的施工方案。一般是从定性分析和定量分析两个方面来评价施工方案的优劣，从而选取技术先进可行、质量可靠、经济合理的最佳方案。

（1）定性分析。定性分析是指结合工程实际经验，对多个施工方案的优点、缺点进行分析和比较的方法。例如，评价施工操作的难易程度和安全可靠性，评价施工机械的获得是否可行，或企业自有机械设备是否得到充分利用，评价施工方案是否能为后续作业提供有利条件等。这种方法可充分发挥管理人员的经验和判断能力，但预测结果准确性相对较差。

（2）定量分析。定量分析是指在对各施工方案的一系列单个技术经济指标进行计算和对比的基础上，选择出最佳施工方法。常用的定量分析指标有工期指标、机械化程度、降低成本指标、主要材料节约指标、单位建筑面积劳动量消耗指标。

6.4.6 施工方案示例

此处节选了某已完工酒店项目部分分部分项工程的施工方案，扫描下面二维码进行阅读。

工程概况

工程特点分析

测量控制方案

基坑工程施工方案　　　　防水工程施工方案　　　　装饰装修施工方案

6.5　施工进度计划

单位工程施工进度计划是在施工总进度计划的指导下，以单位工程为对象，按分部分项工程或施工过程来划分施工项目，在选定施工方案的基础上，根据工期目标和各种资源供应条件，对各施工项目的施工顺序、起止时间和相互衔接关系进行的统筹规划与安排。

单位工程施工进度计划是既定施工方案在时间上的具体反映，是对单位工程从开工到竣工的全部施工过程在时间和空间上的合理安排，是指导单位工程施工的基本文件之一。

6.5.1　单位工程施工进度计划的作用

单位工程施工进度计划的作用如下：

(1)控制单位工程施工进度，保证在规定工期内完成符合质量要求的工程任务；

(2)确定各施工过程的施工顺序、持续时间和相互间衔接、制约关系；

(3)为编制资源需要量计划和施工准备计划提供依据；

(4)为编制季度、月度生产作业计划提供依据。

6.5.2　单位工程施工进度计划的分类

工程规模大小、结构复杂程度、施工工期长短不同，单位工程施工项目划分的粗细程度也不同，据此可将单位工程施工进度计划分为控制性施工进度计划和实施性施工进度计划。

控制性施工进度计划是以分部工程项目为划分对象编制的进度计划，一般在工程的施工工期较长、结构比较复杂、资源供应暂时无法全部落实时采用。控制性施工进度计划应对总目标进行分解，确定里程碑事件的进度目标，既对整个工程的施工和竣工验收起到一定的控制调节作用，还为实施性施工进度计划的编制提供依据。

实施性施工进度计划也称作业性施工进度计划，是以分项工程或施工过程为划分对象编制的进度计划。该类施工进度计划的项目划分必须详细，各施工过程之间的衔接关系必须明确。该类施工进度计划应确定施工作业的具体安排，确定一个月度或旬的人工需求，施工机械需求，建筑材料、成品与半成品的需求，资金需求等。对于比较简单的单位工程，可直接编制单位工程作业性施工进度计划。

6.5.3　单位工程施工进度计划的表示

单位工程施工进度计划可采用网络图或横道图表示，并附必要的说明。对于工程规模较大或较复杂的工程，宜采用网络图表示。

单位工程施工进度计划可用表 6-1 表示，左边是工程项目和有关施工参数，右边是时间图表部分。有时还可将劳动力在项目施工期间的动态图绘制在进度图下方，如图 6-9 所示，具体绘制方法见本书第 2 章。用网络图表示的进度计划表具体可见本书第 3 章。

表 6-1　单位工程施工进度计划表

序号	分部分项工程名称	工程量		劳动量	每天班数	每天人数	持续天数	施工进度/d									
		单位	数量					4 月			5 月			6 月			7 月
								10	20	30	10	20	30	10	20	30	…

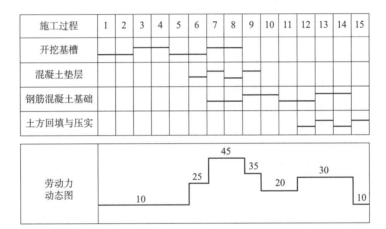

图 6-9　单位工程施工进度计划

6.5.4　单位工程施工进度计划的编制

1. 单位工程施工进度计划的编制依据

(1)经审批的建筑总平面图和单位工程全套施工图，以及地形图、工艺设计图、设备及其基础图等；

(2)项目所在区域的工程地质和水文地质条件、气象资料和现场施工条件；

(3)施工总进度计划对单位工程进度计划的要求；

(4)单位工程施工方案；

(5)施工定额；

(6)劳动力、材料、机械设备等资源的供应情况，分包单位情况等；

(7)其他有关的要求和资料，如工程合同等。

2. 单位工程施工进度计划的编制程序

单位工程施工进度计划的编制程序如图 6-10 所示。

3. 单位工程施工进度计划的编制内容与方法

（1）熟悉和审查施工图纸，调查研究有关资料。施工单位的项目负责人在收到施工图纸和有关资料后，应组织项目技术人员和有关施工人员全面地熟悉和审查图纸，并参加建设、设计、监理、施工单位有关工程技术人员参加的图纸会审，以及由设计单位技术人员进行的设计交底。在弄清设计意图的基础上，研究有关技术资料，同时对施工现场进行勘察，调查施工条件，为编制施工进度计划做好准备。

（2）划分施工过程并确定施工顺序。编制施工进度计划时，应按照已经确定的施工方案划分施工过程，并确定各施工过程的先后顺序和衔接关系。施工过程内容的多少、划分的粗细程度，应根据进度计划的需要来决定。对于大型建设工程，经常需要编制控制性施工进度计划，此时工作项目可以划分得粗一些，一般只明确到分部工程即

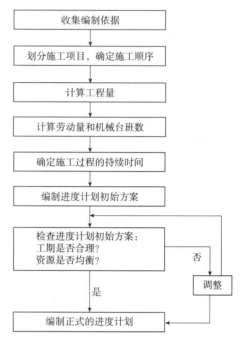

图 6-10 单位工程施工进度计划的编制程序

可。例如，在装配式单层厂房控制性施工进度计划中，只列出土方工程、基础工程、预制工程、安装工程等各分部工程项目。如果编制实施性施工进度计划，工作项目就应划分得细一些，如装配式单层厂房实施性施工进度计划中，应将基础工程进一步划分为挖基坑、做垫层、砌基础、回填土等分项工程。

由于单位工程中的工作项目较多，应在熟悉施工图纸的基础上，根据建筑物结构特点及已确定的施工方案，按施工顺序将分部工程（或施工过程）逐项填入施工进度表的分部分项工程名称栏中，以防止漏项或重项。凡是与工程对象施工直接有关的内容均应列入计划，而不属于直接施工的辅助性项目和服务性项目则不必列入。例如，在多层混合结构住宅施工进度计划中，应将脚手架搭设、砖墙砌筑、圈梁和板的现浇、预制楼板安装和灌缝等施工过程一一列入。而完成主体工程中的搅拌混凝土（砂浆）、运转混凝土（砂浆），以及楼板的预制和运输等项目，既不是在建筑物上直接完成，也不占用额外工期，不必列入计划中。

另外，有些分项工程在施工顺序上和时间安排上是相互穿插进行的，或者是由同一专业施工队完成的，为了简化进度计划的内容，应尽量将这些项目合并，以突出重点。例如，防潮层施工可以合并在砌筑基础项目内，安装门窗框可以并入砌墙工程。

（3）计算工程量。工程量的计算应根据施工图和工程量计算规则，针对所划分的每一个工作项目进行。当编制施工进度计划时已有预算文件，且工作项目的划分与施工进度计划一致时，可以直接套用施工预算的工程量，不必重新计算。若某些项目有出入，但出入不大时，应结合工程的实际情况进行某些必要的调整。计算工程量时应注意以下几个问题：

1）注意工程量的计算单位。各分部分项工程的工程量计算单位应与采用的施工定额中相应的计算单位一致，以便计算劳动量和材料需要量时可以直接套用定额，不再进行换算。

2）工程量计算应结合所选定的施工方法和制定的安全技术措施进行，以使计算的工程量

与施工实际相符。例如，挖土时是否放坡，是否加工作面，坡度大小与工作面尺寸是多少，是否使用支撑加固，开挖方式是单独开挖、条形开挖或整片开挖，这些都会直接影响到基础土方工程量的计算。

3)工程量计算时应按照施工组织要求分区、分段、分层进行。若每层、每段上的工程量相等或相差不大，可根据工程量总数分别除以层数、段数，即可得到每层、每段上的工程量。

4)如已编制预算文件，应合理利用预算文件中的工程量，避免重复计算。施工进度计划汇总的有些施工项目与预算文件中的项目完全不同或局部有出入时(如计量单位、计算规则、采用定额)，则应根据施工中的实际情况加以修改、调整或重新计算。

(4)计算劳动量和机械台班数。根据所划分的施工项目(施工过程)和选定的施工方法，套用施工定额，以确定劳动量和机械台班数。

施工定额有时间定额和产量定额两种表示方法，二者互为倒数。可按下式进行计算：

$$P = \frac{Q}{S} \tag{6-1}$$

$$H = \frac{1}{S} \tag{6-2}$$

式中　P——某施工过程所需的劳动量、工日或机械台班数；

　　　Q——某施工过程的工程量(m^3、m^2、t 等)；

　　　S——某施工过程的产量定额(或机械产量定额)，是指单位时间内完成建筑产品的数量(m^3/工日、m^2/工日、t/工日等)；

　　　H——某施工过程的时间定额(或机械台班定额)，是指完成单位建筑产品所需的时间(工日/m^3、工日/m^2、工日/t 等)。

需要特别注意的是，如果施工进度计划汇总施工项目与施工定额中的施工项目内容不一致时，应对施工定额进行如下处理方可套用：

1)当某些施工过程是由若干施工项目合并而成时，应分别根据各施工项目的时间定额(或产量定额)及工程量，用加权平均定额(综合定额)来计算劳动量或机械台班定额，如下式所示：

$$S' = \frac{\sum\limits_{i=1}^{n} Q_i}{\sum\limits_{i=1}^{n} P_i} = \frac{\sum\limits_{i=1}^{n} Q_i}{\sum\limits_{i=1}^{n} \frac{Q_i}{S_i}} \tag{6-3}$$

$$H' = \frac{\sum\limits_{i=1}^{n} H_i Q_i}{\sum\limits_{i=1}^{n} Q_i} \tag{6-4}$$

式中　S'——某施工过程的综合产量定额；

　　　H'——某施工过程的综合时间定额；

　　　$\sum\limits_{i=1}^{n} Q_i$——该施工项目的总工程量，$\sum\limits_{i=1}^{n} Q_i = Q_1 + Q_2 + Q_3 + \cdots + Q_n$；

　　　$\sum\limits_{i=1}^{n} P_i$——该施工项目的总劳动量、工日或机械台班数，$\sum\limits_{i=1}^{n} P_i = P_1 + P_2 + P_3 + \cdots + P_n$。

2)对于有新技术、新工艺、新设备、新材料的施工项目或特殊施工方法的施工项目,其定额未列入定额手册时,可参照类似项目的定额进行换算,或根据实测资料确定,或采用三时估计法。三时估计法按下式计算平均产量定额:

$$\overline{S} = \frac{1}{6}(a + 4m + b) \tag{6-5}$$

式中 a, b, m——分别代表最乐观、最保守和最可能估计的产量定额。

3)对于其他工程所需的劳动量,可根据其内容和数量,结合施工现场的具体情况以占总劳动量的百分比计算,一般为 10%～20%。

【例 6-1】 某钢筋混凝土基础工程,支模板、扎钢筋、浇筑混凝土三个施工过程的工程量分别为 620 m^2、8 t、280 m^3,查得其时间定额分别为 0.253 工日/m^2、5.28 工日/t、0.388 工日/m^3,计算完成三个施工过程各自需要的劳动量。

解: $P_模 = Q \cdot H = 620 \times 0.253 = 156.86(工日) \approx 157(工日)$

$P_筋 = Q \cdot H = 8 \times 5.28 = 42.24(工日) \approx 43(工日)$

$P_混 = Q \cdot H = 280 \times 0.388 = 108.64(工日) \approx 109(工日)$

【例 6-2】 某墙面装饰有外墙涂料、真石漆、面砖三种做法,其工程量分别是 850.5 m^2、500.3 m^2、320.3 m^2。采用的产量定额分别是 7.56 m^2/工日、4.35 m^2/工日、4.05 m^2/工日。计算它们的综合产量定额及外墙面装饰所需的劳动量。

解: $P_涂 = \dfrac{Q}{S} = \dfrac{850.5}{7.56} = 112.5(工日)$

$P_漆 = \dfrac{Q}{S} = \dfrac{500.3}{4.35} = 115.01(工日)$

$P_砖 = \dfrac{Q}{S} = \dfrac{320.3}{4.05} = 79.09(工日)$

外墙装饰所需的劳动量为

$$P = P_涂 + P_漆 + P_砖 = 306.6(工日)$$

综合产量定额为

$$S' = \frac{\sum_{i=1}^{n} Q_i}{\sum_{i=1}^{n} P_i} = \frac{850.5 + 500.3 + 320.3}{112.5 + 115.01 + 79.09} = \frac{1\ 671.1}{306.6} = 5.45\ (m^2/工日)$$

(5)确定工作班制。编制施工进度计划时,应根据施工工艺需要和施工进度要求合理选择工作班制。通常先按一班制考虑,如果每天所需工人人数或机械台数超过了施工单位的现有人力、物力或工作面限制,则应根据具体情况和实际条件从技术和施工组织上采取积极措施,可采用两班制或三班制。例如,浇筑大体积混凝土时可采用三班制连续作业。

(6)确定施工过程的持续时间。根据施工条件和施工工期要求,确定各施工过程持续时间的方法有定额计算法、工期计算法、经验估算法,具体可见本书第 2 章。

需要注意的是,在安排每班工人数和机械台数时,应考虑两个方面:一方面,须保证工人(机械)有足够的工作面(不能小于最小工作面),以发挥高效率并保证施工安全;另一方面,应使各施工过程的工人数量(机械台数)不低于正常施工所必需的最低限度(不能少于最小劳动组合),以达到最高的劳动生产率。

【例 6-3】 某工程基础混凝土浇筑所需劳动量为 548 工日，每天采用三班制，每班安排 30 人施工。则混凝土浇筑所需的持续时间为多久？

解：
$$t_{浇} = \frac{P}{R \cdot b} = \frac{548}{30 \times 3} \approx 6(d)$$

【例 6-4】 某工程砌墙所需劳动量为 810 工日，要求在 20 d 左右完成，采用一班制施工。则每班工人数为多少？

解：
$$R_{砌} = \frac{P}{t \cdot b} = \frac{810}{20 \times 1} = 41(人)$$

【例 6-5】 某土方工程采用机械化施工，需要 195 个台班完成，当工期为 16 d 时，所需挖土机的台数为多少？

解：
$$R_{挖} = \frac{P}{t \cdot b} = \frac{195}{16 \times 1} \approx 12(台)$$

(7)编制施工进度计划初始方案。编制施工进度计划初始方案时，应优先安排主导施工过程的施工进度。编制方法如下：

1)先安排主导分部分项工程。主导分部分项工程尽可能组织流水施工，或采用流水施工与搭接施工相结合的方式，尽可能使各工种连续作业。例如，在现浇钢筋混凝土框架结构房屋施工中，应首先安排主导分项工程——钢筋混凝土框架结构施工的施工进度，即安排好框架柱钢筋绑扎、梁板柱模板支撑、梁板钢筋绑扎、梁板柱混凝土浇筑的施工。在这些主导施工过程的进度安排好后，再考虑其他施工过程的施工进度。

2)安排其他分部分项工程。其他分部分项工程的施工应与主导分部分项工程相配合，也应尽量组织流水施工，尽可能使各工种连续作业。

3)按施工工艺合理性和尽可能搭接的原则，将各分部分项工程的进度计划搭接起来，即可得到单位工程施工进度计划的初始方案。

由于建筑施工本身的复杂性，在编制施工进度计划时要仔细了解和认真分析工程施工的客观条件，正确评估施工单位自身的管理水平、技术能力、人员与设备配置等，尽可能预见施工过程中可能出现的问题和面临的困难，提前做好施工准备，使所制定的进度计划既符合客观情况又留有余地，避免安排过于紧凑或过于宽松。

(8)施工进度计划的检查与调整。在建设项目从开工到竣工验收的整个过程中，很难保证施工进度计划始终不变，通常都是需要随着施工的进展和施工情况的变化而进行动态调整。因此，需要对进度计划初始方案进行检查、平衡和调整，具体如下：

1)施工顺序的检查与调整。主要检查：各施工过程的先后顺序是否合理；主导施工过程是否最大限度地进行流水与搭接施工；其他施工过程是否与主导施工过程相配合，是否影响到主导施工过程的实施；各施工过程间的技术、组织间歇时间是否满足施工工艺和施工组织要求。如有错误或不合理之处，应予以调整。

2)施工工期的检查与调整。主要检查单位工程施工工期是否满足合同工期或施工总进度计划限定的工期。若不满足，则需重新安排施工进度计划，或改变某些分部分项工程的流水施工参数。

3)劳动量消耗的均衡性。根据施工进度计划绘制劳动量消耗动态图，并据此判断单位工程施工过程中的劳动量消耗是否均衡，即每日出勤的工人人数不应出现过大的变动。劳动消

耗的均衡性用劳动力均衡系数 K 表示:

$$K = \frac{最高峰施工期间工人人数}{施工期间每天平均工人人数} \tag{6-6}$$

最为理想的情况是劳动力均衡系数 K 接近于 1。劳动力均衡系数在 2 以内为好,超过 2 则不正常。图 6-11 列举了劳动力消耗的几种情况。可以看出,图 6-11(a)中出现了短时期高峰,短时期内所需工人人数突增,既不利于施工现场管理,也会增加临时性生活服务设施(如宿舍、食堂等)费用。图 6-11(b)中出现了长时期低谷,短时期内所需工人人数较少,若不及时调出部分工人,则会出现窝工现象,若将工人调出,则不能充分利用临时设施。图 6-11(c)中出现了短时间低谷,甚至可能是较大的低谷,这在实际施工中是允许的,此时只要合理安排工人的工作量,就可以消除窝工现象。

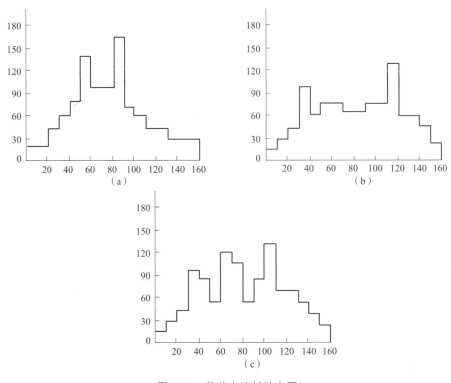

图 6-11 劳动力消耗动态图
(a)有短时期高峰;(b)有长时间低谷;(c)有短时间低谷

6.6 施工准备与资源配置计划

6.6.1 施工准备

施工准备工作既是单位工程的开工条件,也是施工中的一项主要内容。开工前的施工准备是为开工创造条件,开工后的施工准备是为作业创造条件,施工准备工作应贯穿于单位工程施工全过程。

施工准备工作应有计划地进行,各项准备工作的内容应有明确的分工,有专人负责实施,并应编制施工准备工作计划。施工准备工作计划见表 6-2。

表 6-2 单位工程施工准备工作计划表

序号	准备工作名称	准备工作内容	工程量		负责单位	协办单位	开始时间	结束时间	负责人
			单位	数量					

单位工程施工准备应包括技术准备、现场准备和资金准备等。

(1)技术准备。技术准备包括施工所需技术资料的准备、施工方案编制计划、试验检验及设备调试工作计划、样板制作计划等。

1)根据单位工程设计文件、合同要求、施工组织总设计等,制定施工现场使用的有关技术规范、标准、规程、图集、企业标准等技术资料计划。

2)主要分部(分项)工程和专项工程在施工前应单独编制施工方案,施工方案可根据工程进展情况,分阶段编制完成。对需要编制的主要施工方案应制定编制计划。

3)试验检验及设备调试工作计划应根据现行规范、标准中的有关要求及工程规模、进度等实际情况制定。

4)样板制作计划应根据施工合同或招标文件的要求并结合工程特点制定。

(2)现场准备。根据现场施工条件和工程实际需要,准备现场生产、生活等临时设施,具体包括:

1)清除施工区域内的地上、地下障碍物,做好"三通一平";

2)建立现场测量控制网;

3)建设各类生产和生活临时设施;

4)制订冬、雨期施工准备工作计划;

5)制订各种材料、构件、机具设备的进场计划。

(3)资金准备。建设项目的投资总是随着建设项目的进度分阶段、分期支出,在施工阶段是随着各项工程的进展与完成来支付的。因此,必须根据施工进度计划编制资金使用计划。基本步骤如下:

1)编制施工进度计划(横道图或网络图均可);

2)根据单位时间(月、旬、周)拟完成的实物工程量、投入的资源数量,计算相应的资金支出额,并将其绘制在横道图下方或时标网络计划中;

3)计算规定时间内的累计资金支出额;

4)绘制资金使用的"时间-投资累计曲线"(S 曲线)。若是根据网络计划绘制的 S 曲线,则必然包括按最早开始时间(ES)和最迟开始时间(LS)绘制的时间-投资额曲线,即组成"香蕉曲线",如图 6-12 所示。

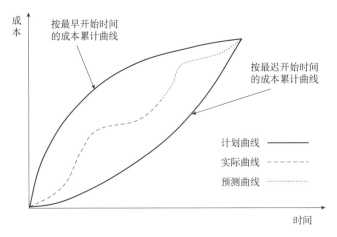

图 6-12　时间-成本香蕉曲线

香蕉曲线表明拟建项目成本变化的安全区间，若在施工过程中出现实际成本与计划成本间的差异不超出两条曲线限定的范围，则属于正常现象，可适当调整开始和结束时间使成本控制在计划范围之内。若出现实际成本超出这一范围的情况，就要引起重视，分析原因并采取必要的纠偏措施。

6.6.2　资源配置计划

资源配置计划应包括劳动力配置计划、物资配置计划和机械设备配置计划。

(1)劳动力配置计划的内容。

1)确定各施工阶段用工量；

2)根据施工进度计划确定各施工阶段劳动力配置计划。

(2)物资配置计划的内容。

1)主要工程材料和设备的配置计划应根据施工进度计划确定，包括各施工阶段所需主要工程材料、设备的种类和数量；

2)工程施工主要周转材料和施工机具的配置计划应根据施工部署和施工进度计划确定，包括各施工阶段所需主要周转材料、施工机具的种类和数量。

(3)机械设备配置计划的内容。

1)大型机械设备(如塔式起重机)的类型、规格、数量和进出场时间；

2)小型施工机具的类型、规格、数量和使用时间。

劳动力、材料、构件和半成品、机械设备配置计划表可见本书第 4 章。

6.7　施工现场平面布置

单位工程施工现场平面图是针对单位工程(如一幢建筑物或构筑物)的施工现场平面布置，是单位工程施工组织设计的重要组成部分。施工现场平面图是施工方案在现场空间上的体现，着重反映拟建工程与已建工程及各种暂设工程之间的关系。

如果单位工程是拟建建筑群或大型建设项目的一部分，如住宅小区中的一幢楼，学校新校区建设中的一栋教学楼，公路工程中的一条隧道等，则单位工程施工现场平面布置属于全场性施工总平面图的一部分，应受到施工总平面布置图的制约和限制。

单位工程施工平面图的绘制比例应比施工总平面图大，一般为1∶200～1∶500；同时，表达的内容应比总平面图更具体、更详尽。

6.7.1　单位工程施工平面布置图的设计原则与依据

单位工程施工平面布置图的设计原则可参考施工总平面图(本书第5.7节)。设计依据主要有：

(1)工程技术标准、规范和法律文件；

(2)施工合同及招标投标文件；

(3)建筑施工图、现场地形图和地质勘察资料；

(4)施工区域内地上、地下建筑物及管线资料；

(5)可利用的房屋和设施情况，周边交通条件，水、电、热、通信供应条件等；

(6)施工组织总设计文件(尤其是施工总平面布置图)；

(7)主要分部分项工程施工方案；

(8)有关安全、消防、环境保护及文明施工方面的法规、条例和文件。

6.7.2　单位工程施工平面布置图的内容

单位工程施工现场平面布置图应包括以下内容：

(1)工程施工场地状况；

(2)拟建建(构)筑物的位置、轮廓尺寸、层数等；

(3)工程施工现场的加工设施、存储设施、办公和生活用房等的位置和面积；

(4)布置在工程施工现场的垂直运输设施、供电设施、供水供热设施、排水排污设施和临时施工道路等；

(5)施工现场必备的安全、消防、保卫和环境保护等设施；

(6)相邻的地上、地下既有建(构)筑物及相关环境。

6.7.3　单位工程施工平面布置图的设计程序

单位工程施工现场平面布置图的设计程序如图6-13所示。具体设计方法如下。

1. 调查研究与收集资料

熟悉设计图纸、相关标准和规范，掌握施工方案和施工进度计划的要求，收集项目建设区域的气象、气候、水文地质、工程地质资料，以及当地劳动力、主要材料和构配件、机械设备和水、电、气、热供应情况，为确定各类生产、生活临时设施的面积、位置、数量等提供依据。

2. 确定起重机械的位置

起重机械的位置会直接影响砂浆和混凝土搅拌站、仓库、材料堆场的位置，也会影响水、电、热、气管道布置和场内道路布置。因此，在设计单位工程施工平面图时，必须首先考虑起重机械的位置。

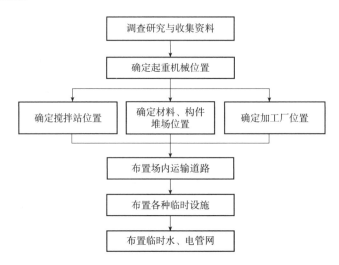

图 6-13　单位工程施工平面图的设计程序

建筑施工中的起重机械包括塔式起重机、井架、龙门架、汽车起重机、卷扬机、升降机等，塔式起重机是现代施工中最常用的大型垂直运输机械。本节主要介绍塔式起重机平面布置时的要点和需要考虑的因素。

(1)塔式起重机的分类。塔式起重机是将一节一节的标准节竖向堆叠，并能随着建筑物的升高而逐渐爬升的大型机械，可用来起吊施工用的钢材、混凝土、砌块、模板、钢筋笼等材料和构配件。塔式起重机的分类见表 6-3。

表 6-3　塔式起重机的分类

序号	分类依据	分类
1	有无行走机构	移动式塔式起重机，固定式塔式起重机
2	起重臂的构造特点	俯仰变幅起重臂(动臂)塔式起重机，小车变幅起重臂(平臂)塔式起重机
3	塔身结构回转方式	下回转(塔身回转)塔式起重机，上回转(塔身不回转)塔式起重机
4	塔式起重机安装方式	能进行折叠运输、自行整体架设的快速安装塔式起重机，需借助辅机进行组拼和拆装的塔式起重机
5	有无尖塔结构	平头塔式起重机，尖头塔式起重机

(2)塔式起重机的主要技术参数。塔式起重机的技术性能是用其各项技术参数表示的，主要参数包括幅度、起重量、起重力矩、自由高度、最大高度等。一般参数包括各种速度、结构重量、尺寸、尾部尺寸及轨距、轴距等。

1)塔式起重机的工作幅度：是指其回转中心线至吊钩中心线之间的水平距离，通常称为回转半径或工作半径。

2)塔式起重机的起重量：是指吊钩能吊起的重量，其中包括了吊索、吊具及容器的重量。起重量因幅度的改变而改变，因此每台塔式起重机都有自己本身的起重量与起重幅度的对应表，俗称工作曲线表。

起重量包括两个参数：最大起重量和最大幅度自重量。最大起重量是由起重机的设计结构确定的，所有塔式起重机都安装有重量限制器(也称测力环)，以防止起重量超过塔式起重机的最大起重量。最大幅度起重量与起重机的设计结构及其倾覆力矩有关，是非常重要的参数。

3)塔式起重机的起重力矩：是指塔式起重机的起重量与相应幅度的乘积，现行计量单位为 kN·m。

额定起重力矩是塔吊工作能力的最重要参数，是防止塔式起重机工作时因重心偏移而发生倾翻的关键参数。由于不同幅度的起重力矩不均衡，幅度增大时力矩减小，故常以各点幅度的平均力矩作为塔式起重机的额定力矩。

塔式起重机的起重量随着幅度的增加而递减，不同幅度对应着不同的起重量。若将各种幅度对应的起重量绘成曲线，就得到起重机的性能曲线图，该图在实际操作中可起到防止超载的作用。

4)塔式起重机的起升高度：是指从塔式起重机的混凝土基础表面(或行走轨道顶面)到吊钩的垂直距离，也称吊钩高度。

塔式起重机起升高度包括两个参数：一是塔式起重机安装自由高度时的起升高度；二是塔式起重机附着时的最大起升高度。为防止塔式起重机吊钩在起升超高时发生安全事故，每台塔式起重机上都安装了高度限制器。当吊钩上升到距离臂架 1～2 m 时会切断起升电源，防止吊钩继续上升而损坏设备。

5)塔式起重机工作速度：塔式起重机的工作速度包括起升速度、回转速度、变幅速度、大车行走速度等。在起重作业中，起升速度是最重要的参数。

(3)塔式起重机平面位置的确定。塔式起重机平面位置主要取决于建筑物的平面形状和四周的场地条件。固定式塔式起重机一般布置在建筑物中心，或建筑物长边的中间位置，如图 6-14 所示；当有多台固定式塔式起重机时，应保证塔式起重机起吊范围能覆盖整个施工区域，且相邻塔式起重机的塔身和起重臂不得发生干涉，如图 6-15 所示。有轨式塔式起重机一般应在场地较宽一侧沿着建筑物长度方向布置，可以沿建筑物单侧、双侧或环向布置。

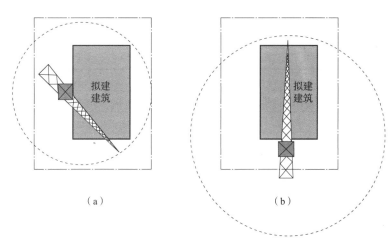

（a）　　　　　　　　　　　　（b）

图 6-14　一台固定式塔式起重机布置

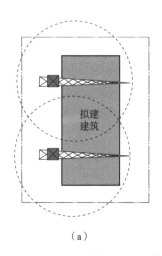 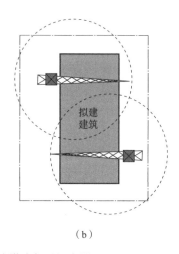

（a）　　　　　　　　　　　（b）

图 6-15　两台固定式塔式起重机布置

在确定塔式起重机平面位置时，还应考虑施工现场条件及吊装工艺，使塔式起重机的起重臂在回转半径范围内能将材料、半成品和构配件输送到任何施工地点，避免出现死角（即塔式起重机范围以外的区域）。如无法避免出现死角，则应尽量将塔式起重机吊装的最远构件超出服务范围的距离控制在 1 m 以内。否则，必须采取其他辅助措施来完成超出服务范围区域的输运任务。

除以上要求外，布置塔式起重机时还应考虑以下因素：

1）塔式起重机旋转半径内尽量不要有生活或办公区域，否则生活区需要另外做安全防护；

2）外脚手架与标准节之间的距离不应小于 0.6 m；

3）塔式起重机距离主体结构外立面的距离为 3～4 m；

4）塔式起重机与架空输电线边线的最小安全距离应满足表 6-4 的要求；

5）塔式起重机所吊运构件底部距相邻塔式起重机最高点的最小净空距离为 2 m；

6）两台塔式起重机相近部位之间的最小安全操作距离为 5 m（国外有些国家规定为 2 m）；

7）塔式起重机基础设置要求：塔式起重机设置在基坑内，标准节避免与上部结构梁重叠；塔式起重机布置在地下室结构范围外，避免与主体接触重叠。

表 6-4　塔式起重机与架空输电线边线的最小安全距离

安全距离/m	电压/kV				
	<1	1～15	20～40	60～110	220
沿垂直方向	1.5	3.0	4.0	5.0	6.0
沿水平方向	1.5	2.0	3.5	4.0	6.0

3. 确定搅拌站、加工棚和材料、构件堆场的位置

搅拌站、加工棚和材料、构件堆场应尽量靠近使用地点并在起重机械的服务范围内，应考虑到运输和拆卸方便。基础施工用的材料可堆放在基坑（槽）四周，但不得离基坑边缘太近，以防引发土壁和边坡坍塌。

（1）搅拌站的布置。施工现场的搅拌站主要是砂浆搅拌站、混凝土搅拌站。搅拌机的型号、规格和数量要根据工程量及工期确定，其位置选择需遵循以下原则：

1）尽可能布置在塔式起重机、施工电梯等垂直运输机械附近，以减少施工运距；

2）尽可能保障道路畅通，运输方便，即浆料的运输要道路畅通，原材料的使用要接近料场，且砂石料场的堆放区域要满足施工需求；

3）搅拌站要与砂石堆场、水泥库一起考虑布置，既要互相靠近，又要便于这些大宗原材料的运输和装卸；

4）搅拌站应设置在施工道路旁边，便于小车、翻斗车运输；

5）搅拌站四周要设置排污管网，便于清洁；

6）浇筑大型混凝土基础时，可将混凝土搅拌站直接设在基础边缘，待基础混凝土浇筑完毕后再转移。

（2）加工棚的布置。钢筋、木材等加工棚应设置在建筑物四周，以提高物料运输效率。

钢筋加工场地主要用于主体施工阶段，该区域布置必须考虑到钢筋运输方便，现场加工方便，半成品起吊方便。因此，钢筋加工场地应布置在施工道路附近位置，与钢筋原材堆放区域相连，加工好的钢筋必须分类堆放，且放置位置必须满足塔式起重机等垂直运输机械运输方便的要求。

淋灰池可根据现场情况布置在砂浆搅拌机附近。沥青熬制设备应布置在较空旷的场地，在施工平面布置图上明确标定位置，应远离易燃易爆危险品仓库和堆场，且布置在主导风向的下风向，以免影响生活区和施工区。为保证施工质量和安全，应尽量减少沥青的水平运输距离。

（3）材料仓库和堆场的布置。建筑施工中的材料、构件和半成品主要是指水泥、砂、石、石灰、砌块、模板、脚手架、预制构件等。应根据施工现场条件、施工方法、施工阶段、运输道路、垂直运输机械和搅拌站位置、工期要求等确定仓库和堆场的位置。此外，还应考虑材料的储备期和储备量要求。

对于用量大、使用时间长、供应与运输方便的材料，可考虑分期分批进场，尽量减少堆场面积，达到降低损耗、节约成本的目的；水泥仓库应布置在地势较高、排水通畅的位置；砂、石堆场和水泥仓库应尽量靠近搅拌站布置，石灰堆场也应靠近搅拌站；砖、砌块堆场可布置在垂直运输设备附近，或布置在塔式起重机服务范围内即可；砂、石、砌块、钢筋等材料堆放场地应布置在道路边，以便运输和搬运；模板、脚手架等周转性材料堆场应布置在安装、拆卸、整理和运输方便的地方，并尽量靠近拟建工程；油料仓库、乙炔仓库等应与其他建筑物保持安全距离，并在现场平面图上明确标示。

《建设工程施工现场消防安全技术规范》（GB 50720—2011）规定，易燃易爆危险品库房与在建工程的防火间距不应小于 15 m，可燃材料堆场及其加工场、固定动火作业场与在建工程的防火间距不应小于 10 m，其他临时用房、临时设施与在建工程的防火间距不应小于 6 m。施工现场主要临时用房、临时设施的防火间距应符合规范规定。

施工现场主要临时用房、临时设施的防火间距

（4）构件堆场的布置。在预制装配式房屋建筑和工业厂房施工中，应根据吊装方案和施工方法确定各种预制构件的加工场地及其堆场。构件堆场面积应根据构件尺寸、现场条件、运输能力和施工进度等综合确定。尽可能实行分期分批配套进场，以节

省堆场面积。

预制构件一般布置在起重机服务范围或塔式起重机回转半径内，以便直接挂钩起吊，减少二次转运。对于搬运方便的小型构件，堆场可距离垂直运输机械稍远一些。当采用固定式垂直运输机械时，构件堆场应布置在起重设备附近；当采用移动式起重机时，宜将构件堆场沿其开行路线布置在有效起吊范围内，且构件应按吊装顺序堆放。

4. 布置场内运输道路

现场道路应沿仓库和堆场布置，使道路能通到各个仓库和堆场，并要注意行驶通畅，使运输机械具有回转的可能性。现场道路必须满足消防要求，保证车辆能及时开到消防栓处，消防车道宽度不得小于 3.5 m；场内道路分主干道和次干道，尽量沿着材料仓库和堆场呈环形或 U 形布置。单行道宽度不应小于 3.5 m，双行道宽度不应小于 6.0 m。平板拖车单行道宽度不应小于 4 m，双行道宽度不应小于 8 m。道路上架空线的净空高度应大于 4.5 m，以保证运输车辆安全通行。

场内道路布置时应尽量利用现有道路和永久性道路，或者先建好永久性道路的路基，在土建工程结束后再铺路面，以节约建设费用和时间。

5. 布置临时办公和生活设施

办公室、会议室、门卫、工人宿舍、食堂等生活和生产临时设施的布置主要考虑使用方便，不妨碍施工，符合防火保卫和文明施工要求。一般门卫、办公室和会议室等行政用房布置在工地主要出入口附近。宿舍等生活用房布置在主导风向的上风向，宿舍也应靠近出入口，食堂、浴室等靠近宿舍即可。

6. 布置临时水电管网

(1)临时供水管网布置。临时供水管网布置时，应力求管网长度最短。管径大小可根据工程规模计算确定(可参见第 5 章)。根据当地气候条件和现场施工条件，供水管道可埋于地下，也可铺设在地面上，但应注意冬季防冻和车辆碾压。现场排水管道应尽量与永久性排水系统相结合。

根据经验，一般面积为 5 000～10 000 m² 的单位工程施工用水的总管直径取 100 mm，支管直径取 38 mm，或者用 25 mm 管，再另配 100 mm 管作为消防用水管道。

施工现场应设置消火栓、灭火机等消防设施。消火栓间距不应大于 120 m，距建筑物应不小于 5 m，也不应大于 25 m。条件允许时，可利用已有的消防设施。

为防止施工过程中意外断水影响施工质量和进度，可在建筑物附近布置简易蓄水池，以储备一定的施工用水，高层建筑施工时还应在水池边设置泵站。

(2)临时供电管网布置。布置现场临时供电管网时，应先计算施工用电和照明用电的总电量，然后考虑机械强度、电流强度和允许温升等确定导线截面。变压设备应设置在现场边缘高压线接入处，必须设置明显标志并在施工平面布置图中标示出来。

《施工现场临时用电安全技术规范》(JGJ 46—2005)规定，施工现场临时供电必须采取三级配电系统、TN-S 接零保护系统、二级漏电保护系统。总配电箱设置在靠近电源的地方，分配电箱设在用电设备或负荷相对集中的区域；当配电箱布置在室外时，应有防雨措施，严防漏电、短路和触电事故。

临时用电组织设计及变更时，必须严格履行"编制、审核、批准"程序，由电气工程技术人员组织编制，经相关部门审核及具有法人资格企业的技术负责人批准后实施，变更用电组织设计时还应补充有关图纸资料。临时用电工程必须经编制、审核、批准部门和使用单位共同验收，合格后方可投入使用。

三级配电两级保护

现场临时用电线路的布置应尽量利用已有的高压电网和已有的变压器进行布线，线路应架空在道路一侧。架空线路边线与在建工程(含脚手架)的最小安全操作距离见表 6-5。当施工现场机动车道与外电架空线路交叉时，架空线路的最低点与路面的最小垂直距离应符合表 6-6 的规定。

表 6-5 在建工程(含脚手架)周边与架空线路边线之间的最小安全操作距离

外电线路电压等级/kV	<1	1~10	35~110	220	330~500
最小安全操作距离/m	4.0	6.0	8.0	10	15

表 6-6 施工现场的机动车道与架空线路交叉时的最小垂直距离

外电线路电压等级/kV	<1	1~10	35
最小垂直距离/m	6.0	7.0	7.0

起重机严禁越过无防护设施的外电架空线进行作业。在外电架空线路附近进行吊装作业时，起重机的任何部位或被吊物边缘在最大偏斜时与架空线路边线的最小安全距离应符合表 6-7 的规定。

表 6-7 起重机与架空线路边线的最小安全距离

外电线路电压等级/kV	<1	10	35	110	220	330	500
沿垂直方向/m	1.5	3.0	4.0	5.0	6.0	7.0	8.5
沿水平方向/m	1.5	2.0	3.5	4.0	6.0	7.0	8.5

供电线路应布置在起重机回转半径之外，否则应设防护栏。现场施工机械较多时，可使用埋地电缆代替架空线，减少互相干扰。供电线路跨越材料和构件堆场时，应有足够的安全架空距离。架空线路与邻近线路或固定物的距离应符合规范规定。

架空线路与邻近线路或固定物的距离

施工现场宜选用额定电压为 220 V 的照明器。但下列特殊场所应使用安全特低电压照明器：隧道、人防工程、高温、有导电灰尘、比较潮湿或灯具距地面高度低于 2.5 m 等场所的照明，电源电压不应大于 36 V；潮湿和易触及带电体场所的照明，电源电压不得大于 24 V；特别潮湿场所、导电良好的地面、锅炉或金属容器内的照明，电源电压不得大于 12 V。

单位工程施工平面布置图应按不同阶段和施工进度分别布置，在整个单位工程施工期间，水电管线、场内道路和临时建筑一般不随意变动位置。在工业厂房的施工平面图中，还要考虑设备安装阶段的用电和临时设施，并应划分土建和设备施工用地。

6.8　主要管理计划与措施

单位工程的建设过程是一个动态管理的过程，为了使项目施工达到预期目标，应从质量、安全、进度、成本、环境保护与文明施工等方面编制有针对性的管理计划与措施。管理计划与措施是单位工程施工组织设计必不可少的内容。

具体编制时，各项管理计划与措施一般是单独成章。对于技术难度不大、工期较短的单位工程，也可穿插在施工组织设计的相应章节中。

6.8.1　质量管理计划与措施

施工单位应按照《中华人民共和国产品质量法》《建设工程质量管理条例》《质量管理体系要求》(GB/T 19001—2016)等编制本单位的质量管理体系文件，并在该体系框架下编制拟建单位工程的质量管理计划。质量管理计划与措施应由质量目标、质量保证体系、质量管理组织机构、质量保证措施组成。

(1)质量目标。明确质量控制的目标(合格、优良、获得奖项)。质量目标应不低于工程合同的要求，质量目标应尽可能量化，应建立阶段性质量目标。原则上要求不得发生质量事故。

(2)质量保证体系。施工单位应建立以质量意识、技术素质为基础，组织机构、规章制度、物资设备、经济等为保证，技术措施、检查、检测试验为控制的质量保证体系，制定严格、周密的保证计划、措施及岗位责任制，进行施工、运行、管理，以期达到质量目标的顺利实现。拟建项目的质量保证体系应综合考虑素质、组织、制度、措施、经济、仪器、材料、资料、记录签证等方面。质量保证体系的实施实质上是一个不断持续改进的 PDCA 循环过程。

建设工程的质量保证体系示例

(3)质量管理组织机构。项目经理是质量第一责任人，受总经理委托按合同和国家有关验收法规要求承担履约质量责任。项目部组建后进行质量管理体系策划，建立组织体系，制订质量管理计划，明确质量职责，并制定质量通病防治措施。

(4)质量保证措施。

项目主要管理人员及部门的质量管理职责

1)组织保证措施：包括建立健全组织管理机构和建立健全完善的管理制度，如质量管理一票否决制、个人岗位责任制、经济责任制、质量检查制度和奖罚制度。

2)制度保证措施：建立质量责任制度、技术交底制度、施工挂牌制度、过程三检制度、质量复评制度、持证上岗制度、成品保护制度等；严把混凝土原材料质量关、配合比设计关、配料计量关、搅拌时间关、坍落度控制关；严格隐蔽工程检查签证制度；建立测量计算资料换手复核制度；建立严格的材料采购制度；建立混凝土原材料、成品和半成品现场验收制度；严格施工资料管理制度等。

6.8.2 安全管理计划与措施

施工单位应按照《中华人民共和国安全生产法》《职业健康安全管理体系 要求及使用指南》(GB/T 45001—2020)，坚持"安全第一、预防为主、综合治理"的方针，制定拟建项目的安全管理计划与措施。安全管理计划与措施的基本内容应包括：安全生产目标、安全生产保证体系、安全生产管理组织机构、安全生产保证措施。

建设项目的安全生产
保证措施示例

(1)安全生产目标。明确拟建单位工程的安全生产控制目标，具体指有无责任死亡事故、重大机械设备事故、重大火灾事故、特大交通事故、重大垮(塌)事故。

(2)安全生产保证体系。通过对施工中人的不安全行为、物的不安全状态、作业环境的不安全因素等进行风险评价，识别工程施工中高处坠落、坍塌、物体打击、机械设备伤害、电伤害、气象灾害、职业病危害等危险源，制定安全技术保证措施和管理方案，达到预防和控制的目的。

安全生产保证体系采用 PDCA 循环管理的模式，通过策划—实施、运行—检查、纠正措施—管理评审等过程，对影响安全的各个环节和要素进行有效控制，实现体系的持续改进。

(3)安全生产管理组织机构。建立由总承包项目管理部项目经理为组长，各施工单位及专业分包单位安全生产负责人参加的安全管理组织机构，组织领导施工现场的安全、消防、治安保卫等职业健康安全管理工作。安全管理部、物资设备部、各专业施工管理部、分包单位等各部门应遵守建设项目安全管理规划，遵守安全消防的各项规定，做好各类安全生产检查、人员教育与培训等；项目经理、项目总工程师、安全经理、专职安全管理人员等应各司其职，确保项目生产安全和有序进行。

(4)安全生产保证措施。

1)思想保证：贯彻落实"安全第一、预防为主、综合治理"方针；所有施工人员必须接受进场安全意识、安全法规、安全知识教育。

2)制度保证：建立和完善各项安全作业制度和防护措施。建立以各类人员(岗位)安全操作规程、安全生产责任制、班前安全活动制度、机械安全管理制度、持证上岗制度、安全奖罚制度、安全教育制度、安全检查整改制度、安全技术交底制度等为主要内容的各项规章制度，使全体施工人员有章可循，有法可依。

3)技术保证：对职工进行安全知识培训，提高员工素质；对分项分部工程，在制定技术措施的同时制定安全保证措施，对高、难、险工种及事故易发的工序制定专项安全措施及作业程序指导书，安排专人负责技术交底并监督贯彻落实情况；严格按国家规程规范进行施工组织设计和施工。

4)资金保证：在项目施工过程中，设置安全生产专用资金，做到专款专用，确保安全生产资金投入的保证。

5)安全技术措施：防火、防毒、防爆、防洪、防尘、防雷击、防触电、防坍塌、防物体打击、防机械伤害、防高空坠落、防交通事故、防暑、防疫、防环境污染等方面的措施。

6.8.3 进度管理计划与措施

(1)进度目标。根据工程规模与特征、设计图纸、施工方案、招标文件、施工定额等，结合建设单位对工期的要求、资源供应情况及施工现场情况和社会环境等，确定建设项目总进度目标和分进度计划目标，明确项目的开、竣工日期，以及主要施工阶段的开工和完工时间。针对建设项目、单位工程和分部分项工程分别编制总进度计划、月进度计划、旬进度计划和周进度计划。在施工过程中及时掌握每周、每旬、每月、每季的实际进度。若发现实际执行情况与计划进度存在差距，应及时分析原因，采取相应对策，必要时对原进度计划进行调整或修正。

(2)进度管理组织机构。组建由项目经理、技术负责人、施工员、质量员、安全员、预算员等组成的进度管理组织机构，实行领导负责、逐级负责、专业负责、岗位负责，实现全员参加、全员管理和全过程管理。

建设项目进度管理依然是一个动态、循环、复杂的过程，一般包括计划、实施、检查、调整(即 PDCA)四个过程。

(3)进度保证措施。

1)组织措施：做好施工物资、现场、技术等各项准备工作，建立权威且运行效率高的协调机构，建立责任制和例会制度，加强工序质量控制与检验、加强物资管理等。

2)技术措施：编制详尽的进度计划，合理调配劳动力、材料和机械设备，广泛采用新技术、新材料、新工艺，广泛使用计算机管理信息系统。

3)预防措施：预先分析有可能影响进度的因素，如施工组织不合理、资源安排不当、质量问题引起返工、与相关单位协调不畅等现场因素，设计变更、工程量增减、材料供应不及时、水电通信部门未履行合同、分包单位违约等相关单位因素，以及自然灾害、水文地质情况的不确定性、社会政治影响等不可预见因素。在确定进度目标、编制进度计划、实施进度控制时，应充分考虑可能出现的不利影响，制定针对性的预防措施，以避免或减少上述因素对施工进度的不利影响。

《建筑工程施工现场
环境与卫生标准》
（JGJ 146—2013）

《环境空气质量标准》
（GB 3095—2012）

6.8.4 文明施工与环境保护管理计划与措施

根据《建筑工程施工现场环境与卫生标准》(JGJ 146—2013)、《施工现场临时建筑物技术规范》(JGJ/T 188—2009)、《环境空气质量标准》(GB 3095—2012)等标准、规范，以及建设项目所在地关于现场文明施工和环境保护的有关规定，制定拟建项目文明施工与环境保护目标，如创建国家级、省级、市级文明工地或环境保护优良工地。

成立以项目经理为第一责任人的文明施工与环境保护管理小组，建立现场文明施工责任管理系统，采取相应措施，保证施工现场良好的作业环境、卫生环境和作业秩序，避免对作业人员的身心健康及周围环境产生不良影响。要建立施工现场文明施工个人岗位责任制、持

某建设项目的现场文
明施工技术措施示例

证上岗制度、经济责任制、检查制度、奖罚制度等，对施工过程中发现的不文明施工现象应定时间、定人、定措施予以解决。

建立健全强有力的环保监测体系，严格遵守国家有关环境保护的法令法规。现场应设立环境监测站，配置足够的环境监测仪器，派专人对周边环境空气质量、粉尘、地表沉降、生态变化、地下水水位等项目进行全程监测。

6.9　技术经济分析

6.9.1　技术经济分析的目的

单位工程施工组织设计技术经济分析的目的，是从技术和经济两个方面对拟建工程的施工组织设计进行客观评价，论证其技术上是否可行，经济上是否合算，并通过科学的计算和分析比较，选择技术经济效果最佳的方案，为不断改进和提高施工组织设计水平提供依据，为寻求增产节材的途径和提高经济效益提供有用信息。

技术经济分析既是施工组织设计的内容之一，也是必要的设计手段。

6.9.2　技术经济分析的基本要求

(1)全面分析。要对施工的技术方法、组织方法及经济效果进行分析，对需要与可能进行分析，对施工的具体环节及全过程进行分析。

(2)技术经济分析应抓住施工方案、施工进度计划和施工平面图三大重点内容。

(3)在技术经济分析时，要灵活运用定性方法和有针对性地应用定量方法。

(4)技术经济分析应以设计方案的要求、有关的国家规定及工程的实际需要为依据。

6.9.3　技术经济分析的指标体系

单位工程施工组织设计的技术经济指标应包括质量指标、工期指标、劳动生产率指标、降低成本指标、安全指标、机械化程度指标、三大材料节约指标等。这些指标应在施工组织设计基本完成后进行计算，并反映在施工组织设计的文件中，作为技术经济评价的依据。

单位工程施工组织设计的技术经济分析指标可从图 6-16 所列的指标体系中选用。其中：

(1)总工期指标：指的是从破土动工到竣工的全部日历天数。

(2)单方用工：反映了劳动的使用和消耗水平，不同建筑物的单方用工具有可比性。

(3)质量优良品率：主要通过质量保证措施实现，可分别对单位工程、分部分项工程进行确定。

(4)主要材料节约指标：主要材料因工程而异，依靠材料节约措施实现。可分别计算主要材料节约量、主要材料节约额和主要材料节约率。

(5)机械使用指标：反映机械的工作状态和生产效率，主要考虑大型机械，评价指标有大型机械单方耗用量和大型机械单方耗用费。

(6)降低成本指标：反映项目管理效果和管理水平，降低成本指标可用降低成本额或降低成本率表示。

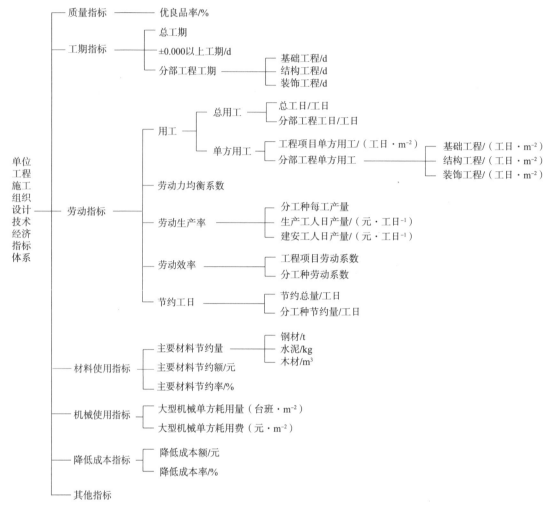

图 6-16　单位工程施工组织设计的技术经济分析指标体系

6.9.4　技术经济分析的重点

技术经济分析应围绕质量、工期和成本三个主要方面。选用某一方案的基本原则是在质量能达到优良的前提下，工期合理，成本较低。对于单位工程施工组织设计，不同的设计内容，应有不同的技术经济分析重点。

（1）基础工程应以土方工程、现浇混凝土工程、桩基础工程、降排水与防水工程，以及运输进度与工期为重点。

（2）结构工程应以垂直运输机械选择、脚手架搭设、模板与支撑体系、混凝土浇筑与运输、特殊分项工程施工方案、各项技术组织措施为重点。

（3）装修阶段应以各分项工程施工工艺、劳动组织、节约材料措施、质量保证措施、技术组织措施为重点。

综上所述，单位工程施工组织设计技术经济分析的重点是工期、质量、成本、劳动力使用，场地占用和利用，临时设施，材料节约，新技术、新材料和新工艺的使用。

6.9.5　技术经济分析的方法

1. 定性分析方法

定性分析法是根据经验，从施工技术要求的几个主要指标出发，对单位工程施工组织设计的优劣进行分析，主要分析比较以下几个方面：

(1)工期是否恰当。可按一般规律或工期定额进行分析。

(2)主要施工机械是否适合。主要分析机械是否满足使用要求，机械提供是否具有可能性。

(3)流水施工段划分是否恰当。主要分析是否给流水施工带来方便，是否满足工作面要求，是否有利于节约工期。

(4)施工现场平面布置是否合理。分析场地利用是否充分，临时设施费用是否正常，是否具备文明施工条件。

2. 定量分析方法

定量分析法是通过计算单位工程施工组织设计的几个主要技术经济指标并进行综合比较，从中选择技术经济指标最优的方案。定量分析包括多指标比较法和单指标比较法两种分析方法。

(1)多指标比较法。多指标比较法是以各方案中的若干指标为基础，首先根据各指标的相对重要程度确定各自的权重值，然后依据各指标在不同方案中体现出来的优劣程度确定相应的分值。最后，根据各指标在各方案中的分值和权重确定各方案的综合指标值，进而进行技术经济比较。进行单位工程施工组织设计的技术经济比较时，可根据工程特点选用若干个指标进行综合比较，可以用绝对指标(如总工期、总用工、主要材料节约额)，也可以用相对指标(如主要材料节约率、降低成本率)。

多指标比较法简便实用，用的最为广泛。比较时要选用适当的指标，注意可比性。有两种情况要分别对待：

第一种情况：一个方案的各项指标均优于另一个方案，优劣是显而易见的。

第二种情况：几个方案的指标优劣有穿插，分析比较时应进行适当加工，形成单指标，然后比较优劣，比较方法有评分法和价值法。

1)评分法：假设某单位工程施工组织设计有 n 个分析指标，指标 i 的权重为 ω_i，在不同方案中的分值为 $A_{i,j}$，则方案 j 的综合分值 C_j 可按下式计算：

$$C_j = \sum \omega_i \cdot A_{i,j} (i=1, 2, \cdots, n; j=1, 2, \cdots, m) \tag{6-7}$$

【例 6-6】 某项目方案评价选用了 A、B、C 三个指标，评分结果见表 6-8。试用评分表比较各方案的优劣。

表 6-8　评分结果

指标	权重	第一方案	第二方案	第三方案
A	0.35	96	85	92
B	0.30	90	94	90
C	0.35	88	92	94

解：第一方案总分：$C_1 = 0.35 \times 96 + 0.30 \times 90 + 0.35 \times 88 = 91.4$

第二方案总分：$C_1 = 0.35 \times 85 + 0.30 \times 94 + 0.35 \times 92 = 90.15$

第三方案总分：$C_3 = 0.35 \times 92 + 0.30 \times 90 + 0.35 \times 94 = 92.1$

故应选第三方案。

2)价值法：对各方案均计算出最终价值，用价值量的大小来评定方案的优劣。

【例 6-7】 某工程中，不同钢筋连接方式每个接头的价值分析数据见表 6-9。

表 6-9 不同钢筋连接方式每个接头的价值分析数据

项目	电渣压力焊		帮条焊		绑扎	
	用量/kg	金额/元	用量/kg	金额/元	用量/kg	金额/元
钢材	0.22	0.11	4.12	2.06	6.84	3.42
焊药、焊条、铅丝等	0.54	0.40	1.09	1.60	0.022	0.023
人工/工日	0.22	0.44	0.26	0.52	0.032	0.064
电量消耗/度	2.4	0.192	22.8	1.824	—	—
合计	—	1.142	—	6.004	—	3.507

解：从每个钢筋结构的消耗价值来看，电渣压力焊最省，绑扎次之，帮条焊最高。若工程中共有 1 400 个接头，则电渣压力焊消耗金额为 1 598.8 元，要比帮条焊节省 6 806.8 元，比绑扎节省 3 311.0 元。

(2)单指标比较法。单指标比较法是用单一指标对各个方案的优劣进行比较的方法。与多指标比较法相比，其优点是指标比较单一，可反映方案某个方面的真实情况，便于决策者很快作出决策；其缺点是不能全面反映方案的总体状况。

单指标比较法多用于互斥方案、独立方案或混合方案的比较与选择。

扩展阅读

[1] 陈进. 建筑工程施工组织设计评价方法的研究[J]. 华东交通大学学报，2000(04)：29-33.

[2] 罗杰. 萧山机场飞行区地基工程施工组织设计编制及优化研究[D]. 西南交通大学，2014.

[3] 王利锋. 前坪大桥项目施工组织设计与施工管理研究[D]. 燕山大学，2015.

[4] 沈书立，赵国杰，王雪青. 基于灾后援建特殊性的工序施工组织设计优化[J]. 管理工程学报，2014，28(02)：160-166.

[5] 马栋. 实施性施工组织设计编制与实施中存在的问题及对策研究[J]. 铁道建筑技术，2018(10)：1-4＋9.

[6] 唐辉. 项目施工总平面规划设计与控制要点[J]. 石家庄铁道大学学报（自然科学版），2018，31(S2)：338-341.

[7] 李明华. 投标施工组织设计的编制策略与技巧[J]. 铁道工程学报，2000(01)：131-133＋130.

[8] 危鼎，周建民，周海贵，等. 深大基坑冲土泵送开挖的施工组织设计要点[J]. 建筑施工，2021，43(03)：341-343.

[9]《危险性较大的分部分项工程安全管理规定》(住建部〔2018〕37 号令)

[10]《危险性较大的分部分项工程安全管理规定》有关问题的通知(建办质〔2018〕31 号文)

思考题与习题

1. 什么是单位工程施工组织设计？其作用是什么？

2. 单位工程施工组织设计的编制依据有哪些？

3. 单位工程施工组织设计包括哪些内容？

4. 单位工程的施工方案包括哪些内容？

5. 评价施工方案的技术经济指标有哪些？

6. 简述多层砖混结构房屋的施工顺序。

7. 简述多层框架结构建筑的施工顺序。

8. 简要说明单位工程施工准备工作的主要内容。

9. 简述编制单位工程进度计划的程序。

10. 简述单位工程施工现场平面图的主要内容和设计程序。

11. 搜集学校周边建设项目的工程概况牌、项目管理组织机构牌、施工平面布置图等，了解其主要内容，结合本章所学知识说明设计的优点及缺点。

12. 某建筑施工企业承建某医院的门诊楼建设项目，该工程为 24 层框架-剪力墙结构，合同工期为 248 d。施工单位根据项目特点组建了项目经理部，并编制了单位工程施工组织设计。基础和主体结构所用混凝土采用由当地一家预拌混凝土厂家提供的商品混凝土。问题如下：

(1)混凝土浇筑为关键工作。在 20 层主体结构施工过程中，由于预拌混凝土供应出现问题，导致该项目施工延误了 5 d。请问这会对工期造成什么影响？为什么？

(2)为保证按期完成项目建设任务，施工单位需要对施工进度计划进行调整，请问可以考虑从哪些方面进行调整？依据是什么？

拓展训练

1. 绘制时间-成本累积曲线的步骤中，紧接"计算规定时间 t 计划累计支出的成本额"之后的工作是(　　)。

　　A. 在时标网络图上，按时间编制成本支出计划

　　B. 确定工程项目进度计划，编制进度计划的横道图

　　C. 绘制 S 形曲线

　　D. 计算单位时间的成本

2. 下列分部分项工程中，应当组织专家论证、审查专项施工方案的是(　　)。

　　A. 起重吊装工程　　　　　　　　　　B. 拆除工程

　　C. 爆炸工程　　　　　　　　　　　　D. 地下暗挖工程

3. 关于建设工程现场文明施工措施的说法，下列正确的是（　　　）。

　　A. 施工现场应设置排水系统，直接排入市政管网

　　B. 一般工地围挡高度不得低于 1.6 m

　　C. 施工现场严禁设置吸烟处，应设置在生活区

　　D. 施工总平面图应随工程实施的不同阶段进行调整

4. 下列施工准备的质量控制工作中，属于现场施工准备工作的是（　　　）。

　　A. 组织设计交底　　　　　　　　　B. 细化施工方案

　　C. 复核测量控制点　　　　　　　　D. 编制作业指导书

5. 编制实时性施工进度计划的主要作用是（　　　）。

　　A. 论证施工总进度计划　　　　　　B. 确定施工作业的具体安排

　　C. 确定里程碑事件的进度目标　　　D. 分解施工总进度目标

6. 下列施工现场的环境保护措施中，正确的是（　　　）。

　　A. 在施工现场围挡内焚烧沥青

　　B. 将有害废弃物作深层土方回填

　　C. 将泥浆水直接有组织地排入城市排水设施

　　D. 使用密封的圆筒处理高空废弃物

7. 根据《建筑施工组织设计规范》(GB/T 50502—2009)，"合理安排施工顺序"属于施工组织设计中（　　　）的内容。

　　A. 施工部署和施工方案　　　　　　B. 施工进度计划

　　C. 施工平面图　　　　　　　　　　D. 施工准备工作计划

8. 下列施工现场噪声的控制措施中，属于控制传播途径的有（　　　）。

　　A. 利用多孔材料吸收声能　　　　　B. 设置隔声屏障

　　C. 振动源上涂覆阻尼材料　　　　　D. 压缩机风管处设置消声器

　　E. 操作人员使用耳塞、耳罩

9. 根据《建筑施工组织设计规范》(GB/T 50502—2009)，施工方案的主要内容包括（　　　）。

　　A. 工程概况　　　　　　　　　　　B. 施工方法及工艺要求

　　C. 施工部署　　　　　　　　　　　D. 施工现场平面布置

　　E. 施工准备与资源配置计划

10. 在项目的实施阶段，项目总进度应包括（　　　）进度。

　　A. 设计前准备阶段的工作　　　　　B. 设计工作

　　C. 项目建议书的编制工作　　　　　D. 招标工作

　　E. 项目动用后的保修工作

11. 下列现场文明施工的管理措施中，属于现场消防、防火管理措施的有（　　　）。

　　A. 建立门卫值班管理制度

　　B. 建立消防管理制度及消防领导小组

　　C. 作业区与生活区必须明显划分

　　D. 现场必须有消防平面布置图

　　E. 对违反消防条例的有关人员进行严肃处理

12. 下列项目进度控制的措施中，与工程设计技术有关的措施有(　　)。

A. 组织工程设计方案的评审与选用

B. 分析施工组织设计对进度的影响

C. 寻求设计变更加快施工进度的可能

D. 重视信息技术在进度控制中的应用

E. 改变施工机械设计，提高机械效率

第 7 章

施工组织设计的实施与管理

本章主要包括施工组织设计的动态管理、施工进度管理、施工现场安全管理、施工现场质量管理、施工现场物资管理、施工现场文明施工管理等内容。主要介绍了施工现场质量、安全、进度、物资及文明施工管理的内容与要求，重点介绍了施工进度的检查与调整。

1. 掌握施工进度检查与比较的方法；
2. 掌握施工进度调整的程序与方法；
3. 了解现场安全管理的内容与要求；
4. 了解现场质量管理的内容与要求；
5. 了解现场物资管理的内容与要求；
6. 了解现场文明施工管理的内容与要求。

7.1 施工组织设计的动态管理

施工组织设计是施工技术与现场管理相互配合，用来指导项目在生产过程中各项活动的技术、经济和组织的综合性文件。施工组织设计的动态管理是确保项目高效、合理、经济和科学运行的关键。

7.1.1 基本规定

（1）项目施工过程中，当发生以下情况之一时，施工组织设计应及时进行修改或补充：

1)工程设计有重大修改。当工程设计图纸发生重大修改时，如地基基础或主体结构的形式发生变化、装修材料或做法发生重大变化、机电设备系统发生大的调整等，需要对施工组织设计进行修改；对工程设计图纸的一般性修改，视变化情况对施工组织设计进行补充；对工程设计图纸的细微修改或更正，施工组织设计则不需调整。

2)有关法律、法规、规范和标准实施、修订及废止。当有关法律、法规、规范和标准开始实施或发生变更，并涉及工程的实施、检查或验收时，施工组织设计需要进行修改或补充。

3)主要施工方法有重大调整。由于主、客观条件的变化，施工方法发生重大变化，原来的施工组织设计已不能正确地指导施工，需要对施工组织设计进行修改或补充。

4)主要施工资源配置有重大调整。当施工资源的配置有重大变更，并且影响到施工方法的变化或对施工进度、质量、安全、环境、造价等造成潜在的重大影响，需对施工组织设计进行修改或补充。

5)施工环境有重大改变。当施工环境发生重大改变，如施工延期造成季节性施工方法变化，施工场地变化造成现场布置和施工方式改变等，致使原来的施工组织设计已不能正确地指导施工时，需对施工组织设计进行修改或补充。

(2)经修改或补充的施工组织设计应重新审批后实施。

(3)项目施工前应进行施工组织设计逐级交底，项目施工过程中，应对施工组织设计的执行情况进行检查、分析并适时调整。

7.1.2　施工组织设计动态控制

由于建设项目本身的复杂性，以及施工环境与现场条件的不断变化，施工组织设计在实施过程中难免会出现计划与实际不符的情况，此时就必须对其进行动态控制。

施工组织设计的动态控制涉及事前控制、事中控制和事后控制。项目施工前，应进行施工组织设计逐级交底，明确主要分部分项工程的施工重点及技术要求，从组织、管理、经济、技术等方面制定措施以保证施工组织设计的执行。在施工过程中，应对施工组织设计节点时间与计划进行对照、比较，及时发现施工中存在的各种问题，认真研究对策，对存在问题及时进行处理，必要时适时调整施工组织设计。施工完成后，应正确分析产生偏差的原因，总结采取措施的有效性。

施工组织设计动态控制的核心是定期比较并纠偏。

7.2　施工进度管理

所谓施工进度控制，是指以实现项目进度目标为根本目的，以拟定的施工进度计划为依据，在确保工程质量和安全的基础上，对整个建设项目的施工进度进行监督、跟踪检查和调整的过程，包括收集和整理进度资料、比较计划进度和实际进度、确定进度偏差、分析影响进度的因素、采取措施纠正进度偏差等基本环节。

7.2.1　施工进度动态控制原理

在进度计划执行过程中，目标是明确的，但资源有限，不确定因素及干扰因素多，这些主、客观条件的不断变化加剧了进度控制工作的复杂性。因此，施工进度控制是一项复杂的系统工程，是一个不断进行的动态控制和循环过程。施工进度动态控制的基本流程如图7-1所示。具体如下：

(1)确定施工进度总目标，逐层分解施工进度目标；

(2)执行施工进度计划，收集施工进度实际值；

(3)检查进度计划执行情况，对施工进度的计划值和实际值进行比较；

(4)如实际进度与计划进度不一致，分析偏差产生的原因，并预测对未来进度的影响；

(5)如对未来进度有不利影响，则采取措施进行调整，形成新的进度计划；

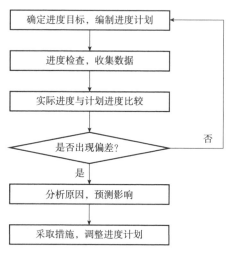

图 7-1　施工进度计划的动态控制

(6)执行新的施工进度计划，并在其执行过程中进行检查、比较、分析和调整。如此循环往复直至建设项目完工。

根据建设项目的类型、规模、施工条件和对进度计划的执行要求，进度计划的检查分为日常检查和定期检查。定期检查视工程情况可以每月、每半月、每旬、每周进行一次。检查的内容包括各时间段内任务的开始时间、结束时间，已花费的时间，已完成的工作量，人、材、机消耗情况及存在的主要问题。

实际进度与计划进度的比较结果可能是一致、拖后或超前。当发现实际进度拖后时，需首先预测对总进度和后续工作的影响，并分析产生这种偏差的原因，然后采取措施调整后续进度计划，确保进度目标的实现，或确定新的进度目标。当发现实际进度超前且超前不大时，则不必调整进度计划；若超前幅度较大，则必须对后续进度计划进行调整。

在调整进度计划时，应考虑施工工艺要求、施工现场条件、资源供应情况及各相关单位的协调。

7.2.2　施工进度检查与比较的方法

施工进度的检查和实际进度与计划进度的比较是施工进度控制的重要环节。进度计划是否需要调整及如何调整，主要依据对实际进度的跟踪、检查和比较结果。施工进度检查与比较的方法多种多样，本节主要介绍横道图比较法、直角坐标图比较法、前锋线比较法和挣值法。

1. 横道图比较法

当采用横道图表达施工进度计划时，可将项目实施过程中收集到的进度信息，经整理后直接用横道线绘制于原进度计划的相应位置处，这种将实际进度与计划进度直接进行比较的方法称为横道图比较法，具有简明、直观、形象的特点。图7-2所示为某工程的施工实际进度与计划进度的跟踪比较，表中粗实线表示计划进度，细实线表示实际进度。

从图7-2中可以看出，在第28 d末进行施工进度检查时，发现：A工作已按期完成；B工作按计划应全部完成，实际却只完成了75%的工作量，任务拖欠了25%；C工作按计划应全部完成，实际却只完成了75%的工作量，任务拖欠了25%；D工作按计划应全部完成，实际却只完成了 50% 的工作量，任务拖欠了 50%；E、F 施工过程还未开始。

工作编号	工作时间	进度									
		4	8	12	16	24	28	32	36	40	44
A	8										
B	8										
C	8										
D	4										
E	12										
F	8										

图 7-2 某工程施工实际进度与计划进度的横道图比较法

记录上述比较结果，就清楚地显示了实际进度与计划进度之间的偏差，为后期制定进度调整措施提供了依据。这是施工进度控制中常用的一种比较方法，但只适用于每一项工作都匀速进行（单位时间内完成的任务量相等）的情形。

2. 直角坐标图比较法

当没有制订横道进度计划，或采用横道图比较法不方便时，可采用直角坐标图比较法进行实际进度与计划进度比较。

(1)S 曲线比较法。以横坐标表示时间，纵坐标表示累计完成的任务量。先按计划时间累计完成任务量绘制一条 S 曲线，然后将项目实际施工过程中各检查时间的实际累计完成任务量的 S 曲线也绘制在同一坐标系中，进而比较实际进度与计划进度。

如图 7-3 所示，比较两条 S 曲线可得到的结果：当实际进度点落在计划 S 曲线左侧时，表示实际进度超前，如图中的 A 点，ΔT_A 表示超前的时间，Q_A 表示 T_A 时刻超额完成的任务量；当实际进度点落在计划 S 曲线右侧时，表示实际进度拖后，如图中的 B 点，ΔT_B 表示拖后的时间，Q_B 表示 T_B 时刻拖欠的任务量；当实际进度点落在计划 S 曲线上，表示实际进度与计划进度一致，如图中的 M 点；在不对进度计划进行调整（即按原计划速度施工）的情况下，预测工期会拖延 ΔT_C。

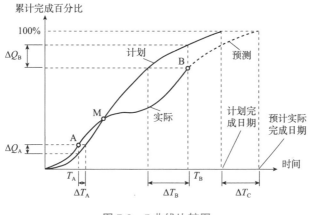

图 7-3 S 曲线比较图

【例 7-1】 表 7-1 为某工程的进展安排，试绘制该工程的 S 曲线。

表 7-1   钢筋混凝土工程进展安排

时间/d	1	2	3	4	5	6	7	8	9	10
每日完成量/m³	80	100	120	150	180	200	180	140	100	80
累计完成量/m³	80	180	300	450	630	830	1 010	1 150	1 250	1 330

解： 第一步，根据每日完成量，计算累计完成量，并填入表 7-1 中。

第二步，绘制 S 曲线：以各规定时间点为横坐标，累计完成量为纵坐标，绘制的 S 曲线如图 7-4 所示。

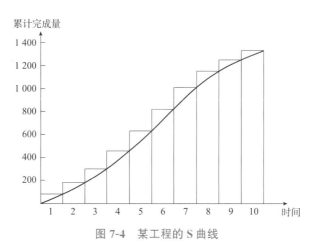

图 7-4   某工程的 S 曲线

(2)香蕉曲线比较法。所谓香蕉曲线，是由两条 S 曲线组合而成的封闭曲线。一条是按各项工作的最早开始时间安排进度，据此绘制的 S 曲线称为 ES 曲线；另一条则是按各项工作的最迟开始时间安排进度，据此绘制的 S 曲线称为 LS 曲线。两条 S 曲线都是从进度计划开始时刻开始，到完成时刻结束，故形成一条闭合的形如香蕉的曲线，如图 7-5 所示。

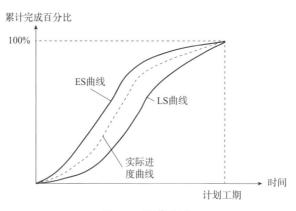

图 7-5   香蕉曲线

香蕉曲线绘制的基本步骤如下：

1)以项目的网络计划图为基础，计算各项工作的最早开始时间和最迟开始时间；

2)确定各项工作在单位时间内的计划完成任务量；

3)计算工程项目总任务量，即对所有工作在各单位时间计划完成的任务量累加求和；

4)分别根据各项工作的最早开始时间、最迟开始时间安排进度计划，确定工程项目在各单位时间计划完成的任务量，即对各项工作在某一单位时间内计划完成的任务量求和；

5)分别根据各项工作的最早开始时间、最迟开始时间，确定不同时间累计完成的任务量或任务量的百分率；

6)绘制香蕉曲线。

香蕉曲线比较法的作用：一是对工程实际进度与计划进度做比较；二是利用香蕉曲线对进度进行合理安排；三是在检查状态下，预测后期工程的 ES 曲线和 LS 曲线的发展趋势。

【例 7-2】　图 7-6 所示为某工程的网络计划图，有关时间参数标于图中。试绘制该工程的香蕉曲线。

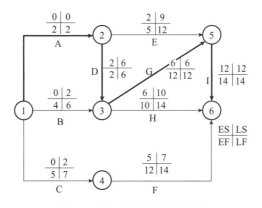

图 7-6　某项目的网络计划图

解：各项工作在不同时间的计划完成任务量见表 7-2。

表 7-2　各项工作在不同时间的计划完成任务量

时间 /d	按最早开始时间														按最迟开始时间													
	1	2	3	4	5	6	7	8	9	10	11	12	13	14	1	2	3	4	5	6	7	8	9	10	11	12	13	14
A	4	4													4	4												
B	3	3	2	2													3	3	2	2								
C	2	2	2	2	1										2	2	2	2	1									
D			3	3	3	2											3	3	3	2								
E			2	2	2																				2	2	2	
F						3	3	3	3	3	2	2										3	3	3	3	3	2	2
G							2	2	2	2	2	2									2	2	2	2	2	2		
H							4	4	4	3															4	4	4	3
I												3	3	3												3	3	3

根据表 7-2 中数据，可计算得到：

(1)项目的总任务量：$Q=99$；

(2)分别按 ES、LS 安排施工进度时，不同时刻计划完成的累计任务量见表 7-3；

(3)分别按 ES、LS 安排施工进度时，不同时刻计划完成的累计任务量百分比见表 7-3。

根据表 7-3 中的数据，绘制该项目的香蕉曲线，如图 7-7 所示。

表 7-3　不同时刻计划完成的累计任务量及其百分比

时间/d	0	1	2	3	4	5	6	7	8	9	10	11	12	13	14
Q_{ES}	0	9	18	27	36	42	47	56	65	74	82	86	93	96	99
Q_{LS}	0	4	8	16	24	31	37	40	45	50	57	68	82	91	99
μ_{ES}	0	9	18	27	36	42	47	57	66	75	83	87	94	97	100
μ_{ES}	0	4	8	16	24	31	37	40	45	50	58	69	83	92	100

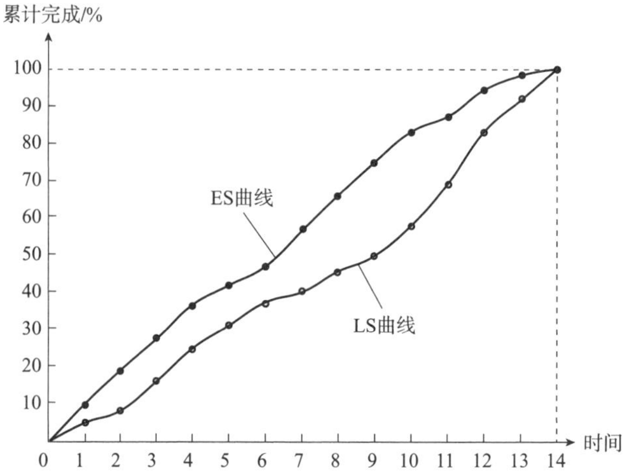

图 7-7　项目的香蕉曲线图

3. 前锋线比较法

前锋线比较法是通过绘制某检查时刻工程项目实际进度前锋线，进行工程实际进度与计划进度比较的方法，它主要适用于时标网络计划。前锋线是指在原时标网络计划图上，从检查时刻的时标点出发，用点画线依次将各项工作实际进展的位置点从上而下依次连接而成的折线，可形象地表示某一时刻整个项目施工实际所达到的前锋。

前锋线法是通过实际进度前锋线与原进度计划中各工作箭线交点的位置，来判断工作实际进度与计划进度之间的偏差，进而判定该偏差对后续工作及总工期的影响程度。采用前锋线法进行实际进度与计划进度的比较，基本步骤如下：

(1)绘制时标网络计划图。工程项目实际进度前锋线是在时标网络计划图标示的，为清楚表达，宜在时标网络计划图的上方和下方各设一时间坐标。时标网络图的绘制见本书第 3 章。

(2)绘制实际进度前锋线。从时标网络图时间坐标的检查日期开始绘制，依次连接相邻工作的实际进展位置点，最后再与时标网络计划图坐标的检查日期相连接。工作实际进展位置点的标定方法有以下两种：

1）按该工作已完任务量比例进行标定：假设工程项目中各项工作均为匀速进展，根据实际进度检查时刻该工作已完任务量占其计划完成总任务量的比例，在工作箭线上从左至右按相同的比例标定其实际进展位置点。

2）按尚需作业时间进行标定：当某些工作的持续时间难以按实物工程量计算而只能凭经验估算时，可以先估算出检查时刻到该工作全部完成尚需作业的时间，然后在该工作箭线上从右向左逆向标定其实际进展位置点。

（3）比较实际进度与计划进度。前锋线可以直观地反映出检查日期有关工作实际进度与计划进度之间的关系。对某项工作来说，其实际进度与计划进度之间的关系可能存在以下三种情况：

1）实际进展位置点落在检查日期的左侧，表示该工作实际进度拖后，二者之差即为拖后的时间；

2）实际进展位置点落在检查日期的右侧，表明该工作实际进度超前，二者之差即为超前的时间；

3）实际进展位置点与检查日期重合，表明该工作实际进度与计划进度一致。

（4）预测进度偏差的影响。通过实际进度与计划进度的比较，可以确定检查日期的进度偏差，并根据工作的自由时差和总时差预测该进度偏差对后续工作及总工期的影响。

图 7-8 所示为某工程的时标网络计划图，第 6 d 下班时检查发现：A 工作已进行了 4 d，D 工作已进行了 2 d，E 工作已进行了 5 d，B、C 工作已全部完成，其余工作均尚未开始，据此可绘制第 6 d 末的实际进度前锋线。

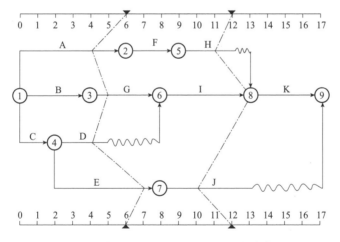

图 7-8　某工程网络计划及其实际进度前锋线

通过比较，可以判断各项工作实际进度与计划进度的偏差：A 工作拖后 2 d，因 A 为非关键工作，有 1 d 总时差，故影响总工期 1 d，且影响 F 和 H 这两项紧后工作；G 工作拖后 1 d，因是关键工作，故导致总工期延长 1 d；D 工作拖后 1 d，为非关键工作，且有 3 d 自由时差，故不影响紧后工作和总工期；E 工作超前 1 d，为非关键工作，不影响总工期，但会使紧后工作 J 的最早开始时间提前 1 d。

请根据图中第 12 d 末的实际进度前锋线，分析项目进展情况及对工期的影响。

4. 挣值法

挣值法又称赢得值法，是一种分析目标实施与目标期望之间差异的偏差分析方法，可用于判断项目预算和进度计划的执行情况，进而对项目进度和费用进行综合控制。

(1)挣值法的三个参数。

1)已完工作预算费用(Budgeted Cost for Work Performed，BCWP)：

$$BCWP=已完成工作量 \times 预算单价$$

2)计划工作预算费用(Budgeted Cost for Work Schedule，BCWS)：

$$BCWS=计划工作量 \times 预算单价$$

3)已完工作实际费用(Actual Cost for Work Performed，ACWP)：

$$ACWP=已完工作量 \times 实际单价$$

BCWP 反映了工程施工的实际进度。ACWP 反映了已完工作量的实际消耗费用。BCWS 反映了执行批准认可的进度计划时所需消耗的费用，是进度控制的基准。

挣值法主要是通过上述三个参数的比较来分析项目施工过程中的进度和费用偏差。BCWP、BCWS、ACWP 都是时间的函数，若将不同时点上的相应值反映到直角坐标系中，就会得到项目的 BCWP 曲线、BCWS 曲线和 ACWP 曲线，如图 7-9 所示，从图中可以看出项目进展及进度偏差和费用偏差。

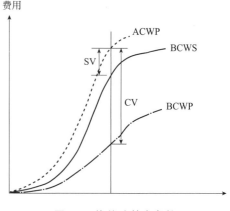

图 7-9　挣值法基本参数

(2)挣值法的四个评价指标。

1)费用偏差(Cost Variance，CV)。

$$CV=BCWP-ACWP$$

CV 为负值，表示实际费用超出预算；CV 为正值，表示项目运行正常，实际费用低于预算费用，项目有节支。

2)进度偏差(Schedule Variance，SV)。

$$SV=BCWP-BCWS$$

SV 为负值，表示实际进度落后于计划进度，进度延误；SV 为正值，表示进度超前。

3)费用绩效指标(Cost Performance Index，CPI)。

$$CPI=\frac{BCWP}{ACWP}$$

CPI<1，表示实际费用高于预算费用，即项目运行超支；CPI>1，表示实际费用低于预算费用，即项目运行节支。

4)进度绩效指标(Schedule Performance Index，SPI)。

$$SPI=\frac{BCWP}{BCWS}$$

SPI<1，表示实际进度落后于计划进度，即项目进度延误；SPI>1，表示实际进度比计划进度快，即项目进度提前。

【例 7-3】　某项目经理部在对某施工项目进行进度和成本管理过程中，对各月的工作量完成情况和消耗费用进行了统计，统计情况见表 7-4。

表 7-4　某项目的时间费用一览表

月份	计划完成工作预算费用/万元	已完工作量/%	实际发生费用/万元
1	220	90	180
2	260	100	280
3	320	105	300
4	420	90	340
5	580	60	290
6	400	100	360
7	700	55	320
8	260	50	120
9	310	70	180
10	250	110	280
11	300	85	210
12	240	100	210

解：表 7-4 中的计算完成工作预算费用即 BCWS，实际发生费用即 ACWP，根据已完工作量的百分比可计算各时间节点的 BCWP，列于表 7-5 中。可以得出：

(1)项目 12 个月的 3 个费用参数为

$$BCWS=4\ 260\ 万元$$
$$ACWP=3\ 070\ 万元$$
$$BCWP=3\ 422\ 万元$$

(2)费用偏差和进度偏差为

CV=BCWP−ACWP=3 422−3 070=352(万元)>0，CV 为正，说明费用节支；

SV=BCWP−BCWS=3 422−4 260=−838(万元)<0，SV 为负，说明进度延误。

(3)费用绩效指数和进度绩效指数为

$CPI=\dfrac{BCWP}{ACWP}=\dfrac{3\ 422}{3\ 070}=-1.11$，CPI>1，说明费用节支；

$SPI=\dfrac{BCWP}{BCWS}=\dfrac{3\ 422}{4\ 260}=0.80$，SPI<1，说明进度延误。

表 7-5　挣值法三参数计算

月份	BCWS/万元	已完工作量/%	ACWP/万元	BCWP/万元
1	220	90	180	198
2	260	100	280	260

续表

月份	BCWS/万元	已完工作量/%	ACWP/万元	BCWP/万元
3	320	105	300	336
4	420	90	340	378
5	580	60	290	348
6	400	100	360	400
7	700	55	320	385
8	260	50	120	130
9	310	70	180	217
10	250	110	280	275
11	300	85	210	255
12	240	100	210	240
合计	4 260		3 070	3 422

在建设项目施工过程中，可根据检查记录资料，通过整理分析对项目进度和预算计划的执行情况进行有效判断。从上例中 CV、SV、CPI、SPI 四个指标的分析中不难发现，12 月月末时该项目进度延误，没有完成计划的任务量，进而造成实际费用低于计划费用，并不是由于节约造成的费用节支。

7.2.3 施工进度计划的调整

在施工进度计划的执行过程中，经常会遇到由于资源供应和自然条件（如暴雨、地震等）、社会环境（如政府管控）变化导致的进度偏差。因此，项目管理人员首先应认真分析进度偏差的影响，然后分析原因，找到切实可行且经济合理的调整措施，并根据施工条件的变化对进度计划进行动态调整，才能保证进度目标的顺利实现。

1. 分析进度偏差的影响

当实际进度与计划进度比较后发现进度偏差时，应正确判断进度偏差对后续工作和总工期的影响。

（1）分析产生进度偏差的工作是否为关键工作。关键线路上的工作没有机动时间，其作业时间的缩短或延长都会影响整个工程进度。在进度控制工作中，应首先分析产生进度偏差的工作是否为关键工作。

当某一关键工作的作业时间缩短时，可能会造成总工期缩短，关键线路转移，后续工作的最早开始时间、最迟开始时间和时差发生变化；当某一关键工作的作业时间延长，则必定会造成总工期延长，会影响后续工作的最早开始时间、最迟开始时间和时差。因此，当发生进度偏差的工作是关键工作，无论偏差大小，都会影响后续工作和总工期。

（2）若产生进度偏差的工作为非关键工作，分析进度偏差是否大于总时差。对于非关键工作而言，总时差反映了该工作对总工期的影响，自由时差则反映了该工作对后续工作的影响。当非关键工作出现进度偏差，且偏差大于总时差时，说明此进度偏差一定会影响总工期和后续工作，必须采取相应的措施对进度计划予以调整。若进度偏差小于总时差，则不会对总工期造成影响，是否需要调整及如何调整进度计划，需根据现场条件、后续工作的资源供应等确定。

(3)若产生进度偏差的工作为非关键工作且进度偏差小于总工期，分析进度偏差是否大于自由时差。当非关键工作出现进度偏差，且偏差小于总时差但大于自由时差时，说明此进度偏差会影响后续工作，是否需要调整及如何调整进度计划，需根据现场条件、后续工作的资源供应等确定。若进度偏差小于自由时差，则此偏差只会影响后续工作的最早开始时间、最早结束时间和时差，而不对最迟开始时间、最迟结束时间造成影响，也不会影响后续工作的正常进行，原进度计划无须调整。

综上所述，在进度控制工作中，只有先对产生进度偏差的工作及偏差的大小进行准确判断，才能制定有针对性地进度调整措施，获得新的符合实际的进度计划，确保进度目标的实现。

2. 施工进度计划的调整方法

(1)改变某些工作的作业时间。当发生进度偏差(主要指延误)时，在不改变原有各项工作间逻辑关系(工艺关系、组织关系)的前提下，可以通过增加机械或劳动力数量、增加工作班制、提高产量定额的方式缩短某些工作的作业时间。被压缩作业时间的作业，务必是因实际进度延误导致总工期增加的关键工作，或进度延误超过总时差的非关键工作，同时，其作业时间具有压缩潜力的工作。

(2)改变工作之间的逻辑关系。若进度偏差影响到总工期，在工作之间逻辑关系允许调整的情况下，可以通过改变关键线路和超过计划工期的非关键线路上的有关工作之间的逻辑关系，达到缩短工期的目的。例如，将工作之间的依次关系调整为平行或搭接关系，划分多个施工段组织流水施工等。逻辑关系的调整一般也会伴随劳动力、材料、机械设备等资源供应的改变。

当采用网络图表示进度计划时，还可以通过以下方式调整进度计划：调整关键线路；利用时差调整非关键工作的开始时间、完成时间或工作持续时间；增减工作项目；调整逻辑关系；重新估计某些工作的持续时间；调整资源投入。

7.2.4　进度控制措施

进度控制的措施一般包括组织措施、技术措施、经济与合同措施、管理措施。

(1)组织措施。所谓组织措施，就是建立起进度控制的组织系统，进行有关进度控制的组织设计。主要包括：落实各层次的控制人员、具体任务和工作责任；建立进度控制的组织系统，确定事前控制、事中控制、事后控制、协调会议、集体决策等进度控制工作制度；监测计划的执行情况，分析与控制计划执行情况等。

(2)技术措施。所谓技术措施，是指运用各种项目管理技术，通过各种计划的编制、优化、实施、调整而实现对进度有效控制的措施。主要包括：编制进度计划控制工作细则，指导进度控制人员实施进度控制；建立多级网络计划和施工作业计划体系；审查承包商提交的进度计划；严格执行技术交底和图纸会审制度，减少设计变更；监督各施工单位严格按照质量体系和建设单位、监理单位的要求，进行材料采购，杜绝因材料不合格造成的返工；确保材料、构件、设备按计划到位，提高工作效率；尽量采用"四新"技术，缩短关键线路上工作的持续时间和工序之间的技术间歇时间。

（3）经济与合同措施。所谓经济措施，是指用经济的手段和合同规定的进度控制方法，对工程进度控制进行影响和制约。主要包括：及时办理工程预付款及工程进度支付手续；确定实现项目进度计划的资金保证措施和资源供应及时的措施；强调工期违约责任，制定相关的激励和处罚制度；选择恰当的合同管理模式；加强合同管理，协调合同工期与进度计划之间的关系，保证合同中进度目标的实现；严格控制合同变更，及时处理变更和索赔付款；加强风险管理，在合同中充分考虑风险因素及其对进度的影响，制定相应的处理办法。

（4）管理措施。管理措施就是通过项目内部的管理来提高进度控制的水平，从而消除或减轻各种不利因素对工程进度的影响。主要包括：编制工程进度网络计划，确定关键线路，实施进度的动态控制；加强信息管理、沟通管理、资料管理等综合管理，协调参与项目的各有关单位、部门和人员之间的利益关系；建立进度文档管理系统，事先设计好各类进度报告的内容、格式及上报时间；建立信息管理组织；建立进度信息沟通制度，保证信息渠道畅通；确定信息传递的方式和方法，提高进度信息透明度和处理效率，促进进度信息交流。

7.3 施工现场安全管理

7.3.1 施工现场安全管理的概念

安全管理是指针对人们在生产过程中的安全问题，采用科学的管理手段，运用有效的资源，进行有关决策、计划、组织和控制的一系列活动，实现生产中人与机器设备、物料、环境的和谐，达到安全生产的目标。

建设项目安全管理是一个系统性、综合性的管理，其管理的内容涉及生产的各个环节。施工企业应通过制定安全政策、计划和措施，完善安全生产组织管理体系和检查体系，将事故预防、应急措施和保险补偿三种手段有机结合起来，加强施工安全管理，保障安全生产。

7.3.2 安全管理的基本原则

（1）以人为本，预防为主。《中华人民共和国安全生产法》第三条规定："安全生产工作应当以人为本，坚持人民至上、生命至上，把保护人民生命安全摆在首位，树牢安全发展理念，坚持安全第一、预防为主、综合治理的方针，从源头上防范化解重大安全风险。"

我国安全管理的方针是"安全第一，预防为主，综合治理"。"安全第一"是正确认知和处理安全与生产的辩证统一关系，在安全与生产发生矛盾时，坚持安全第一，把人身安全放在首位，充分体现了"以人为本"的理念。生产必须安全，安全为了生产，"安全第一"是安全管理的统帅和灵魂。"预防为主"是实现"安全第一"的重要手段，要求事先做好安全工作，要依靠安全科学技术进步，加强安全科学管理，做好事故的科学预测与分析，减少甚至消除安全隐患，强化预防措施，保证安全生产。"综合治理"是指综合运用经济、法律、行政等手段，充分发挥社会、职工、舆论的监督作用，有效解决安全生产领域存在的问题。

（2）管生产的同时管安全。安全管理是生产管理的重要组成部分，安全与生产在实施过程中存在密切的联系。各级管理人员在管理生产的同时，必须负责管理安全工作。企业中一切与生产有关的机构、人员都必须参与安全管理并在管理中承担责任。

（3）坚持安全管理的目的性。安全管理的内容是对生产中的人、物、环境因素所处状态的管理，有效地控制人的不安全行为、物的不安全状态、环境的不安全条件和管理上的缺陷，减少或避免事故发生，达到保证劳动者安全与健康的目的。

（4）坚持"四全"动态管理。安全管理涉及生产活动的各个方面，包括从开工到竣工的全部生产过程、全部生产时间和一切变化着的生产因素。因此，安全管理必须坚持全员、全过程、全方位、全天候的"四全"动态管理。

7.3.3　安全管理的内容与目标

对施工企业而言，安全管理的主要内容包括：安全方针和目标、安全管理组织机构、安全生产责任制、安全规章制度、安全生产操作规程、项目的安全策划、危险源辨识、风险评估与控制、安全教育培训、安全信息、安全统计等。安全文化、安全法制、安全责任、安全科技、安全投入也被统称为安全生产的"五要素"。

安全管理目标：减少或消除人的不安全行为，减少或消除设备、材料的不安全状态，改善生产环境和保护自然环境，减少或消除管理缺陷。在制订企业或建设项目的安全管理计划时，应确定生产安全事故控制指标、安全生产隐患治理目标，以及安全生产、文明施工管理目标等。安全管理目标应量化。

7.3.4　危险源及其管理

1. 危险源的概念

根据《职业健康安全管理体系要求及使用指南》（GB/T 45001—2020/ISO 45001：2018）规定，危险源是指可能导致人身伤害（或）健康损害的根源、状态或行为，或其组合。危险源是一个系统中具有潜在能量和物质，具有释放危险性，可造成人员伤害、财产损失或环境破坏，在一定的因素作用下可转化为事故的部位、区域、空间、岗位、设备及其位置。

危险源存在于确定的系统中，不同的系统范围，危险源的区域也不同。

危险源应由三个要素构成，即潜在危险性、存在条件和触发因素。危险源的潜在危险性是指一旦触发事故，可能带来的危害程度或损失大小，或者说危险源可能释放的能量强度或危险物质量的大小。危险源的存在条件是指危险源所处的物理、化学状态和约束条件状态，例如物质的压力、温度、化学稳定性，周围环境障碍物等情况。触发因素虽然不属于危险源的固有属性，但它是危险源转化为事故的外因，而且每一类型的危险源都有相应的敏感触发因素。

第一类危险源

第二类危险源

2. 危险源的分类

根据危险源在事故发生、发展中的作用，危险源可划分为两大类，即第一类危险源和第二类危险源。

3. 建筑行业的典型危险源

(1)基坑支护与降水工程：基坑支护工程是指开挖深度超过 3 m(含 3 m)的基坑(槽)并采用支护结构施工的工程；或基坑虽未超过 5 m，但地质条件和周围环境复杂、地下水水位在坑底以上的工程。

(2)土方开挖工程：是指开挖深度超过 3 m(含 3 m)的基坑、槽的土方开挖。

(3)模板工程：各类工具式模板工程，包括滑模、大模板及特殊结构模板工程等。

(4)起重吊装工程。

(5)脚手架工程：高度超过 24～50 m 的落地式钢管脚手架；悬挑式脚手架；吊篮脚手架；卸料平台等。

(6)拆除、爆破工程：采用人工、机械拆除或爆破拆除的工程。

(7)临时用电工程。

(8)其他危险性较大的工程：建筑幕墙的安装施工；预应力结构张拉施工；特种设备施工；网架和索膜结构施工；6 m 以上的边坡施工；30 m 及以上高空作业；采用新技术、新工艺、新材料，可能影响建设工程质量安全，已经行政许可，尚无技术标准的施工；对工地周边设施和居民安全可能造成影响的分部分项工程；其他专业性强、工艺复杂、危险性大、交叉作业等易发生重大事故的施工部位及作业活动。

4. 危险源辨识

危险源辨识就是识别危险源并确定其特性的过程。危险源辨识主要是对危险源的识别，对其性质加以判断，对可能造成的危害、影响提前进行预防，以确保生产的安全、稳定。

危险源辨识工作采用现场调查、工作任务分析和工作任务危险性研究相结合的方法。危险源辨识方法很多，常用的有安全检查表法、预危险性分析法、故障树分析法、LEC 评价法等。

(1)安全检查表法。安全检查表法是将一系列项目列出检查表进行分析，以确定系统、场所的状态是否符合安全要求，通过检查发现系统中存在的安全隐患并提出改进措施。检查项目可以包括场地、周边环境、设施、设备、操作、管理等各方面。

(2)预先危险性分析法。预先危险性分析也称初始危险分析，是在每项生产活动之前，特别是在设计的开始阶段，对系统存在的危险类别、出现条件、事故后果等进行概略地分析，尽可能评价出潜在的危险性。

(3)故障树分析法。故障树分析法简称 FTA，又称事故树分析，是安全系统工程中最重要的分析方法。事故树分析从一个可能的事故开始，自上而下、一层层地寻找事件的直接原因和间接原因事件，直到基本原因事件，并用逻辑图把这些事件之间的逻辑关系表达出来。

(4)LEC 评价法。LEC 评价法运用与系统风险有关的三种因素指标值的乘积来评价操作人员伤亡风险大小。三种因素分别是 L(Likelihood，事故发生的可能性)、E(Exposure，人员暴露于危险环境中的频繁程度)和 C(Consequence，一旦发生事故可能造成的后果)。给三种因素的不同等级分别确定不同的分值，再以三个分值的乘积 D(Danger，危险性)来评价作业条件危险性的大小。

7.3.5　安全检查与教育

1. 安全检查的主要内容

安全检查的主要内容即"五查"：查思想、查管理、查隐患、查整改、查事故处理。

(1)查思想：对照党和国家有关安全生产的方针、政策及有关文件，检查企业领导、现场管理人员和作业人员对安全生产工作的认识，检查安全生产方针及各项劳动保护政策是否认真贯彻落实，检查是否存在"三违"现象及其表现。

(2)查管理：检查单位是否建立安全生产管理体系并正常工作，各级组织结构和个人的安全生产责任是否落实，各车间及危险工种岗位的规章制度是否健全和落实。

(3)查隐患：检查作业现场是否符合安全生产要求，工程主、辅材料堆放是否符合要求，劳动条件、生产设备、操作情况是否符合有关安全要求和操作规程，生产装置和生产工艺是否存在事故隐患，个人劳动防护用品使用是否符合规范。

(4)查整改：检查隐患是否整改，安全措施是否真正投入。

(5)查事故处理：检查安全事故处理是否坚持"四不放过"原则。检查对伤亡事故是否及时报告、认真调查、严肃处理。

2. 安全检查的一般方法

(1)看：主要查看管理记录、持证上岗、现场标识、交接验收资料、"三宝"使用情况、"洞口""临边"防护情况、设备防护装置等。

(2)听：主要是听汇报、介绍、反映、意见或批评，听机械设备的运转响声或承载物发出的声音。

(3)问：对影响安全的问题，详细询问，寻根究底。

(4)量：主要是用尺实测实量，如脚手架各种杆件间距、塔机道轨距离、电气开关箱安装高度、在建工程邻近高压线距离等。

(5)测：用仪器、仪表实地进行测量，如使用水平仪测量道轨纵、横向倾斜度，用地阻仪遥测地阻等。

(6)现场操作：由司机对各种限位装置进行实际动作，检验其灵敏程度，如塔式起重机的力矩限制器、行走限位，龙门架的超高限位装置，翻斗车制动装置等。

在安全检查中，能测量的数据或操作试验，要尽量采用定量方法检查，不能用估计、步量或"差不多"等来代替。常规检查完全依靠安全检查人员的经验和能力，检查的结果直接受安全检查人员个人素质的影响，故对安全检查人员个人素质的要求较高。

3. 安全检查的主要形式

(1)综合性安全检查：对企业的安全基础工作、危险源管理、应急管理、隐患排查治理、安全教育培训、业务外委等安全生产整体状况进行的全面检查。

(2)专业安全检查：针对特种(设备)作业、特种设备、特殊作业场所等开展的专业性安全检查。包括电气系统，煤气系统，起重设备，变配电室，氧气、氮气管道检查等。

(3)季节性安全检查：根据季节特点，为保证安全生产的特殊要求而开展的安全检查。包括春季、夏季、秋季、冬季安全检查等。

（4）节假日安全检查：是指节前对安全、保卫、消防、生产准备、备用设备、应急预案等进行的检查，特别对节日期间各级管理人员、检修队伍的值班安排和安全措施，原辅料、备品备件、应急预案的落实情况等进行的检查。

（5）日常安全检查：是指每天进行的，对各单位安全生产状况、维修现场的随机性进行的安全检查。

（6）临时性安全检查：根据国家、省、市有关要求，以及公司的相关要求临时开展的安全检查。

4. 三级安全教育

三级安全教育是企业安全生产必不可少的一项环节，是安全生产企业的基本教育制度。企业必须对新工人进行安全生产的三级教育，对调换新工种、复工、采取新技术、新工艺、新设备、新材料的工人，必须进行新岗位、新操作方法的安全教育，受教育者经考试合格后，方可上岗操作。

企业级安全教育由企业安全生产管理的部门负责，一般由具有相应资格的安全管理人员进行教育，主要包括以下几项：

（1）讲解劳动保护的相关内容；

（2）介绍企业的安全情况（特别是重点部位要重点讲解）；

（3）介绍安全生产相关的法律法规；

（4）事故案例的学习，事故发生的应急预案等。

项目级安全教育由项目专职安全生产管理人员（安全员）负责进行教育，主要包括以下几项：

（1）介绍项目的相关安全情况和管理制度；

（2）根据项目的特点介绍安全生产的相关知识；

（3）介绍项目实施过程中的防火、防高处坠落等知识；

（4）介绍项目机械使用的安全操作规程和禁止事项等。

班组级安全教育由班组长负责对所在班组的工人进行教育，主要包括以下几项：

（1）介绍本班组的生产特点、作业环境、危险源存在情况等；

（2）介绍本工种的安全操作规程和岗位职责；

（3）讲解如何正确使用安全生产劳动保护用品和相关的文明施工要求；

（4）具体实施的相关操作演示。

安全生产常用缩语

7.4 施工现场质量管理

7.4.1 工程质量管理的概念和 TQC 理论

工程施工质量是国家现行的有关法律、法规、技术标准，以及工程的设计文件与合同文件中对其安全、适用、经济、美观等特性的综合要求。工程质量管理是指为了保证和提高工程施工质量，运用一整套质量管理体系、手段和方法所进行的系统管理活动。

20 世纪 70 年代末，中国建筑业开始推行全面质量管理（TQC）。它以管理质量为核心，要求企业全体人员对生产全过程中影响产品质量的诸多因素进行全面管理，将事后检查变为事前预防，通过计划（Plan）—实施（Do）—检查（Check）—处理（Action）的不断循环，即 PDCA 循环，不断克服生产和工作中的各个薄弱环节，从而保证工程质量的不断提高。

全面质量管理的要点如下：

（1）全面的即广义的质量概念，除建筑产品本身的质量外，还应综合考察工程量、工期、成本等，四者结合，构成建筑工程质量的全面概念。

（2）全过程的管理，即从研究、设计、试制、鉴定、生产设备、外购材料以至产品销售等环节都进行质量管理。

（3）全员管理，即企业全体人员在各自的岗位上参与质量管理，以自己的工作质量保证产品质量。

（4）全面性管理，即包括计划、组织、技术、财务、统计各项管理工作直至使用阶段的维修、保养，形成一个完整有效的质量管理体系。

7.4.2　工程质量的特点及影响因素

根据建筑产品和生产的特点，工程质量具有影响因素多、质量波动大、质量隐蔽性、终检局限性等特点。

工程施工中，影响施工质量的因素主要有 4M1E，即人（Man）、材料（Material）、机械（Machine）、方法（Method）、环境（Environment）。

（1）人：人是施工过程的主体，工程质量的形成受到所有参加工程项目施工的工程技术干部、操作人员、服务人员共同作用，他们是形成工程质量的主要因素。人的因素主要是指领导者的素质，操作人员的理论、技术水平，生理缺陷，粗心大意，违纪违章等。为保证工程质量，一是提高人的质量意识；二是提高人的素质；三是完善管理制度。

（2）材料：材料（包括原材料、成品、半成品、构配件）是工程施工的物质条件（建筑工程中材料费用占总投资的 70％或更多），材料质量是工程质量的基础。加强材料的质量控制，是提高工程质量的重要保证。影响材料质量的因素主要有材料的成分、物理性能、化学性能等。做好材料控制工作，还需从材料采购（采购人员、采购厂家）、材料检验（检查验收、试验检验）、材料使用与管理等方面入手。

（3）机械：机械设备包括工程设备、施工机械和各类施工工器具。机械设备的性能、效率、质量、数量会影响工程质量。必须综合考虑施工现场条件、建筑结构形式、施工工艺和方法、建筑技术经济等合理选择机械的类型和性能参数，合理使用机械设备，正确地操作。操作人员必须认真执行各项规章制度，严格遵守操作规程，并加强对施工机械的维修、保养、管理。

（4）方法：施工方法包括施工技术方案、施工工艺、工法、技术措施、检测手段等。从某种程度上说，技术工艺水平的高低，决定了施工质量的优劣。施工方案正确与否，直接影响工程质量控制能否顺利实现。制定和审核施工方案时，必须结合工程实际，从技术、管理、工艺、组织、操作、经济等方面进行全面分析、综合考虑，力求方案技术可行、经济合理、工艺先进、措施得力、操作方便，有利于提高质量、加快进度、降低成本。

（5）环境：环境因素包括施工现场自然环境、企业质量管理体系、施工质量管理环境和施工作业环境，具体有工程地质、水文、气象、周边建筑、地下障碍物、企业质量管理体系、质量管理制度、各参建单位之间的协调，施工照明、通风、安全防护设施、场地给水排水、交通运输和道路条件等。环境因素对工程质量的影响具有复杂而多变的特点，往往前一工序就是后一工序的环境，前一分部分项工程也就是后一分部分项工程的环境。因此，根据工程特点和具体条件，应对影响质量的环境因素采取有效的措施严加控制。

7.4.3 施工过程质量管理

（1）施工工艺的质量管理。工程项目施工应编制"施工工艺技术标准"，规定各项作业活动和各道工序的操作规程、作业规范要点、工作顺序、质量要求等。这些内容应预先向操作者进行交底，并要求认真贯彻执行。对关键环节的质量、工序、材料和环境应进行验证，使施工工艺的质量管理符合标准化、规范化、制度化要求。

（2）施工工序的质量管理。施工工序的质量管理是为把工序质量的波动限制在要求的界限内所进行的质量管理活动。目的是保证稳定地生产合格产品。一旦工序质量的波动超出允许范围，应立即对影响工序质量波动的因素进行分析。

7.4.4 质量控制点的设置和管理

质量控制点是为了保证（工序）施工质量而对某些施工内容、施工项目、工程重点和关键部位、薄弱环节等，在一定时间及条件下进行重点控制和管理，以使其施工过程处于良好的控制状态。质量控制点是工程施工质量控制的重点，设置质量控制点是工程质量事前控制的重要内容。

1. 设置质量控制点的作用

（1）可以将复杂的工程质量总目标分解为一系列简单分项的目标控制；

（2）因质量控制点目标单一，干扰因素便于测定，故有利于实施纠偏措施和控制对策；

（3）下层质量控制点质量目标的实现，可以对上层质量控制点质量目标提供保证，从而保证上层质量控制点质量目标的实现，进而实现工程质量总目标；

（4）有利于建立工程师和承建单位质量控制人员检测分项控制目标，计算分项控制目标与实际标准值的偏差；

（5）有利于监理工程师和承建单位质量控制人员及时分析和掌握质量控制点所处的环境，易于分析各种干扰条件对有关分项目标产生的影响。

2. 质量控制点的设置原则

质量控制点的设置，应对工程特点、质量要求、施工工艺难易程度、施工队伍素质和技术操作水平等进行综合分析后确定，一般选择那些对工程质量影响大的、保证质量难度大的或发生质量问题时危害大的对象作为质量控制点，具体如下：

（1）重要的和关键性的施工环节、工序及隐蔽工程，如钢结构的梁柱板节点、钢筋混凝土结构中的钢筋工程；

（2）质量不稳定、施工质量没有把握的施工工序和环节，如地下防水工程；

（3）施工技术难度大的、施工条件困难的施工工序和环节，如深基坑开挖、复杂模板放样；

（4）质量标准和质量精度要求高的施工内容及环节，如测量控制网建立；

（5）对后续施工或后续工序质量，或安全有重要影响的施工工序或部位，如土石方开挖、模板支撑与固定；

（6）采用新技术、新工艺、新材料施工的部位或环节。

质量控制点一般分为 A、B、C 三个等级，其中 A 为重要的质量控制点，由施工、监理、业主各方质检人员检查确认。B 也是重要的质量控制点，由施工、监理双方质检人员检查确认。C 为一般的质量控制点，由施工方质检人员检查确认。

7.4.5　质量问题与质量事故处理

1. 质量问题产生的原因

工程质量问题的表现形式千差万别，类型多种多样，如结构倒塌、倾斜、变形、开裂、不均匀或超量沉降、渗漏、强度不足、尺寸偏差过大等。究其原因，概括如下：

（1）违背建设程序和法规；

（2）工程地质勘察失误或地基处理失误；

（3）设计计算问题；

（4）建筑材料及制品不合格；

（5）施工与管理失控；

（6）自然条件影响；

（7）对建筑物或设施使用不当。

2. 质量问题的处理

一般处理程序为：调查取证，写出质量调查报告；向建设（监理）单位提交调查报告；建设（监理）单位的工程师组织有关单位进行原因分析，在分析原因的基础上确定质量问题处理方案；进行质量问题处理；检查、鉴定、验收，写出质量问题处理报告。

对于已经出现的质量问题，处理方案有如下六种：

（1）返修处理：当工程某些部分的质量虽未达到规范、标准或设计规定的要求，存在一定的缺陷，但经过采取整修等措施后可以达到要求的质量标准，又不影响使用功能或外观要求时，可以进行返修处理。

（2）加固处理：主要是针对危及承载力的质量缺陷的处理。在不影响使用功能或外观的前提下，对缺陷进行加固处理，使建筑结构恢复或提高承载力，重新满足结构安全性与可靠性的要求，使结构能继续使用或改作其他用途。

（3）返工处理：当工程某些部分的质量未达到规范和标准要求，对结构的使用和安全有重大影响，而又无法采取修补或加固等方法予以纠正，或经返修、加固处理后仍不能满足规定的质量要求，或不具备补救可能性时，则必须做出返工处理的决定。

（4）限制使用：当工程质量缺陷按修补方法处理后无法保证达到规定的使用要求和安全

要求，而又无法返工处理的情况下，不得已时可做出诸如结构卸荷或减荷以及限制使用的决定。

（5）不作处理：一般可不作专门处理的情况有以下几种：

1）不影响结构安全、生产工艺和使用要求的。工业建筑物出现放线定位的偏差，且严重超过规范标准规定。又如，某些部位的混凝土表面养护不够导致的干缩微裂，不影响使用和外观，也可不作处理。

2）后道工序可以弥补的质量缺陷。混凝土结构表面的轻微麻面，可通过后续的抹灰、刮涂、喷涂等弥补，也可不作处理。再如，混凝土现浇楼面的平整度偏差达到 10 mm，但后续垫层和面层的施工可以弥补，也可不作处理。

《关于做好房屋建筑和市政基础设施工程质量事故报告和调查处理工作的通知》（建质〔2010〕111号）

3）法定检测单位鉴定合格的。

4）出现的质量缺陷，经检测鉴定达不到设计要求，但经原设计单位核算，仍能满足结构安全和使用功能的。

（6）报废处理：出现质量事故的工程，通过分析或实践，采取上述五种处理方法后仍不能满足规定的质量要求或标准，则必须予以报废处理。

《关于做好工程质量事故质量问题查处通报工作的通知》（建质〔2012〕15号）

3. 质量事故及其处理

根据《关于做好房屋建筑和市政基础设施工程质量事故报告和调查处理工作的通知》（建质〔2010〕111号）规定，工程质量事故是指由于建设、勘察、设计、施工、监理等单位违反工程质量有关法律法规和工程建设标准，使工程产生结构安全、重要使用功能等方面的质量缺陷，造成人身伤亡或重大经济损失的事故。根据造成的人员伤亡或直接经济损失，工程质量事故可分为一般事故、较大事故、重大事故、特别重大事故。

质量事故的处理应依据：质量事故的实际情况资料；具有法律效力的、得到有关当事各方认可的工程承包合同、设计委托合同、材料或设备购销合同、分包合同及监理委托合同；有关的技术文件、档案；相关的建设法规。

7.5　施工现场物资管理

施工现场物资管理是对现场施工中的一切材料、机械设备、工器具进行的组织管理，是保证整个工程顺利进行的基础。建设项目施工期间，应该对现场的物资进行合理、科学的规划，以减少不必要的资金、材料与设备的投入，保证工程的正常施工进度。

7.5.1　施工现场材料管理

工程项目所用的材料费用占工程造价的 55%～65%，材料管理的水平直接影响到工程成本管理目标的实现。搞好施工现场材料管理对保障生产安全、加快施工进度、保证工程质量、降低工程成本、提高经济效益有着重要的意义。

1. 材料的采购管理

（1）制定采购计划。项目部应依据项目合同、设计文件、项目管理实施规划和有关采购管理制度编制采购计划。采购计划包括采购工作范围、内容及管理要求、采购信息（产品或服务的数量、技术标准和质量要求）、检验方式和标准等。

（2）加强市场调研，合理选择供应商。审核查验材料生产经营单位的各类生产经营手续；实地考察企业的生产规模、诚信观念、销售业绩、售后服务等；重点考察企业的质量控制体系是否具有国家及行业的产品质量认证，以及材料质量在同类产品中的地位；从建筑业界同行中了解，获得更准确、更细致、更全面的信息；组织对采购报价进行有关技术和商务的综合评审，并制定选择、评审和重新评审的准则。

（3）材料的进场检验。采购的材料应经检验合格，并符合设计及现行标准要求。材料进场复检应严格按照相关规范和标准要求，检查进场材料的合格证、生产批号、检测报告、材质证明等。新型材料必须经相关单位鉴定合格后方可使用。应进行见证取样送检的，施工单位必须通知监理单位进行见证取样，送检的材料检验单位须具备相应的检测条件和能力。采购材料在检验、运输、移交和保管过程中，应避免对职业健康安全、环境造成影响。

2. 材料的现场管理

（1）材料堆放管理。根据现场施工平面布置图将材料归类堆放于不同场地，做到标识清楚、堆放整齐、避免污染和二次搬运。易燃易爆及有毒有害物品应专库存放，防潮品应采取相应的保护措施。有保质期的库存材料应定期检查并做好标志，防止过期。例如，水泥库应有防潮、防雨、通风和排水措施，且要邻近搅拌站；砂石要按品种、规格和产地分堆，防止风吹、人畜践踏和油污污染；露天存放材料应按规格码放整齐、避免混放，有一定的垫高，地面应有排水措施；石灰易吸收水分，发生自然消化，石灰粉末容易被风吹雨淋，故应存放于离施工地点较远的地方。

（2）材料发放管理。对于到场材料，清验造册登记，严格按照施工进度凭材料出库单发放使用。建立限额领料制度，材料发放实行"先进先出，推陈储新"的原则。主要材料应建立定额考核台账。对已发放材料进行使用追踪，避免材料丢失或浪费。

3. 施工过程中的材料管理措施

（1）控制各分项工程材料的使用。物资消耗，特别是钢材、木材、砂石料严格按定额供应。在材料领取、入库出库、投料、用料、补料、退料和废料回收等环节上严格管理。对于材料操作消耗特别大的工序，可由项目经理部直接承包。具体施工过程中可以按照不同的施工工序，将整个施工过程划分为几个阶段，在工序开始前由工长、材料员分配大型材料使用数量，工序施工过程中如发现材料数量不够，由材料员报请项目经理领料，并说明材料使用数量不够的原因。每一阶段工程完工后，由材料员清点、汇报材料使用和剩余情况，分析材料消耗或超耗原因，并与经济责任制挂钩予以奖惩。

（2）建立材料管理奖惩制度。及时发现和解决材料不节约、出入库不计量，生产中超额用料和废品率高等问题。实行特殊材料以旧换新，材料报废及时提交报废原因，在项目经理部实行材料包干使用等节约有奖、超耗则罚的制度。调动全员节约使用材料的积极性，鼓励现场人员节约材料的主动性和创造性，促进材料管理规范化，杜绝材料浪费现象。

7.5.2　施工现场机械设备管理

施工现场机械设备管理的目的是保证机械设备在使用时处于良好状态，减少闲置和损坏，防止存在安全隐患的机械设备进入施工现场作业。

1. 机械设备的使用管理

（1）正确选择机械设备。

1）根据工程特点、工程量、施工方法和工期要求，优先确定主要机械设备的种类和规格，再配备辅助机械。

2）工程量大而集中、工期要求紧时，应选用大型机械设备；反之，可选用一机多用或灵活多用的小型机械设备。

3）根据工程量大小、机械生产能力和工期要求，合理确定机械设备台数，既要避免设备数量不足而影响工程进度，又要有效避免窝工。

4）尽量组织机械设备在相邻工程项目上的综合流水，充分发挥机械设备效能，减少拆、装、运次数，避免停多用少。

（2）合理使用机械设备。

1）实行持证上岗制：机械操作人员必须经过培训，经考试合格取得操作证或职业资格证书后才能操作机械，未取得机械操作证的人员严禁操作机械。

2）实行"三定"制度：即机械设备在使用中做到定机、定人、定岗。将机械设备的使用、维护和保养等各环节要求落实到具体人身上，坚持人机固定原则，实行机长负责制，贯彻岗位制度。

3）实行交接班制度：交接班制度由值班司机执行，多人操作的单机或机组除执行岗位交接外，值班负责人或司机长应进行全面交接并在机械运转记录本中填写交接记录。机械交接时，应全面检查，做到不漏项目，交代清楚。

4）实行巡回检查制度：机械使用前、后办理交接时，均应由操作人员按照巡回检查路线图规定的顺序及检查项目对设备进行详细、全面的巡回检查。正在使用的机械，应利用停机间隙进行巡回检查。对于检查中发现的问题应立即采取有效措施并记入运转记录中。新配备的机械设备应在投入使用前完成巡回检查路线图的制定。

5）实行走合期使用保养制度：新机或项修后的机械，按原制造厂说明书规定执行走合期使用要求和走合期保养项目。走合期完成后应进行一次全面保养，更换润滑油、液压油。

6）实行安全教育与技术交底制度：施工现场应建立施工机械操作人员的安全教育和技术交底制度，明确教育时间、教育类别、教育人、受教育人、教育内容、记录人等。操作人员在操作机械设备前应接受安全操作技术交底，了解施工要求、场地环境、气候条件等安全生产要素。项目管理人员不得要求操作人员违章作业，不得强制操作人员带病作业。

另外，还应为机械设备运行创造良好条件，如合理布置材料、半成品和构件的堆放位置，排除妨碍机械施工的障碍物，合理规划机械行走路线，预留机械设备的维修时间，根据机械设备特点安排施工顺序，夜间施工时安装相应的照明设备等。

2. 机械设备的保养

现场机械设备保养的内容可概括为清洁、调整、紧固、润滑、防腐。

（1）清洁：施工现场灰尘、污物较多，常会引起机械内外及系统各部位的脏污，有些关键部位脏污会影响机械设备的正常运转。清洁就是要求机械各部位保持无油泥、污垢、尘土，特别是发动机的空气、燃油、机油等滤清器要按规定时间检查清洗，防止杂质进入气缸、油道，减少运动零件的磨损。

（2）调整：在机械设备的保养维护中，当设备使用过程中移位或者原有正确状态发生变化时进行调整，并使其恢复原状。对机械众多零件的相对关系和工作参数，如间隙、行程、角度、压力、流量、松紧、速度等及时进行检查调整。对关键机构如制动器、离合器的灵活可靠性进行适当调整，以保证机械的正常运行，防止事故发生。

（3）紧固：机械设备在使用过程中因不断振动和交变负荷的影响，有些螺钉会松动或脱落。如不及时紧固，不仅可能产生漏油、漏水、漏气、漏电等现象，有些关键部位的螺栓松动，还会改变原设计部件的受力分布。轻者使零件变形，重者会出现零件断裂、分离，导致操纵失灵而造成机械事故。因此，必须对机体各部的连接件及时检查紧固，以免造成机械设备事故性损坏及可能引起的人员伤亡。

（4）润滑：施工机械设备经常在高温和高负荷状态下作业，工作环境恶劣，工作时间较长，正常的润滑工作能减少设备磨损、提高设备运行效率、节约材料和能源，保证机械设备持久而良好地运转，延长其使用寿命。润滑就是按照规定，定期加注或更换润滑油，以保持机械运动零件之间的良好润滑，减少零件磨损，保证机械正常运转。润滑是机械保养中极为重要的作业内容。

（5）防腐：防腐就是要做到防潮、防锈、防酸，防止腐蚀机械零部件和电气设备，尤其是机械外表必须进行补漆或涂油脂等防腐涂料。

3. 机械设备的安装、拆卸与运输

小型施工设备的安装、拆卸、运输，由项目经理部按照设备使用说明书的要求进行；项目经理部设备员应做好相应记录。

大、中型设备进场后应组织验收，验收合格后方可投入；大、中型施工设备、工程设备的安装、拆卸工作应由专业队伍制定安装、拆卸方案并完成相应工作。若拆装工作由非本公司队伍来承担，应经评审通过后方可承担拆装工作。大、中型施工设备、工程设备安装完毕后，应按有关标准对安装质量进行验收，并填写相应的"安装验收记录表"，验收合格后方可投入使用。

4. 机械设备的修理

根据修理内容、技术要求及工作量的大小，可将机械设备的修理分为大修、项修（中修）和小修。

（1）大修：机械设备的大修是工作量最大的计划修理。大修时，对设备的全部或大部分部件解体；修复基准件，更换或修复全部不合格的零件；修复和调整设备的电气及液、气动系统；修复设备的附件及翻新外观等；达到全面消除修前存在的缺陷，恢复设备的规定功能和精度。

（2）项修（中修）：是项目修理的简称。它是根据设备的实际情况，对状态劣化已难以达到生产工艺要求的部件进行针对性修理。项修时，一般要进行部分拆卸、检查、更换或修复失效的零件，必要时对基准件进行局部修理和调整精度，从而恢复所修部分的精度和性能。

项修具有安排灵活、针对性强、停机时间短、修理费用低、能及时配合生产需要、避免过剩维修等特点。

(3)小修：设备小修是工作量最小的计划修理，多为临时安排的修理。对于实行状态监测修理的设备，小修的内容是针对日常点检、定期检查和状态监测诊断发现的问题，拆卸有关部件，检查、调整、更换或修复失效的零件，以恢复设备的正常功能。对于实行定期修理的设备，小修的主要内容是根据掌握的磨损规律，更换或修复在修理间隔期内即将失效的零件，以保证设备的正常功能。

大修、项修和小修工作内容比较见表 7-6。

表 7-6 大修、项修和小修工作内容比较

标准要求	大修	项修	小修
拆卸分解程度	全部拆卸分解	针对检查部位，部分拆卸分解	拆卸、检查部分磨损严重的机件和污秽部位
修复范围和程度	维修基准件，更换和修复主要件、大型件及所有不合格的零件	根据维修项目，对维修部件进行修复，更换不合格的零件	清除污秽积垢，调整零件间隙及相对位置，更换或修复不能使用的零件，修复达不到完整程度的部位
刮研程度	加工和刮研全部滑动接合面	根据维修项目决定刮研部位	必要时局部修刮，填补划痕
精度要求	按大修精度及通用技术标准检查验收	按预定要求验收	按设备完好标准要求验收
表面修饰要求	全部外表面刮腻子、打光、喷漆、手柄等零件重新电镀	补漆或不进行	不进行

5. 机械设备的停用与报废

(1)当出现以下情形时，机械设备应停用：

1)中途停工的工程使用的机械设备应做好保护工作，小型设备应清洁、维修好进仓；大型设备应定期(一般一个月一次)做维护保养工作。

2)工程结束后，所有的机械设备应尽快组织进仓，进仓后根据设备状况做好维修保养工作。

3)因工程停工而停止使用半年以上的大型机械设备，恢复使用之前应按照国家有关标准进行试验。

(2)当出现以下情形时，机械设备应予报废：

1)主要机构部件已严重损坏，即使修理，其工作能力仍然达不到技术要求和不能保证安全生产的。

2)修理费用过高，在经济上不如更新合算的。

3)因意外灾害或事故，机械设备受到严重损坏，已无法修复的。

4)技术性能落后、能耗高、没有改造价值的。

5）国家规定淘汰机型或超过使用年限，且无配件来源的。

对应予报废的机械设备，项目经理部填写"机械设备报废申请表"，送生产科施工设备技术监督员审查、备案。大、中型机械设备要送主管生产副经理审批。已报废的机械设备不得再行投入使用。

7.5.3　施工现场工器具管理

施工现场工器具主要包括钳工工具、电动工具、气动工具、起重工具、安全工具、测量工具、焊接工具、试验器具、土木工具、专用工器具、其他工具等。施工现场工器具管理要求如下：

（1）工器具应按要求配备齐全，存放于工地指定地点并安排专人负责保管。

（2）施工工器具必须经检验合格方能使用。

（3）对于电动工具，必须符合安全生产要求，安全设备齐全有效；下班后必须专人负责切断全部电源。

（4）电动工具操作人员须经考核持证上岗，无证人员不得操作。

（5）所有工器具都应定期保养、检修，不准使用有问题的工具。

7.6　施工现场文明施工管理

施工现场文明施工管理的主要内容：一是规范场容，保持作业环境整洁卫生；二是创造文明有序、安全生产的条件；三是减少对周围居民和环境的不利影响。

7.6.1　场容管理

（1）施工现场应实行封闭式管理，围挡坚固、严密；围挡高度须符合《建筑施工安全检查标准》（JGJ 59—2011）及当地住房城乡建设主管部门的相关规定。

（2）应在工地主要入口明显处设置工程概况及管理人员名单。标牌内容应写明工程名称、面积、层数，建设单位，设计单位，施工单位，监理单位，开工、竣工日期。

（3）施工现场大门内应有施工现场总平面图，安全生产、消防保卫、环境保护、文明施工制度板。施工现场的各种标识牌字体正确规范、工整美观、整洁完好。

（4）施工区、办公区和生活区应有明确划分，设标志牌，明确负责人。办公区和生活区应根据实际条件进行绿化。办公室、宿舍和更衣室要保持清洁有序。

（5）现场必须采取排水措施，主要道路必须进行硬化处理。

（6）建筑物内外的零散碎料和垃圾渣土要及时清理。楼梯踏步、休息平台、阳台等处不得堆放料具和杂物。使用中的安全网必须干净整洁，破损的要及时修补或更换。

（7）施工现场暂设用房整齐、美观。宜采用整体盒子房、复合材料板房类轻体结构活动房，暂设用房外立面必须要整洁美观。

（8）水泥库内外的散落灰必须及时清理，搅拌机四周、搅拌处及现场内无废砂浆和混凝土。

（9）砂浆、混凝土在搅拌、运输和浇筑过程中，应做到不洒、不漏、不剩，如有洒落应及时清理。

（10）施工现场严禁居住家属，严禁作业人员家属尤其是儿童在现场穿行、玩耍。

7.6.2　环境保护与污染控制

1. 防治大气污染

（1）施工现场主要道路必须进行硬化处理。采取覆盖、固化、绿化、洒水等有效措施，做到不泥泞、不扬尘。现场的材料存放区、大模板存放区等场地必须平整夯实。

（2）遇有五级风以上天气不得进行土方回填、转运其他可能产生扬尘污染的施工。

（3）施工现场应有专人负责环保工作，配备相应的洒水设备，及时洒水，减少扬尘污染。

（4）建筑物内的施工垃圾清运必须采用封闭式专用垃圾道或封闭式容器吊运，严禁凌空抛撒。施工现场应设密闭式垃圾站，将施工垃圾、生活垃圾分类存放。清运施工垃圾时，应提前适量洒水，并按规定及时清运。

（5）水泥和其他易飞扬的细颗粒建筑材料应密闭存放，使用过程中应采取有效措施防止扬尘。施工现场土方应集中堆放，采取覆盖或固化等措施。

（6）必须使用密闭式车辆运输土方、渣土和施工垃圾，做到不洒水、不扬尘。

（7）施工现场出入口处设置冲洗车辆的设施，出场时不得将泥沙带出现场。

（8）施工现场严禁焚烧建筑垃圾、生活垃圾、废料及释放有毒、有害、有异味气体和烟尘的物质。

2. 防治水污染

（1）确保雨水管网与污水管网分开使用，严禁将非雨水类的其他水体排入市政雨水管网。

（2）搅拌机前台、混凝土输送泵及运输车辆清洗处应当设置沉淀池，经沉淀后可循环使用或用于洒水降尘。废水不得直接排入市政污水管网或流出施工区域污染环境。

（3）现场存放油料的库房的地面和墙面必须进行防渗漏处理，储存和使用都要采取措施，防止油料泄漏，污染土壤水体。油库内严禁存放其他物资。

（4）施工现场设置的食堂，应具有健全的卫生管理制度。食堂炊管人员必须按规定进行健康检查和卫生知识培训。需设有与进餐人数相适应的操作间，设置相应的消毒、盥洗、采光、照明、通风、防蝇、防尘设备和通常的上下水管道。需设置隔油池，污水必须经过隔油池，并做到定期掏油，防止污染。现场食堂应进行经常性食品卫生检查工作。

3. 防治噪声污染

施工现场噪声控制可从声源、传播途径、接收者防护等方面考虑。

（1）根据现场实际情况制定有效的降噪措施。尽量采用低噪声设备和工艺；也可在声源处安装消声装置。施工现场的电锯、电刨、搅拌机、固定式混凝土输送泵、大型空气压缩机等强噪声设备应搭设封闭式作业机棚。

（2）进行夜间施工作业的，应采取措施最大限度减少施工噪声。现场混凝土振捣可采用低噪声振捣棒，振捣时，不得振钢筋和铁模板。

（3）严格控制人为的施工噪声。承担夜间材料运输的车辆，进入施工现场严禁鸣笛，装卸材料应做到轻拿轻放，最大限度减少噪声。严禁作业人员高声喊叫、无故敲打模板，限制高喇叭的使用。

(4)为处于噪声环境中的作业人员配备耳塞、耳罩等防护用品，尽量减少相关人员在强噪声环境中的暴露时间，以减轻噪声对人体的危害。

(5)严格控制强噪声作业时间，在人口稠密区进行强噪声作业时，一般晚上 10 点到次日早上 6 点之间停止强噪声作业。确系特殊情况须昼夜施工的，尽量将噪声降低至规定范围，并会同建设单位找当地居委会、村委会或当地居民协调，出安民告示，取得周围居民的谅解。

(6)施工现场应进行噪声值监测，严格执行《建筑施工场界环境噪声排放标准》(GB 12523—2011)，噪声值不应超过国家或地方噪声排放标准。

《建筑施工场界环境
噪声排放标准》
（GB 12523—2011）

4. 防治固体废弃物污染

施工现场常见的固体废弃物有建筑渣土、废弃的散装建筑业材料、生活垃圾，以及设备和材料的废弃包装材料，既有有机废弃物，又有无机废弃物，对人体的危害程度不尽相同。固体废弃物的处置必须符合《中华人民共和国固体废物污染环境防治法》相关要求。

《中华人民共和国固体
废物污染环境防治法》

(1)产生废弃物的单位应设置废弃物固定存放点，并设立醒目的分类管理标志。有毒有害废弃物单独封闭存放，如废电池与其他有毒有害废弃物分开存放。在场内运输废弃物时，须确保不遗撒、不混放。

(2)对具备回收条件的固体废弃物应进行回收利用，如废钢可回收后做成金属材料，建筑渣土可适当回收后作为回填材料，废弃混凝土还可回收作为再生骨料利用。

(3)对产生的固体废弃物进行分选、破碎、压实、浓缩、脱水等处理后减少其最终处置量，降低处理成本。

(4)对于有些松散的废料，可利用水泥、沥青等胶结材料将其包裹，以减少废物毒性和可迁移性。

(5)经过无害化、减量化处理的废弃物残渣可集中到填埋场处置，但需将填埋的废弃物与周围生态环境隔离，并注意其稳定性和长期安定性。

扩展阅读

[1]李波，翁东风，韦灼彬. 工程进度控制关键链法应用分析[J]. 工程管理学报，2012，26(03)：71-74.

[2]王飞，刘金飞，尹习双，等. 高拱坝智能进度仿真理论与关键技术[J]. 清华大学学报(自然科学版)，2021，61(07)：756-767.

[3]陈宇，陈荣. 双代号网络计划技术在滑坡地质灾害防治工程施工中的应用[J]. 四川地质学报，2021，41(S2)：66-69.

[4]陈墨. 基于 BIM 技术的装配式建筑施工进度控制方法[J]. 黑龙江工业学院学报(综合版)，2020，20(06)：71-75.

[5]王宪军. 土木工程施工安全管理模式创新与发展——评《建筑施工安全技术与管理研究》[J]. 中国安全科学学报，2021，31(05)：193-194.

[6]蔡家齐. BIM技术在高大模板工程施工管理中的应用研究[J]. 南昌航空大学学报（自然科学版），2021，35(04)：82-85.

[7]贾鲁平，许茂增，李顺勇，等. ABC分析法在施工现场材料管理中的应用[J]. 重庆交通学院学报(社会科学版)，2005(01)：130-133.

[8]李希杰. 建筑工程项目管理中的施工管理与优化策略研究[J]. 河海大学学报(自然科学版)，2021，49(06)：9-10.

[9]楚晨. 夜间施工环境噪声污染防治的法律分析[J]. 中国环境管理干部学院学报，2019，29(02)：1-3+85.

[10]吕继娟. 流水施工技术在建筑工程项目管理中的应用[J]. 安徽水利水电职业技术学院学报，2021，21(01)：18-20.

拓展训练

1. 在进度控制中，缺乏动态控制观念的表现是（　　　）。
   A. 同一项目不同进度计划之间的关联性不够
   B. 不重视进度计划的比选
   C. 不重视进度计划的调整
   D. 不注意分析影响进度的风险

2. 关于建设工程施工现场环境保护措施的说法，下列正确的是（　　　）。
   A. 工地茶炉不得使用烧煤茶炉
   B. 经无害化处理后的建筑废弃残渣用于土方回填
   C. 施工现场设置符合规定的装置用于熔化沥青
   D. 严格控制噪声作业，夜间作业将噪声控制在70 dB以下

3. 建设工程管理的核心任务是（　　　）。
   A. 项目的目标控制
   B. 为工程建设和使用增值
   C. 实现项目建设阶段的目标
   D. 为项目建设的决策或实施提供依据

4. 关于进度控制的说法，下列正确的是（　　　）。
   A. 施工方必须在确保工程质量的前提下，控制工程进度
   B. 进度控制的目的是实现建设项目的总进度目标
   C. 各项目管理方进度控制的目标和时间范畴应相同
   D. 施工方对整个工程项目进度目标的实现具有决定性作用

5. 关于建设工程项目总进度目标论证的说法，下列正确的是（　　　）。
   A. 已编制总进度规划的项目，可以不进行总进度目标论证
   B. 总进度目标论证应涉及工程实施的条件分析及工程实施策划
   C. 总进度目标论证时，应论证项目动用后的工作进度
   D. 总进度目标论证就是论证施工进度目标实现的可能性

6. 某防水工程施工中出现了设计变更，导致工程量由 1 600 m² 增加到了 2 400 m²，原定施工工期 60 d，合同约定工程量增减 10% 为承包商应承担的风险，则承包商可索赔工期（　　）d。

A. 12　　　　　　　B. 30　　　　　　　C. 24　　　　　　　D. 60

7. 关于施工方项目管理目标的说法，下列正确的是（　　）。

A. 分包方的成本目标由施工总承包方确定

B. 施工总承包方的工期目标和质量目标必须符合合同的要求

C. 施工总承包方的成本目标由施工企业根据合同确定

D. 与业主方签订分包合同的工程，其工期目标和质量目标由分包方负责

8. 在利用 S 曲线比较建设工程实际进度与计划进度时，如果检查日期实际进展点落在计划 S 曲线的右侧，则该实际进展点与计划 S 曲线在纵坐标方向的距离表示该工程（　　）。

A. 实际进度超前的时间　　　　　　B. 实际超额完成的任务量

C. 实际进度拖后的时间　　　　　　D. 实际拖欠的任务量

9. 关于香蕉曲线比较法的说法，下列错误的是（　　）。

A. 能直观地反映工程项目的实际进展情况

B. 可以获得比 S 曲线更多的信息

C. 一个科学合理的进度计划优化曲线应处于香蕉曲线所包括的区域之外

D. 利用香蕉曲线可以对后期工程的进展情况进行预测

10. 应用动态控制原理控制施工进度的核心是（　　）。

A. 定期比较计划值和实际值，并采取纠偏措施

B. 针对目标影响因素采取有效的预防措施

C. 对进度目标由粗到细进行逐步分解

D. 按照进度控制的要求，收集施工进度实际值

11. 某项目因资金缺乏导致总体进度延误，项目经理采取尽快落实工程资金单额方式来解决此问题，该措施属于项目目标控制的（　　）。

A. 组织措施　　　　　　　　　　B. 管理措施

C. 经济措施　　　　　　　　　　D. 技术措施

12. 某清单项目计划工程量为 300 m³，预算单价为 600 元，已完工程量为 350 m³，实际单价为 650 元，采用挣值法分析该项目成本正确的是（　　）。

A. 费用节约，进度延误

B. 费用节约，进度提前

C. 费用超支，进度延误

D. 费用超支，进度提前

13. 通过对人的素质和行为控制，以工作质量保证工程质量的做法，体现了坚持（　　）的质量控制原则。

A. 质量第一　　　　　　　　　　B. 预防为主

C. 以人为本　　　　　　　　　　D. 以合同为依据

14. 下列安全生产管理制度中，最基本，也是所有制度核心的是(　　)。

    A. 安全生产教育培训制度

    B. 安全检查制度

    C. 安全生产责任制

    D. 安全措施计划制度

15. 关于施工现场专业健康安全卫生要求的说法，下列错误的是(　　)。

    A. 生活区可以设置敞开式垃圾容器

    B. 施工现场宿舍严禁使用通铺

    C. 施工现场水冲式厕所地面必须硬化

    D. 现场食堂必须设置独立制作间

16. 下列施工现场防止噪声污染的措施中，最根本的措施是(　　)。

    A. 接收者防护　　　　　　　　　　B. 传播途径控制

    C. 严格控制作业时间　　　　　　　D. 声源上降低噪声

17. 根据《建设工程项目管理规范》(GB/T 50326—2017)，施工进度计划的检查内容有(　　)。

    A. 工程量的完成情况

    B. 工作时间的执行情况

    C. 前次检查提出问题的整改情况

    D. 资源消耗的离散程度

    E. 工程费用的优化情况

18. 下列项目进度控制的措施中，与工程设计技术有关的措施是(　　)。

    A. 组织工程设计方案的评审与选用

    B. 分析施工组织设计对进度的影响

    C. 寻求设计变更加快施工进度的可能

    D. 重视信息技术在进度控制中的应用

    E. 改变施工机械设计，提高机械效率

19. 下列建设工程项目进度控制措施中，属于技术措施的是(　　)。

    A. 分析装配式混凝土结构和现浇混凝土结构对施工进度的影响

    B. 采用网络计划技术优化工程施工工期

    C. 分析无粘结预应力混凝土结构的技术风险

    D. 通过比较钢网架高空散装法和高空滑移法的优点、缺点选择施工方案

    E. 通过变更落地钢管脚手架为外爬式脚手架缩短工期

20. 下列影响工程进度的因素中，属于承包人可以要求合理延长工期的是(　　)。

    A. 业主在工程实施中增减工程量对工期产生不利影响

    B. 业主在工程实施中改变工程设计对工期产生不利影响

    C. 因进场材料不合格而对工期产生不利影响

    D. 因施工操作工艺不规范而对工期产生不利影响

    E. 突发的极端恶劣的气候对工期产生不利影响

21. 根据《建设工程安全生产管理条例》规定，施工单位应当组织专家进行专项施工方案论证的有(　　　)。

A. 脚手架工程　　　　　　　　B. 拆除爆破工程

C. 深基坑工程　　　　　　　　D. 地下暗挖工程

E. 高大模板工程

参 考 文 献

[1] 中华人民共和国住房和城乡建设部，中华人民共和国国家质量监督检验检疫总局．GB 50300—2012 建筑工程施工质量验收统一标准［S］．北京：中国建筑工业出版社，2013．

[2] 中华人民共和国住房与城乡建设部．GB/T 50502—2009 建筑施工组织设计规范［S］．北京：中国建筑工业出版社，2009．

[3] 中华人民共和国住房和城乡建设部，中华人民共和国国家质量监督检验检疫总局．GB/T 50326—2017 建设工程项目管理规范［S］．北京：中国建筑工业出版社，2017．

[4] 高等学校土木工程学科专业指导委员会．高等学校土木工程本科指导性专业规范［M］．北京：中国建筑工业出版社，2011．

[5] 中华人民共和国住房和城乡建设部．JGJ/T 121—2015 工程网络计划技术规程［S］．北京：中国建筑工业出版社，2015．

[6] 中华人民共和国国家质量监督检验检疫总局，中国国家标准化管理委员会．GB/T 13400.1—2012 网络计划技术　第 1 部分：常用术语［S］．北京：中国标准出版社，2013．

[7] 中华人民共和国国家质量监督检验检疫总局，中国国家标准化管理委员会．GB/T 13400.2—2009 网络计划技术　第 2 部分：网络图画法的一般规定［S］．北京：中国标准出版社，2009．

[8] 中华人民共和国国家质量监督检验检疫总局，中国国家标准化管理委员会．GB/T 13400.3—2009 网络计划技术　第 3 部分：在项目管理中应用的一般程序［S］．北京：中国标准出版社，2009．

[9] 曹吉鸣．工程施工组织与管理［M］．2 版．上海：同济大学出版社，2018．

[10] 殷为民，张正寅．土木工程施工组织［M］．武汉：武汉理工大学出版社，2018．

[11] 蔡雪峰．建筑工程施工组织管理［M］．4 版．北京：高等教育出版社，2020．

[12] 中国建设监理协会．建设工程进度控制（土木建筑工程）［M］．北京：中国建筑工业出版社，2021．

[13] 武彦芳．公路工程施工组织设计［M］．重庆：重庆大学出版社，2021．

[14] 曹吉鸣．网络计划技术与施工组织设计［M］．2 版．上海：同济大学出版社，2000．

[15] 靳卫东，梁春雨．公路施工组织与概预算［M］．北京：人民交通出版社股份有限公司，2015．

[16] 务新超．公路施工组织设计与管理［M］．北京：高等教育出版社，2010．

[17] 张清波，陈涌，傅鹏斌．建设施工组织设计［M］．北京：北京理工大学出版社，2021．

［18］全国一级建造师职业资格考试用书编写委员会．建设工程项目管理［M］．北京：中国建筑工业出版社，2021．

［19］全国一级建造师职业资格考试用书编写委员会．建筑工程管理与实务［M］．北京：中国建筑工业出版社，2021．

［20］全国二级建造师执业资格考试用书编写委员会．建设工程施工管理［M］．北京：中国建筑工业出版社，2021．

［21］全国二级建造师执业资格考试用书编写委员会．建筑工程管理与实务［M］．北京：中国建筑工业出版社，2021．